普通高等教育"十一五"国家级规划教材

可编程序控制器应用技术

（第五版）

廖常初　主　编

U0240266

重庆大学出版社

内 容 提 要

本书介绍了 PLC(可编程序控制器)的工作原理、特点和硬件结构,以三菱的 FX 系列为例,介绍了 PLC 的编程元件与指令系统、梯形图的经验设计法、根据继电器电路图设计梯形图的方法、以顺序功能图为基础的顺序控制设计法和 3 种顺序控制编程方法,这些设计方法很容易被初学者掌握,用它们可以得心应手地设计出任意复杂的开关量控制系统的梯形图。

本书还介绍了 PLC 控制系统的设计和调试方法,PLC 的型号选择与硬件配置的确定,提高 PLC 控制系统可靠性和降低硬件费用的方法,PLC 在模拟量闭环控制中的应用等内容。介绍了 FX 系列的 3 种通信协议和通信的编程实例。书中附有习题、部分习题答案和实验指导书。

本书为普通高等教育"十一五"国家级规划教材,主要作为大专院校电类及机电一体化等专业的教材,也可以供工程技术人员使用。

图书在版编目(CIP)数据

可编程序控制器应用技术/廖常初主编.—5 版.—重庆:
重庆大学出版社,2007.8(2020.12 重印)
ISBN 978-7-5624-2649-3

Ⅰ.可…　Ⅱ.廖…　Ⅲ.可编程序控制器　Ⅳ.TP332.3

中国版本图书馆 CIP 数据核字(2007)第 097051 号

可编程序控制器应用技术
(第五版)
廖常初　主编
责任编辑:梁　涛　姚正坤　　版式设计:梁　涛
责任校对:邹　忌　　　　　　责任印制:赵　晟

*

重庆大学出版社出版发行
出版人:饶帮华
社址:重庆市沙坪坝区大学城西路 21 号
邮编:401331
电话:(023)88617190　88617185(中小学)
传真:(023)88617186　88617166
网址:http://www.cqup.com.cn
邮箱:fxk@cqup.com.cn(营销中心)
全国新华书店经销
重庆升光电力印务有限公司印刷

*

开本:787mm×1092mm　1/16　印张:13.75　字数:349 千
2007 年 8 月第 5 版　2020 年 12 月第 30 次印刷
印数:120 501—122 500
ISBN 978-7-5624-2649-3　定价:36.00 元

第五版前言

根据 PLC 的发展动向和国内 PLC 应用的深入发展,对本书做了以下的补充和修改:

第一,仍然以目前应用面广、容易入门的三菱公司的 FX 系列 PLC 为主要讲授对象。

第二,介绍了三菱第三代微型 PLC FX_{3U} 和 FX_{3UC} 的功能,以及为 FX_{3U} 和 FX_{3UC} 新增的应用指令。

第三,删除了仿 STL 指令的编程方法,调整了编程方法中的例程,使之更便于教学。

第四,因为在网上很容易下载 FX 系列的中文编程手册,可以在编程手册中查阅应用指令的详细信息,所以删除了使用应用指令的一些细节,重点介绍了应用指令的基本功能。对某些很少使用的应用指令只作简单的介绍。

第五,为了使读者加深对应用指令的理解,增加了大量的应用指令编程实例。

第六,增加了对计算机链接通信协议、PLC 间简易链接通信协议和并联链接通信协议的详细介绍,给出了编程实例。

第七,删除了当前已经使用得不多的手持式编程器的内容,增加了对编程软件的介绍。介绍了程序中不能显示中文注释的解决方法。

第八,增加了定时器计数器应用实验、应用指令编程实验、子程序与中断程序实验和外部修改定时器设定值实验。增强了顺序控制编程方法的实验。

本书的重点是第 4 章和第 5 章中介绍的开关量控制系统的梯形图设计方法,特别是以顺序功能图为基础的顺序控制设计法。第 5 章介绍了 3 种根据顺序功能图设计梯形图的方法。教学实践表明,它们很容易被初学者接受和掌握,用它们可以得心应手地设计出任意复杂的控制系统(包括有多种工作方式的系统)的梯形图。

本书由廖常初主编,周林、侯世英、李远树、郑连清、郑群英、廖亮、罗盛波、关朝旺、范占华、陈晓东、王云杰等参加了编写工作。重庆大学王明渝教授和西华大学郑萍教授审阅了本书,提出了很多宝贵的意见,谨在此表示衷心的感谢。

因作者水平有限,书中难免有错漏之处,恳请读者批评指正。

作者电子邮箱地址:liaosun@cqu.edu.cn。

重庆大学电气工程学院　廖常初

2007 年 4 月

目 录

第1章 概　述

可编程序控制器(programmable controller)简称为 PC,在办公自动化和工业自动化中广泛使用的个人计算机(personal computer)也简称为 PC,为了避免混淆,现在一般将可编程序控制器简称为 PLC(programmable logic controller),本书亦将可编程序控制器简称为 PLC。现代的 PLC 是以微处理器为基础的新型工业控制装置,是将计算机技术应用于工业控制领域的通用产品。1985 年,国际电工委员会(IEC)的 PLC 标准草案第三稿对 PLC 做了如下定义:"PLC 是一种数字运算操作的电子系统,专为在工业环境下应用而设计。它采用可编程序的存储器,用来在其内部存储执行逻辑运算、顺序控制、定时、计数和算术运算等操作的指令,并通过数字式、模拟式的输入和输出,控制各种类型的机械或生产过程。PLC 及其有关设备,都应按易于使工业控制系统形成一个整体,易于扩充其功能的原则设计。"

PLC 从诞生至今,得到了异常迅猛的发展,已经成为当代工业自动化的主要支柱之一。

1.1　PLC 的历史与发展

多年来,人们用电磁继电器控制顺序型的设备和生产过程。复杂的系统可能使用成百上千个各式各样的继电器,它们由密如蛛网的成千上万根导线用很复杂的方式连接起来,执行相当复杂的控制任务。作为单台装置,继电器本身是比较可靠的,但是对于复杂的控制系统,如果某一个继电器损坏,甚至某一个继电器的某一对触点接触不良,都会影响整个系统的正常运行。查找和排除故障往往非常困难,有时可能会花费大量的时间。继电器本身并不太贵,但是控制柜内部的安装、接线工作量极大,因此整个控制柜的价格相当高。如果工艺要求发生变化,控制柜内的元件和接线需要做相应的变动,这种改造的工期长、费用高,以至于有的用户宁愿扔掉旧的控制柜,另外制作一台新的控制柜。

现代社会要求制造业对市场需求做出迅速的反应,生产出小批量、多品种、多规格、低成本和高质量的产品,老式的继电器控制系统已经成为实现这一目标的巨大障碍。显然,需要寻求一种新的控制装置来取代老式的继电器控制系统,使电气控制系统的工作更加可靠、更容易维修、更能适应经常变动的工艺条件。

1968 年,美国最大的汽车制造厂家——通用汽车公司(GM)提出了研制 PLC 的基本设想,即:

①能用于工业现场；

②能改变其控制"逻辑"，而不需要变动组成它的元件和修改内部接线；

③出现故障时，易于诊断和维修。

1969 年，美国数字设备公司（DEC）研制出了世界上第一台 PLC。限于当时的元器件条件和计算机技术的发展水平，早期的 PLC 主要由分立元件和中小规模集成电路组成。它简化了计算机的内部电路，为了适应工业现场环境，对接口电路做了一些改进。

20 世纪 70 年代初期出现了微处理器，它的体积小、功能强、价格便宜，很快被用于 PLC，使 PLC 的功能增强、工作速度加快、体积减小、可靠性提高、成本下降。PLC 还借鉴微型计算机的高级语言，采用极易为工厂电气人员掌握的梯形图编程语言。现代 PLC 不仅能实现对开关量的逻辑控制，还具有数学运算、数据处理、运动控制、模拟量 PID 控制、通信联网等功能，PLC 已经广泛地应用在所有的工业部门和民用领域。

PLC 已经成了我国电气控制的标准设备，在各行各业得到了非常广泛的应用。了解 PLC 的工作原理，具备设计、调试和维护 PLC 控制系统的能力，已经成为现代工业对电气技术人员和工科学生的基本要求。

我国有不少厂家研制和生产过 PLC，近年来国产 PLC 有了很大的发展，但是目前我国使用的 PLC 主要还是国外品牌的产品。

在全世界上百个 PLC 制造厂中，有几家举足轻重的公司。它们是德国的西门子（Siemens）公司，美国 Rockwell 自动化公司所属的 A-B（Allen & Bradly）公司，GE-Fanuc 公司，法国的施耐德（Schneider）公司，日本的三菱公司和欧姆龙公司。

本书以三菱公司的 FX_{1S}，FX_{1N}，FX_{2N} 和 FX_{2NC} 系列小型 PLC 为主要讲授对象。三菱的 FX 系列 PLC 不仅功能强、应用范围广，可以满足大多数用户的需要，而且其性能价格比高，因此在我国占有很大的市场份额。

http://www.mitsubishielectric-automation.cn/index/index.asp 是三菱电机自动化（上海）有限公司的网站，在该网站可以下载三菱自动化产品的大量样本和手册等资料，例如 FX 系列 PLC（包括最新的 FX_{3U} 和 FX_{3UC} 系列）的中文编程手册、使用手册、通信用户手册、特殊功能模块用户手册和手持式编程器操作手册等。

1.2　PLC 的基本结构

PLC 主要由 CPU 模块、输入模块、输出模块和编程设备组成（见图 1.1）。

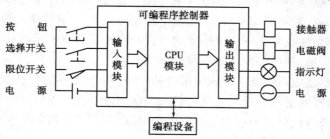

图 1.1　PLC 控制系统示意图

PLC 实际上是一种工业控制计算机,它的硬件结构与其他微机控制装置相似。PLC 主要由 CPU 模块(中央处理单元)、存储器、输入/输出模块(简称为 I/O 模块)、编程设备和电源五大部分组成。

1.2.1 CPU 模块

CPU 模块又叫中央处理单元或控制器,它主要由微处理器(CPU)和存储器组成。

CPU 的作用类似于人的大脑和心脏。它采用扫描方式工作,每一次扫描要完成以下工作:

①输入处理。将现场的开关量输入信号读入输入映像寄存器。

②程序执行。逐条执行用户程序,完成数据的存取、传送和处理工作,并根据运算结果更新各有关映像寄存器的内容。

③输出处理。将输出映像寄存器的内容送给输出模块,去控制外部负载。

1.2.2 I/O 模块

I/O 模块是系统的眼、耳、手、脚,是联系外部现场和 CPU 模块的桥梁。输入模块用来接收和采集输入信号,输入信号有两类:一类是从按钮、选择开关、数字拨码开关、限位开关、接近开关、光电开关、压力继电器等来的开关量输入信号;另一类是由电位器、热电偶、测速发电机、各种变送器提供的连续变化的模拟量输入信号。

PLC 通过输出模块控制接触器、电磁阀、电磁铁、调节阀、调速装置等执行器,PLC 控制的另一类外部负载是指示灯、数字显示装置和报警装置等。

CPU 模块的工作电压一般是 5 V,而 PLC 的输入/输出信号电压一般较高,例如直流 24 V 和交流 220 V。从外部引入的尖峰电压和干扰噪声可能损坏 CPU 模块中的元器件,或者使 PLC 不能正常工作,所以 CPU 模块不能直接与外部输入/输出装置相连。I/O 模块除了传递信号外,还有电平转换与噪声隔离的作用。

1.2.3 编程设备与电源

编程设备用来生成、检查和修改用户程序,还可以用来监视用户程序的执行情况。手持式编程器一般不能直接输入和编辑梯形图,只能输入和编辑指令表程序,因此又叫做指令编程器。它的体积小,携带方便,一般用来给小型 PLC 编程,或者用于现场调试和维护。

现在的趋势是用计算机和编程软件来取代手持式编程器。使用编程软件可以直接生成和编辑梯形图或指令表程序,实现不同编程语言之间的相互转换。程序被编译后下载到 PLC,也可以将 PLC 中的程序上传到计算机。可以对程序存盘或打印,通过网络,还可以实现远程编程和传送。

PLC 一般使用 220 V 交流电源。PLC 内部的直流稳压电源为各模块内的元件提供直流电压。某些 PLC 可以为输入电路和外部电子检测装置(例如接近开关和光电开关)提供 24 V 直流电源。驱动现场执行机构的直流电源一般由用户提供。

1.3　PLC 的特点与应用领域

1.3.1　PLC 的特点

(1) 编程方法简单易学

考虑到企业中一般电气技术人员和技术工人的传统读图习惯，PLC 配备了他们易于接受和掌握的梯形图语言。梯形图语言的电路符号和表达方式与继电器电路原理图相当接近，只用 PLC 的 20 几条开关量逻辑控制指令就可以实现继电器电路的功能。通过阅读 PLC 的使用手册或接受短期培训，电气技术人员或电气技术工人只需要几天时间就可以熟悉梯形图语言，并用来编制用户程序。编程设备的操作和使用也很简单，上述特点是 PLC 近年来得到迅速普及的原因之一。

(2) 硬件配套齐全，用户使用方便

PLC 配备有品种齐全的各种硬件装置供用户选用，用户不必自己设计和制作硬件装置。用户在硬件方面的设计工作，只是确定 PLC 的硬件配置和设计外部接线图而已。PLC 的安装接线也很方便，各种外部接线都有相应的接线端子。

PLC 的输出端可以直接与 AC 220 V 或 DC 24 V 的强电信号相接，它还具有较强的带负载能力，可以直接驱动一般的电磁阀和交流接触器的线圈。

(3) 通用性和适应性强

由于 PLC 的系列化和模块化，硬件配置相当灵活，可以组成能满足各种控制要求的控制系统。硬件配置确定后，可以通过修改用户程序，方便快速地适应工艺条件的变化。

(4) 可靠性高，抗干扰能力强

传统的继电器控制系统使用了大量的中间继电器、时间继电器。由于触点接触不良，容易出现故障。PLC 用软件代替中间继电器和时间继电器，仅剩下与输入和输出有关的少量硬件元件，接线可以减少到继电器控制系统的十分之一到百分之一，因此触点接触不良造成的故障大为减少。

绝大多数用户都将可靠性作为选择控制装置的首要条件。PLC 使用了一系列硬件和软件抗干扰措施，具有很强的抗干扰能力，平均无故障时间达到数万小时以上，可以直接用于有强烈干扰的工业生产现场，PLC 已被广大用户公认为最可靠的工业控制设备之一。事实上，在 PLC 控制系统中发生的故障，绝大部分都是由 PLC 外部的开关、传感器和执行元件引起的。

(5) 系统的设计、安装、调试工作量少

PLC 用软件功能取代了继电器控制系统中大量的中间继电器、时间继电器、计数器等器件，使控制柜的设计、安装、接线工作量大大减少。

PLC 的梯形图程序一般采用顺序控制设计法。这种编程方法很有规律，容易掌握。对于复杂的控制系统，设计梯形图所花的时间比设计继电器系统电路图花的时间要少得多。

PLC 的用户程序可以在实验室模拟调试，输入信号用小开关和按钮来模拟，输出信号的状态可以观察 PLC 上有关的发光二极管，调试好后再将 PLC 安装在现场统调。调试过程中发现的问题一般通过修改程序就可以解决，调试花费的时间比继电器系统少得多。

（6）维修工作量小，维修方便

PLC 的故障率很低，并且有完善的诊断和显示功能。PLC 或外部的输入装置和执行机构发生故障时，可以根据 PLC 上的发光二极管或编程设备提供的信息迅速地查明故障的原因，用更换模块的方法可以迅速地排除 PLC 的故障。

（7）体积小，能耗低

控制系统使用 PLC 后，可以减少大量的中间继电器和时间继电器，小型 PLC 的体积仅相当于几个继电器的大小，因此开关柜的体积比原来的小。PLC 控制系统的安装和接线的工作量比继电器控制系统的工作量小得多。由于体积小，PLC 很容易装入机械设备内部，是实现机电一体化的理想的控制设备。

1.3.2 PLC 的应用领域

目前，PLC 已经广泛地应用在所有的工业部门，随着 PLC 性能价格比的不断提高，过去许多使用专用计算机控制设备的场合也可以使用 PLC。PLC 的应用范围不断扩大，主要有以下几个方面：

（1）开关量逻辑控制

这是 PLC 最基本和最广泛的应用。PLC 的输入信号和输出信号都是只有通/断状态的开关量信号，这种控制与继电器控制最为接近，可以用价格较低、仅有开关量控制功能的 PLC 作为继电器控制系统的替代物。开关量逻辑控制可以用于单台设备，也可以用于自动生产线，例如机床电气控制，冲压、铸造机械、运输带、包装机械的控制，电梯的控制，化工系统中各种泵和电磁阀的控制，冶金系统的高炉上料系统、轧机、连铸机、飞剪的控制，电镀生产线、啤酒灌装生产线、汽车装配生产线、电视机和收音机生产线的控制等。

（2）运动控制

PLC 可以用于对直线运动或圆周运动的位置、速度和加速度进行控制，使运动控制和顺序控制有机地结合在一起。大中型 PLC 使用专用的运动控制模块，小型 PLC 集成了运动控制功能。PLC 的运动控制功能广泛地用于各种机械，例如金属切削机床、金属成形机械、装配机械、机器人、电梯等。

（3）闭环过程控制

过程控制是指对温度、压力、流量等连续变化的模拟量的闭环控制。PLC 通过模拟量 I/O 模块，实现模拟量（analog）和数字量（digital）之间的 A/D 转换和 D/A 转换，并对模拟量进行闭环 PID 控制。现代的 PLC 大都有 PID 闭环控制功能，PID 闭环控制可以用 PID 指令或专用的 PID 模块来实现，PLC 的 PID 控制功能已经广泛地应用于塑料挤压成形机、加热炉、热处理炉、锅炉等设备，以及轻工、化工、机械、冶金、电力、建材等行业。

（4）数据处理

现代的 PLC 具有数学运算（包括整数运算、浮点数运算、函数运算和逻辑运算）、数据传送、转换、排序和查表、位操作等功能，可以完成数据的采集、分析和处理。这些数据可以与储存在存储器中的参考值比较，也可以用通信功能传送到别的智能装置，或者将它们打印制表。数据处理一般用于大型控制系统，例如无人柔性制造系统；也可以用于过程控制系统，例如造纸、冶金、食品工业中的一些大型控制系统。

(5)通信联网

PLC 的通信包括 PLC 之间的通信、PLC 和其他智能控制设备之间的通信。随着计算机控制的发展,近年来工厂自动化通信网络发展得很快,各著名的 PLC 生产厂商都推出了自己的网络系统。

并不是所有的 PLC 都具有上述全部功能,有些小型 PLC 只具有上述的部分功能,但是价格较低。

习　题

1.1　PLC 由哪几部分组成? 各有什么作用?

1.2　PLC 有哪些主要特点?

1.3　PLC 可以用在哪些领域?

第2章
PLC 的硬件与工作原理

2.1 PLC 的物理结构

根据硬件结构的不同,可以将 PLC 分为整体式和模块式。

(1) **整体式** PLC

整体式 PLC 的体积小、价格低,小型 PLC 一般采用整体式结构,如图 2.1 所示。整体式 PLC 提供多种不同 I/O 点数的基本单元和扩展单元供用户选用,基本单元内有 CPU 模块、I/O 模块和电源,扩展单元内只有 I/O 模块和电源,基本单元和扩展单元之间用扁平电缆连接。选择不同的基本单元和扩展单元,可以满足用户的不同需要。

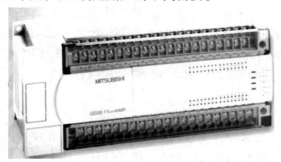

图 2.1 整体式 PLC

整体式 PLC 一般配备有许多专用的特殊功能单元和模块,例如模拟量 I/O 模块、位置控制单元、高速计数器模块等,使 PLC 的功能得到扩展。

三菱的 FX_{2N} 系列 PLC 的基本单元、扩展单元和扩展模块高度和深度相同,但是宽度不同。它们不用基板,仅用扁平电缆连接,紧密拼装后组成一个整齐的长方体(见图 2.2),输入、输出点数的配置相当灵活。

(2) **模块式** PLC

模块式 PLC 用搭积木的方式组成系统,它由机架和模块组成。模块插在模块插座上,后者焊在机架的总线连接板上。PLC 厂家备有不同槽数的机架供用户选用,如果一个机架容纳

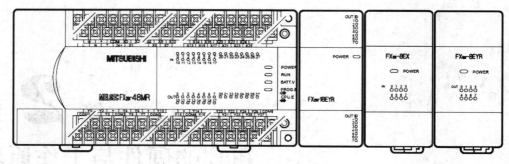

图 2.2　FX$_{2N}$ 系列 PLC

不下所有的模块,可以增设一个或数个扩展机架,各机架之间用接口模块和通信电缆相连。三菱的 Q 系列 PLC 将机架称为基板。

用户可以选用不同档次的 CPU 模块、品种繁多的 I/O 模块和特殊功能模块,硬件配置的选择余地较大,维修时更换模块也很方便。模块式 PLC 的价格较高,大、中型 PLC 一般采用模块式结构。

2.2　CPU 模块

在控制系统中,CPU 模块不断地采集输入信号,执行用户程序,刷新系统的输出。

虽然 CPU 模块有这样重要的作用,但它是一个无名英雄,被深深地埋藏在控制柜内,没有引起大家的注意。

(1)微处理器

CPU 模块主要由 CPU 芯片和存储器组成,PLC 使用以下几类 CPU 芯片:

①通用微处理器。例如 Intel 公司的 8086,80186 到 Pentium 系列芯片;

②单片微处理器(单片机)。例如 Intel 公司的 MCS51/96 系列单片机;

③位片式微处理器。例如 AMD 2900 系列位片式微处理器;

④专用的微处理器。

(2)存储器

PLC 的存储器分为系统程序存储器和用户程序存储器。系统程序相当于个人计算机的操作系统,它使 PLC 具有基本的功能,能够完成 PLC 设计者规定的各种工作。系统程序由 PLC 生产厂家设计并固化在 ROM 内,用户不能读取。PLC 的用户程序由用户设计,它决定了 PLC 的输入信号与输出信号之间的具体关系。用户程序存储器的容量一般以字(每个字由 16 位二进制数组成)为单位,三菱的 FX 系列 PLC 的用户程序存储器以步为单位。小型 PLC 的用户程序存储器容量为几千字,大型 PLC 的用户程序存储器容量可达数百 K 字,甚至数 M(兆)字。

PLC 可能使用以下几种存储器:

1)随机存取存储器(RAM)　可以用编程软件读出 RAM 中的用户程序或数据,也可以将用户程序和运行时的数据写入 RAM,因此 RAM 又叫读/写存储器。它是易失性的存储器,将它的电源断开后,储存的信息将会丢失。

RAM 的工作速度高、价格低、改写方便。在关断 PLC 的外部电源后,用锂电池保存 RAM 中的用户程序和某些数据(例如计数器的计数值)。锂电池可以用 2～5 年,需要更换锂电池时由 PLC 发出信号,通知用户。现在部分 PLC 仍然用 RAM 来储存用户程序。

2)只读存储器(ROM)　ROM 的内容只能读出,不能写入。它是非易失的,它的电源消失后,仍能保存储存的内容。

3)可电擦除的 EPROM(EEPROM 或 E²PROM)　它是非易失性的,但是可以用编程器对它编程,兼有 ROM 的非易失性和 RAM 的随机存取优点,但是写入信息所需的时间比 RAM 长。EEPROM 用来存放用户程序,有的 PLC 将 EEPROM 作为基本配置,有的 PLC 将 EEPROM 作为可选件。

2.3　开关量 I/O 模块

开关量 I/O 模块的输入、输出信号仅有接通和断开两种状态。电压等级一般为直流 24 V 和交流 220 V。

各 I/O 点的通/断状态用发光二极管显示在面板上,外部 I/O 接线一般接在模块面板的接线端子上。一般使用可拆装的插座型端子板,在不拆去端子板上的外部连线的情况下,可以迅速地更换模块。

2.3.1　输入模块

图 2.3 是 FX$_{1N}$ 和 FX$_{2N}$ 系列的直流输入模块的内部电路和外部接线图。图中只画出了一个输入点的详细电路,COM 是各输入点的公共端。外部输入触点接在 COM 端和输入端子之间,不需要外接输入电源。输入端子的编号与梯形图中输入继电器的编号相同。

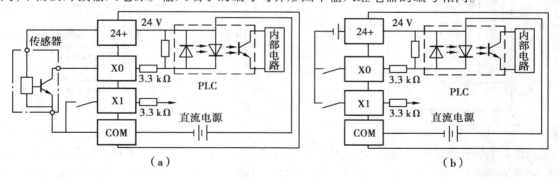

图 2.3　直流输入电路

虚线框中的光电耦合器是输入电路的关键元件,它的原边是两个反并联的发光二极管,副边是一个光敏三极管。当图 2.3 中外接的晶体管饱和导通或外接触点接通时,光电耦合器中的发光二极管发光,光敏三极管饱和导通,信号经内部电路传送给 CPU 模块。

PLC 可以为接近开关、光电开关等传感器提供直流 24 V 电源(如图 2.3(a)所示),注意图中传感器的输出晶体管是集电极开路的 NPN 管。

图 2.3(b)是直流输入电路的另一种接法,但是需要外接直流电源。

图 2.4 是 FX_{2N} 的交流输入电路,因为光电耦合器中有两个反并联的发光二极管,这个电路可以接收交流输入信号。

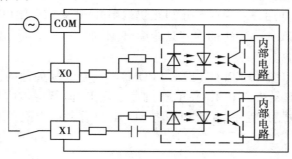

图 2.4　交流输入电路

2.3.2　输出模块

输出模块的功率放大元件有驱动直流负载的大功率晶体管和场效应管、驱动交流负载的双向晶闸管和小型继电器,后者可以驱动交流负载或直流负载。输出电流的范围为 0.3 ~ 2 A,与模块的类型有关。负载电源由外部现场提供。

输出电流的额定值与负载的性质有关,例如继电器型输出模块可以驱动 2 A 的电阻性负载,但却只能驱动 80 VA/220 V 的电感性负载和 100 W 的白炽灯。额定负载电流还与温度有关,温度升高时额定负载电流减小,有的 PLC 提供了有关的曲线。

图 2.5 是继电器输出电路,继电器同时起隔离和功率放大作用。它的线圈电流仅有几十毫安,每路只给用户提供一对常开触点。与触点并联的 RC 串联电路用来消除触点断开时产生的电弧。

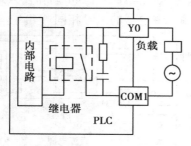

图 2.5　继电器输出电路

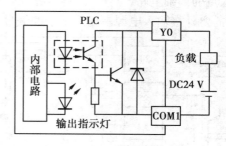

图 2.6　晶体管输出电路

图 2.6 是晶体管输出电路,输出信号经 I/O 总线送给输出锁存器,再经光电耦合器送给晶体管,它的饱和导通和截止状态相当于触点的接通和断开。图中的稳压管用来抑制过电压,以保护晶体管。晶体管电路的延迟时间很小(< 1 ms)。

双向晶闸管输出电路仅用于 FX_{2N} 的扩展模块和扩展单元,它只能用于驱动额定电压 220 V 的交流负载,双向晶闸管两端并联有 RC 吸收电路和压敏电阻,用来抑制晶闸管的关断过电压和外部的浪涌电压。

双向晶闸管由关断变为导通的延迟时间小于 1 ms,由导通变为关断的延迟时间小于 10 ms。当晶闸管的负载电流过小时,晶闸管不能导通,遇到这种情况时可以在负载两端并联电阻。

还有一种既有输入电路又有输出电路的模块,输入、输出的点数一般相同。

2.4　PLC 的工作原理

PLC 是从继电器控制系统发展而来的,它的梯形图程序与继电器系统电路图相似,梯形图中的某些编程元件也沿用了继电器这一名称,例如输入继电器和输出继电器。

这种用计算机程序实现的"软继电器",与继电器系统中的物理继电器在功能上有某些相似之处。由于以上原因,在介绍 PLC 的工作原理之前,首先简单介绍物理继电器的结构和工作原理。

2.4.1　继电器与逻辑运算

(1)继电器

继电器是一种用弱电信号控制输出信号的电磁开关,是继电器控制系统中最基本的元件。图 2.7(a)是继电器结构示意图,它主要由电磁线圈、铁芯、触点和复位弹簧组成。继电器有两种不同的触点,在线圈断电时处于断开状态的触点称为常开触点(例如图 2.7 中的触点 3,4),处于闭合状态的触点称为常闭触点(例如图 2.7 中的触点 1,2)。

当线圈通电时,电磁铁产生磁力,吸引衔铁,使常闭触点断开,常开触点闭合。线圈电流消失

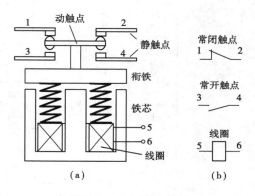

图 2.7　继电器示意图

后,复位弹簧使衔铁返回原来的位置,常开触点断开,常闭触点闭合。图 2.7(b)是继电器的线圈、常开触点和常闭触点在电路图中的符号。一只继电器可能有若干对常开触点和常闭触点,在继电器电路图中,用同一个由字母、数字组成的名称(例如 KA2)来标注同一个继电器的线圈和触点。

继电器在控制系统中有以下作用:

1)功率放大:

在控制系统中,常用继电器来实现弱电对强电的控制。例如可以用 6 V,几十毫安的直流电流驱动焊接在印刷电路板上的超小型继电器,用这种继电器的常开触点可以控制交流 220 V,2 A 的电阻性负载,可见继电器的功率放大倍数是相当大的。

2)电气隔离:

继电器的线圈与触点在电路上是完全隔离开的,各对触点之间一般也是隔离开的。它们可以分别接在不同性质(交流或直流)和不同电压等级的电路中。利用这一性质,可以使 PLC 的继电器型输出模块中的内部电子电路与 PLC 驱动的外部负载在电路上完全分隔开。

(2)逻辑运算

在开关量控制系统中,变量仅有两种相反的工作状态,例如继电器线圈的通电和断电、触点的接通和断开,它们分别用逻辑代数中的 1 和 0 来表示,在波形图中,用高电平表示 1 状态,

用低电平表示 0 状态。

设 A 和 B 为输入逻辑变量,M 为输出逻辑变量,它们之间的"与"、"或"、"非"逻辑运算关系如表 2.1 所示,用继电器电路或梯形图可以实现基本的"与"、"或"、"非"逻辑运算(见图 2.8)。多个触点的串、并联电路可以实现复杂的逻辑运算,如图 2.9 中的继电器电路实现的逻辑运算可以用逻辑代数表达式表示为

$$KM = (SB1 + KM) \cdot \overline{SB2}$$

式中的加号表示逻辑"或",乘号表示逻辑"与",上划线表示逻辑"非"运算。

接触器的结构和工作原理与继电器的基本相同,区别仅在于继电器触点的额定电流较小,而接触器可以控制大电流负载,如它可以控制额定电流为几十安至几千安的异步电动机。

表 2.1　逻辑运算关系表

与			或			非	
$M = A \cdot B$			$M = A + B$			$M = \overline{A}$	
A	B	M	A	B	M	A	M
0	0	0	0	0	0	0	1
0	1	0	0	1	1	1	0
1	0	0	1	0	1		
1	1	1	1	1	1		

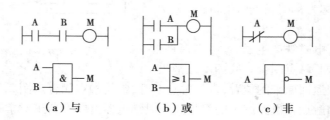

图 2.8　基本逻辑运算

图 2.9 是用交流接触器控制异步电动机的主电路、控制电路和有关的波形图。按下起动按钮 SB1,它的常开触点接通,电流经过 SB1 的常开触点和停止按钮 SB2 的常闭触点,流过交流接触器的线圈,接触器的衔铁被吸合,使主电路中的 3 对常开触点闭合,异步电动机 M 的三相电源被接通,电动机开始运行,控制电路中接触器 KM 的辅助常开触点同时接通。放开起动按钮后,SB1 的常开触点断开,电流经 KM 的辅助常开触点和 SB2 的常闭触点流过 KM 的线圈,电动机继续运行。KM 的辅助常开触点实现的这种功能称为"自锁"或"自保持",它使继电器电路具有类似于数字电路中的触发器的记忆功能。

在电动机运行时按下停止按钮 SB2,它的常闭触点断开,使 KM 的线圈失电,KM 的主触点断开,异步电动机的三相电源被切断,电动机停止运行,同时控制电路中 KM 的辅助常开触点断开。当停止按钮 SB2 被放开,其常闭触点闭合后,KM 的线圈仍然失电,电动机继续保持停止运行状态。图 2.9 给出了有关信号的波形图,图中用高电平表示 1 状态(线圈通电、按钮被按下),用低电平表示 0 状态(线圈断电、按钮被放开)。

图 2.9 中的控制电路在继电器系统和 PLC 的梯形图中被大量使用,它被称为"起动-保持-

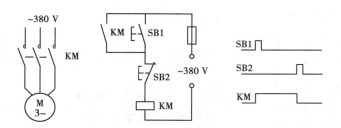

图 2.9　异步电动机主电路与控制电路

停止"电路,或简称为"起保停"电路。

2.4.2　PLC 的工作原理

PLC 有两种工作模式,即运行(RUN)模式与停止(STOP)模式。在运行模式,PLC 通过执行反映控制要求的用户程序来实现控制功能。为了使 PLC 的输出及时地响应可能随时变化的输入信号,用户程序不是只执行一次,而是反复不断地重复执行,直至 PLC 停机或切换到 STOP 模式。

除了读取外部输入信息、执行用户程序和将程序执行的结果送到输出模块之外,在每次循环过程中,PLC 还要完成内部处理、通信服务等工作,一次循环分为 5 个阶段(见图 2.10)。PLC 的这种周而复始的循环工作方式称为扫描工作方式。由于计算机执行指令的速度极高,从外部输入-输出关系来看,处理过程似乎是同时完成的。

在内部处理阶段,PLC 检查 CPU 模块内部的硬件是否正常,将监控定时器复位,以及完成一些别的内部工作。

在通信服务阶段,PLC 与别的带微处理器的智能装置通信,响应编程设备键入的命令,更新编程设备的显示内容。

图 2.10　扫描过程

当 PLC 处于停止(STOP)模式时,只执行内部处理和通信服务操作。PLC 处于运行(RUN)模式时,还要完成另外 3 个阶段的操作。

图 2.11 仅画出了与用户程序执行过程有关的 3 个阶段。在 PLC 的存储器中,设置了一片区域用来存放输入信号和输出信号的状态,它们分别称为输入映像寄存器和输出映像寄存器。PLC 梯形图中别的编程元件也有对应的映像存储区,它们统称为元件映像寄存器。

在输入处理阶段(见图 2.11),PLC 把所有外部输入电路的接通/断开(ON/OFF)状态读入输入映像寄存器。外接的输入电路接通时,对应的输入映像寄存器为 1 状态,梯形图中对应的输入继电器的常开触点接通,常闭触点断开。外接的输入触点电路断开时,对应的输入映像寄存器为 0 状态,梯形图中对应的输入继电器的常开触点断开,常闭触点接通。

某一编程元件对应的映像寄存器为 1 状态时,称该编程元件为 ON,映像寄存器为 0 状态时,称该编程元件为 OFF。

在程序执行阶段,即使外部输入电路的状态发生了变化,输入映像寄存器的状态也不会随之而变,输入信号变化了的状态只能在下一个扫描周期的输入处理阶段被读入。

PLC 的用户程序由若干条指令组成,指令在存储器中按步序号顺序排列。在没有跳转指令时,CPU 从第一条指令开始,逐条顺序地执行用户程序,直到用户程序结束之处。在执行指令时,从输入映像寄存器或别的元件映像寄存器中将有关编程元件的 0,1 状态读出来,并根据

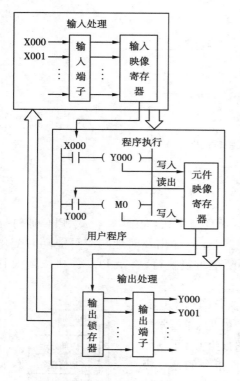

图 2.11 扫描过程示意图

指令的要求执行相应的逻辑运算,运算的结果写入到对应的元件映像寄存器中,因此,各编程元件的映像寄存器(输入映像寄存器除外)的内容随着程序的执行而变化。

在输出处理阶段,CPU 将输出映像寄存器的 0,1 状态传送到输出锁存器。梯形图中某一输出继电器的线圈"通电"时,对应的输出映像寄存器为 1 状态。信号经输出模块隔离和功率放大后,继电器型输出模块中对应的硬件继电器的线圈通电,其常开触点闭合,使外部负载通电工作。

若梯形图中输出继电器的线圈"断电",对应的输出映像寄存器为 0 状态,在输出处理阶段后,继电器型输出模块中对应的硬件继电器的线圈断电,其常开触点断开,外部负载断电,停止工作。

下面用一个简单的例子来进一步说明 PLC 的扫描工作过程。图 2.12 的左边是 PLC 的外部接线图,起动按钮 SB1 和停止按钮 SB2 的常开触点分别接在编号为 X0 和 X1 的 PLC 的输入端,接触器 KM 的线圈接在编号为 Y0 的 PLC 的输出端。中间是这 3 个输入/输出变量对应的 I/O 映像寄存器,左边是 PLC 的梯形图,它与图 2.9 所示的继电器电路的功能相同。但是应注意,梯形图是一种软件,是 PLC 图形化的程序。图中的 X0 等是梯形图中的编程元件,X0 与 X1 是输入继电器,Y0 是输出继电器。编程元件 X0 与接在输入端子 X0 的 SB1 的常开触点和输入映像寄存器 X0 相对应,编程元件 Y0 与输出映像寄存器 Y0 和接在输出端子 Y0 的 PLC 内部的输出电路相对应。

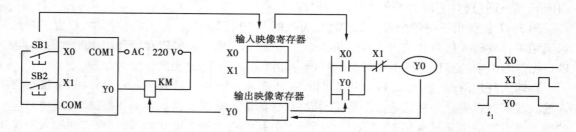

图 2.12 PLC 的外部接线图与梯形图

梯形图以指令的形式储存在 PLC 的用户程序存储器中,图 2.12 中的梯形图与下面的 4 条指令相对应,"//"之后是该指令的注释。

LD	X0	//接在左侧母线上的 X0 的常开触点
OR	Y0	//与 X0 的常开触点并联的 Y0 的常开触点
ANI	X1	//与并联电路串联的 X1 的常闭触点
OUT	Y0	//Y0 的线圈

图 2.12 中的梯形图完成的逻辑运算为

$$Y0 = (X0 + Y0) \cdot \overline{X1}$$

在输入处理阶段,CPU 将 SB1 和 SB2 的常开触点的状态读入相应的输入映像寄存器。外部触点接通时,存入寄存器的是二进制数 1;反之,存入的是 0。

执行第一条指令时,从输入映像寄存器 X0 中取出二进制数并存入运算结果寄存器。

执行第二条指令时,从输出映像寄存器 Y0 中取出二进制数,并与运算结果寄存器中的二进制数相"或"(触点的并联对应"或"运算),运算结果存入运算结果寄存器。

执行第三条指令时,取出输入映像寄存器 X1 中的二进制数,因为是常闭触点,取反后与前面的运算结果相"与"(电路的串联对应"与"运算),然后存入运算结果寄存器。

执行第四条指令时,将运算结果寄存器中的二进制数送入 Y0 的输出映像寄存器。

在输出处理阶段,CPU 将各输出映像寄存器中的二进制数传送给输出模块并锁存起来,如果输出映像寄存器 Y0 中存放的是二进制数 1,外接的 KM 线圈将通电,反之将断电。

图 2.12 给出了 X0,X1 和 Y0 的波形图,高电平表示按下按钮或 KM 线圈通电,对应的编程元件为 1 状态。当 $t < t_1$ 时,读入输入映像寄存器 X0 和 X1 的均为二进制数 0,此时输出映像寄存器 Y0 中存放的亦为 0,在程序执行阶段,经过上述逻辑运算过程之后,运算结果仍为 Y0 = 0,所以 KM 的线圈处于断电状态。在 $t < t_1$ 区间,虽然输入/输出信号的状态没有变化,用户程序仍一直反复不断地执行着。设在 $t = t_1$ 时按下起动按钮 SB1,X0 变为 1 状态,经逻辑运算后 Y0 变为 1 状态,在输出处理阶段,将 Y0 对应的输出映像寄存器中的 1 送到输出模块,PLC 内 Y0 对应的物理继电器的常开触点接通,接触器 KM 的线圈通电。

2.4.3　扫描周期与输入/输出滞后时间

PLC 在 RUN 模式时,执行一次如图 2.10 所示的扫描操作所需的时间称为扫描周期,其典型值为 1 ~ 100 ms。当用户程序较长时,指令执行时间在扫描周期中占相当大的比例。

输入/输出滞后时间又称系统响应时间,是指 PLC 的外部输入信号发生变化的时刻至它控制的有关外部输出信号发生变化的时刻之间的时间间隔,它由输入电路滤波时间、输出电路的滞后时间和因扫描工作方式产生的滞后时间三部分组成。

输入模块的 RC 滤波电路用来滤除由输入端引入的干扰噪声,消除因外接输入触点动作时产生的抖动引起的不良影响,滤波电路的时间常数决定了输入滤波时间的长短,其典型值为 10 ms 左右。

输出模块的滞后时间与模块的类型有关,继电器型输出电路的滞后时间一般在 10 ms 左右;双向晶闸管型输出电路在负载接通时的滞后时间约为 1 ms,负载由导通到断开时的最大滞后时间为 10 ms;晶体管型输出电路的滞后时间一般在 1 ms 左右。

由扫描工作方式引起的滞后时间最长可能达两个多扫描周期。

PLC 总的响应延迟时间一般只有几十毫秒,对于一般的系统是无关紧要的。要求输入-输出信号之间的滞后时间尽量短的系统,可以选用扫描速度快的 PLC 或采取其他措施。

2.5 FX 系列 PLC 性能简介

三菱电机公司 20 世纪 80 年代推出了 F 系列小型 PLC，后来又推出了 FX 系列。FX 系列现在主要有 FX_{1S}，FX_{1N}，FX_{2N}，FX_{2NC} 和 FX_{1NC} 这 5 个子系列，以及近年来推出的 FX_{3U} 和 FX_{3UC} 高性能小型 PLC，本书重点介绍前 4 个子系列。

2.5.1 FX 系列 PLC 的特点

（1）体积极小的微型 PLC

FX_{1S}，FX_{1N} 和 FX_{2N} 系列 PLC 的高度为 90 mm，深度为 75 mm（FX_{1S} 和 FX_{1N} 系列）和 87 mm（FX_{2N} 和 FX_{2NC} 系列），FX_{1S}-14M（14 个 I/O 点的基本单元）的底部尺寸仅为 90 mm×60 mm，相当于一张卡片大小，很适合于在机电一体化产品中使用。内置的 24 V DC 电源可以做输入回路的电源和传感器的电源。

（2）先进美观的外部结构

三菱公司的 FX 系列 PLC 吸收了整体式和模块式 PLC 的优点，它的基本单元、扩展单元和扩展模块的高度和深度相同，但是宽度不同。它们不用基板，仅用扁平电缆连接，紧密拼装后组成一个整齐的长方体。

（3）提供多种子系列供用户选用

FX_{1S}，FX_{1N} 和 FX_{2N} 的外观、高度及深度都差不多，但是性能和价格有很大的差别（见表 2.2）。

表 2.2 FX_{1S}，FX_{1N}，FX_{2N} 和 FX_{2NC} 的性能比较

型号	I/O 点数	用户程序步数	应用指令	通信功能	基本指令执行时间/μs
FX_{1S}	10～30	2 K 步 EEPROM	85 条	较强	0.55～0.7
FX_{1N}	14～128	8 K 步 EEPROM	89 条	强	0.55～0.7
FX_{2N} 和 FX_{2NC}	16～256	内置 8 K 步 RAM，最大 16 K 步	128 条	最强	0.08

FX_{1S} 的功能简单实用，价格便宜，用于小型开关量控制系统，最多 30 个 I/O 点，有通信功能；FX_{1N} 最多可以配置 128 个 I/O 点，用于要求较高的中小型系统；FX_{2N} 和 FX_{2NC} 的功能最强，用于要求很高的系统，可以扩展到 256 点，FX_{2NC} 的结构紧凑。由于不同的系统可以选用不同的子系列，避免了功能的浪费，使用户能用最少的投资来满足系统的要求。

（4）灵活多变的系统配置

FX 系列 PLC 的系统配置灵活，用户除了可以选用不同的子系列外，还可以选用多种基本单元、扩展单元和扩展模块，组成不同 I/O 点和不同功能的控制系统，各种不同的配置都可以得到很高的性能价格比。FX 系列的硬件配置就像模块式 PLC 那样灵活，因为它的基本单元采用整体式结构，又具有比模块式 PLC 更高的性能价格比。

可以将一块功能扩展板安装在 PLC 的基本单元内，这种功能扩展板的价格非常便宜（每

块 300 元左右)。功能扩展板有以下品种:4 点开关量输入板、2 点开关量输出板、2 路模拟量输入板、1 路模拟量输出板、8 点模拟量调整板,以及 RS-232C、RS-485 和 RS-422 通信接口板。

微型显示模块 FX_{1N}-5DM 的价格便宜,报价仅 300 多元,可以直接安装在 FX_{1S} 和 FX_{1N} 上,它可以显示实时钟的当前时间和错误信息,可以对定时器、计数器和数据寄存器等进行监视,对设定值进行修改。

FX 系列有很多特殊模块,例如模拟量输入输出模块、热电阻/热电偶温度传感器用模拟量输入模块、温度调节模块、高速计数器模块、脉冲输出模块、定位专用单元和角度控制单元、可编程凸轮开关、CC-Link 系统主站模块、CC-Link 接口模块、MELSEC 远程 I/O 连接系统主站模块、AS-i 主站模块、RS-232C 通信接口模块、RS-232C 适配器、RS-485 通信板适配器、RS-232C/RS-485 转换接口等。

FX 系列 PLC 还有多种规格的显示模块和数据操作终端,可以用来修改定时器、计数器的设定值和数据寄存器的数据,也可以用来做监控装置,有的只能显示字符,有的可以显示画面。

(5)功能强,使用方便

FX 系列的体积虽小,却具有很强的功能。它内置高速计数器,有输入输出刷新、中断、输入滤波时间调整、恒定扫描时间等功能,有高速计数器的专用比较指令。使用脉冲列输出功能,可以控制步进电机。脉冲宽度调制功能可以用于温度控制或照明灯的调光控制。可以设置 8 位数字密码,以防止别人对用户程序的误改写或盗用。FX 系列的基本单元和扩展单元一般采用插接式的接线端子排,更换单元方便快捷。

FX_{1S} 和 FX_{1N} 系列 PLC 使用 EEPROM,不用定期更换锂电池,成为几乎不需要维护的电子控制装置;FX_{2N} 系列使用带后备电池的 RAM。若采用可选的存储器扩充卡盒,FX_{2N} 的用户存储器容量可以扩充到 16 K 步,可以选用 RAM,EPROM 和 EEPROM 存储器卡盒。

FX_{1S} 和 FX_{1N} 系列 PLC 有两个内置的设置参数用的小电位器,FX_{2N} 和 FX_{1N} 系列可以选用有 8 点模拟设定功能的功能扩展板,用螺丝刀来调节设定值。

FX 系列 PLC 可以在线修改程序,可以用调制解调器和电话线实现远程监视和编程,元件注释可以储存在程序存储器中。

2.5.2　FX 系列型号命名与输入输出技术指标

FX 系列 PLC 型号名称的含义如下:

$$FX_{\square\square}-\square\square\square\square-\square$$
$$① \quad ② \ ③④⑤$$

①子系列名称,例如 1S,1N,2N 等。

②输入输出的总点数。

③单元类型。M 为基本单元,E 为输入、输出混合扩展单元与扩展模块,EX 为输入专用扩展模块,EY 为输出专用扩展模块。

④输出形式。R 为继电器输出,T 为晶体管输出,S 为双向晶闸管输出。

⑤电源和输入、输出类型等特性。无标记为 DC 输入,AC 电源;D 为 DC 输入,DC 电源;UA1/UL 为 AC 输入,AC 电源。

例如 FX_{1N}-60MT D 属于 FX_{1N} 系列,是有 60 个 I/O 点的基本单元,晶体管输出型,DC 电源。

FX 系列 PLC 的技术指标见表 2.3 ~ 表 2.7。

表 2.3　FX 系列 PLC 的输入技术指标

输入电压	DC 24 V − 15% , + 10%	
元件号	X0 ~ X7	其余输入点
输入信号电压	DC 24 V ±10%	
输入信号电流	DC 24 V ,5 mA	DC 24 V ,7 mA
OFF→ON 的输入电流	>3.5 mA	>4.5 mA
ON→OFF 的输入电流	<1.5 mA	
输入响应时间	10 ms	
可调节输入响应时间	X0 ~ X17 为 0 ~ 60 ms(FX_{2N}),其余系列约 10 ms	
输入信号形式	无电压触点,或 NPN 集电极开路输出晶体管	
输入状态显示	输入 ON 时 LED 灯亮	

表 2.4　FX 系列 PLC 的输出技术指标

项　目		继电器输出	晶闸管输出(仅 FX_{2N})	晶体管输出
最大负载	外部电源	最大 250 V AC 或 30 V DC	85 ~ 242 V AC	5 ~ 30 V DC
	电阻负载	2 A/1 点 ,8 A/4 点	0.3 A/1 点 ,0.8 A/4 点	0.5 A/1 点 ,0.8 A/4 点
	感性负载	80 VA ,120/240 V AC	36 VA/AC 240 V	12 W/24 V DC
	灯负载	100 W	30 W	1.5 W/DC 24 V
最小负载		5 V DC 时 2 mA	2.3 VA/240 V AC	—
响应时间	OFF→ON	10 ms	1 ms	<0.2 ms; <15 μs(仅 Y0,Y1)
	ON→OFF	10 ms	10 ms	<0.2 ms; <30 μs(仅 Y0,Y1)
开路漏电流		—	2.4 mA/240 V AC	0.1 mA/30 V DC
电路隔离		继电器隔离	光电耦合器隔离	光电耦合器隔离

2.5.3　FX_{1S} 与 FX_{1N} 系列 PLC

FX_{1S} 系列 PLC 是用于极小规模系统的超小型 PLC。该系列有 16 种基本单元,10 ~ 30 个 I/O 点,用户存储器(EEPROM)容量为 2 000 步。FX_{1S} 可以使用一块 I/O 点扩展板、串行通信扩展板或模拟量扩展板,可以同时安装显示模块和扩展板,有 2 个内置的设置参数用的小电位器。同时可以输出 2 点 60 kHz 的高速脉冲,有 7 条特殊的定位指令。

输入扩展板 FX_{1N}-4EX-BD 有 4 点 24 V DC 输入,输出扩展扳 FX_{1N}-2EYT-BD 有 2 点晶体管输出,它们可以用于 FX_{1S} 和 FX_{1N}。

通过通信扩展板或特殊适配器,可以实现多种通信和数据链接,例如可以接入 CC-Link 和 AS-i 网络,可以与 RS-232C 和 RS-485 设备通信,可以实现 FX 系列 PLC 之间的简易链接、FX_{1N} 之间的并联链接、计算机链接和 I/O 链接通信。

表 2.5　FX$_{1S}$系列的基本单元

| AC 电源, 24 V 直流输入 | | 24 V DC 电源, 24 V 直流输入 | | 输入点数 | 输出点数 |
继电器输出	晶体管输出	继电器输出	晶体管输出		
FX$_{1S}$-10MR-001	FX$_{1S}$-10MT	FX$_{1S}$-10MR-D	FX$_{1S}$-10MT-D	6	4
FX$_{1S}$-14MR-001	FX$_{1S}$-14MT	FX$_{1S}$-14MR-D	FX$_{1S}$-14MT-D	8	6
FX$_{1S}$-20MR-001	FX$_{1S}$-20MT	FX$_{1S}$-20MR-D	FX$_{1S}$-20MT-D	12	8
FX$_{1S}$-30MR-001	FX$_{1S}$-30MT	FX$_{1S}$-30MR-D	FX$_{1S}$-30MT-D	16	14

　　FX$_{1N}$有 13 种基本单元,可以组成 14～128 个 I/O 点的系统,并能使用特殊功能模块、显示模块和扩展板。用户存储器容量为 8 000 步,有内置的实时钟。

　　PID 指令用于实现模拟量闭环控制,一个单元可以同时输出 2 点 100 kHz 的高速脉冲,有 7 条特殊的定位指令,有 2 个内置的设置参数用的小电位器。

表 2.6　FX$_{1N}$系列的基本单元

| AC 电源, 24 V 直流输入 | | 24 V DC 电源, 24 V 直流输入 | | 输入点数 | 输出点数 |
继电器输出	晶体管输出	继电器输出	晶体管输出		
FX$_{1N}$-24MR-001	FX$_{1N}$-24MT-001	FX$_{1N}$-24MR-D	FX$_{1N}$-24MT-D	14	10
FX$_{1N}$-40MR-001	FX$_{1N}$-40MT-001	FX$_{1N}$-40MR-D	FX$_{1N}$-40MT-D	24	16
FX$_{1N}$-60MR-001	FX$_{1N}$-60MT-001	FX$_{1N}$-60MR-D	FX$_{1N}$-60MT-D	36	24

2.5.4　FX$_{2N}$系列 PLC

　　FX$_{2N}$系列的功能强、速度高。它的基本指令执行时间为 0.08 μs 每条指令,内置的用户存储器为 8 K 步,可以扩展到 16 K 步,最大可以扩展到 256 个 I/O 点,有多种特殊功能模块或功能扩展板,可以实现多轴定位控制。机内有实时钟,PID 指令用于模拟量闭环控制。有功能很强的数学指令集,例如浮点数运算、开平方和三角函数等。每个 FX$_{2N}$基本单元可以扩展 8 个特殊单元。FX$_{2N}$的通信功能与 FX$_{1N}$的相同。

表 2.7　FX$_{2N}$系列的基本单元

| AC 电源, 24 V 直流输入 | | DC 电源, 24 V 直流输入 | | 输入点数 | 输出点数 |
继电器输出	晶体管输出	继电器输出	晶体管输出		
FX$_{2N}$-16MR-001	FX$_{2N}$-16MT-001	—	—	8	8
FX$_{2N}$-32MR-001	FX$_{2N}$-32MT-001	FX$_{2N}$-32MR-D	FX$_{2N}$-32MT-D	16	16
FX$_{2N}$-48MR-001	FX$_{2N}$-48MT-001	FX$_{2N}$-48MR-D	FX$_{2N}$-48MT-D	24	24
FX$_{2N}$-64MR-001	FX$_{2N}$-64MT-001	FX$_{2N}$-64MR-D	FX$_{2N}$-64MT-D	32	32
FX$_{2N}$-80MR-001	FX$_{2N}$-80MT-001	FX$_{2N}$-80MR-D	FX$_{2N}$-80MT-D	40	40
FX$_{2N}$-128MR-001	FX$_{2N}$-128MT-001	—	—	64	64

表 2.8 中的扩展单元可以用于 FX_{1N}，FX_{2N} 和 FX_{2NC}。

表 2.8　FX_{1N} 和 FX_{2N} 系列带电源的 I/O 扩展单元

AC 电源，24 V 直流输入			DC 电源，24 V 直流输入		输入点数	输出点数
继电器输出	晶体管输出	晶闸管输出	继电器输出	晶体管输出		
FX_{2N}-32ER	FX_{2N}-32ET	FX_{2N}-32ES	—	—	16	16
FX_{2N}-48ER	FX_{2N}-48ET	—	FX_{2N}-48ER-D	FX_{2N}-48ET-D	24	24

表 2.9　FX_{1N} 和 FX_{2N} 系列的扩展 I/O 模块

输入模块	继电器输出模块	晶体管输出模块	晶闸管输出模块	输入点数	输出点数
FX_{0N}-8ER		—	—	4	4
FX_{0N}-8EX	—	—	—	8	
FX_{0N}-16EX	—	—	—	16	
FX_{2N}-16EX	—	—	—	16	
—	FX_{0N}-8EYR	FX_{0N}-8EYT	—		8
—	FX_{0N}-16EYR	FX_{0N}-16EYT	—		16
—	FX_{2N}-16EYR	FX_{2N}-16EYT	FX_{2N}-16EYS		16

2.5.5　FX_{2NC} 与 FX_{1NC} 系列 PLC

FX_{2NC} 具有很高的性能体积比和通信功能，可以安装到比标准的 PLC 小很多的空间内，可以扩展到 256 个 I/O 点，最多可以连接 4 个特殊功能模块。利用内置的功能，可以实现多轴的精密定位，通过定位单元，可以实现两轴的插补控制。

FX_{2NC} 的通信功能与 FX_{1N} 的相同。FX_{2NC} 系列可以使用 FX_{0N} 和 FX_{2N} 的扩展模块。

表 2.10　FX_{2NC} 系列的基本单元

DC 电源，24 V 直流输入		输入点数	输出点数
继电器输出	晶体管输出		
FX_{2NC}-16MR-T	FX_{2NC}-16MT	8	8
—	FX_{2NC}-32MT	16	16
—	FX_{2NC}-64MT	32	32
—	FX_{2NC}-96MT	48	48

表 2.11　FX_{2NC} 系列的扩展模块

DC 电源，24 V 直流输入模块		输出模块		
输入模块	输入点数	输出模块	输出点数	备注
FX_{2NC}-16EX-T	16	FX_{2NC}-16EYR-T	16	继电器型
FX_{2NC}-16EX	16	FX_{2NC}-16EYT	16	晶体管型
FX_{2NC}-32EX	32	FX_{2NC}-32EYT	32	晶体管型

FX_{1NC} 是性能价格比很高的微型 PLC。使用 FX_{2NC} 的 I/O 模块，I/O 点数可以扩展到 128 点。它内置 8 000 步的 EEPROM 存储器，有 3 072 点辅助继电器和 8 000 点数据寄存器。最多可以连接 4 个 FX_{0N} 和 FX_{2N} 的扩展模块，有定位指令和高速脉冲输出、高速计数功能。

FX_{1NC} 有两种基本单元，输入和输出的总点数分别为 16 点和 32 点，其通信功能与 FX_{1N} 相同。

2.5.6　FX_{3U} 与 FX_{3UC} 系列 PLC

FX_{3U} 和 FX_{3UC} 系列是三菱电机公司为适应用户需求而开发出来的第三代微型 PLC，需要 V8.23Z 以上版本的 GX Developer 编程软件。FX_{3U} 和 FX_{3UC} 系列 PLC 的性能得到了大幅度的提升，CPU 的处理速度达到 0.065 μs/基本指令，内置 64 K 步的 RAM 存储器。它们提供 209 条应用指令，包括与三菱变频器通信的指令、CRC 计算指令和产生随机数的指令等，还大幅度增加了内部软元件的数量，有 7 680 点辅助继电器、4 096 点状态、512 点定时器、40 768 点数据寄存器，还可以选用 64 K 的存储器卡盒。

（1）CPU 模块与功能扩展

与 FX_{2N} 类似，FX_{3U} 属于整体式 PLC，分为晶体管输出型和继电器输出型两类，每一类分别有 16,32,48,64,80 和 128 点等 6 种型号，如图 2.13 所示。

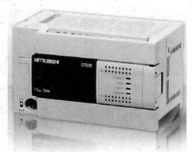

图 2.13　FX_{3U} 的基本单元

图 2.14　FX_{3UC} 的基本单元

FX_{3UC} 属于模块式，只有 1 种 32 点 I/O、直流电源、晶体管输出的基本单元，如图 2.14 所示。它内置了 CC-Link 主站单元的功能，通过 CC-Link 网络可以扩展到 384 个 I/O 点。

FX_{3U} 和 FX_{3UC} 的最大 I/O 点数为 256 点，本身有品种丰富的 FX_{3U} 系列通信功能扩展板、通信和模拟量用的适配器。FX_{3U} 还可以直接使用 FX_{0N} 和 FX_{2N} 的 I/O 模块和特殊功能模块、特殊单元和特殊适配器。

FX_{3UC} 可以直接使用 FX_{2NC} 的 I/O 模块和特殊功能模块/单元。通过连接器转换适配器，可以使用 FX_{0N} 和 FX_{2N} 的 I/O 模块和特殊功能模块、特殊单元和特殊适配器。

（2）高速计数与定位功能

FX_{3U} 晶体管输出型基本单元内置 6 点可以同时达到 100 kHz 的高速计数器，此外还有两点 10 kHz、两点 2 相 50 kHz 的高速计数器。内置了 3 轴独立最高 100 kHz 的定位功能，可以同时输出最高 100 kHz 的脉冲。增加了几条新的定位指令，使定位控制功能更强，使用更为方便。

FX_{3U} 系列新增加了高速输入输出适配器，模拟量输入输出适配器和温度输入适配器，这些适配器不占用系统点数，使用方便。通过高速输出适配器可以实现最多 4 轴、最高 200 kHz 的定位控制;通过高速输入适配器可以实现最高 200 kHz 的高速计数,继电器输出型的基本单元也可以通过适配器进行定位控制。

(3)模拟量控制功能

FX$_{3U}$系列最多可以连接4个不占用系统点数的模拟量输入/输出适配器或温度输入适配器。带符号位的16位高分辨率 A/D 转换模块的转换时间缩短到 500 μs。与 FX$_{2N}$相比,转换速度提高了近30倍,基本单元与 A/D 转换模块之间的数据传送速度提高了 3 ~ 9 倍。A/D 转换模块除了常规的数字滤波功能外,还有峰值保持功能、数据加法功能、突变检测功能和自动传送数据寄存器的功能,每个通道可以记录 1 700 次 A/D 转换值。模拟量数据可以自动更新,不需要使用 FROM/TO 指令。具有模拟量输入适配器、模拟量输出适配器、PT100 和热电偶输入适配器。

(4)通信功能

FX$_{3U}$系列增强了通信功能,最多可以同时使用3个通信口(包括编程口、功能扩展板和通信适配器),最多可以连接两个通信适配器。可以使用带 RS-232C,RS-485 和 USB 接口的通信功能扩展版。可以通过内置的编程口连接计算机或 GOT 1000 系列人机界面,实现 115. 2 kbit/s 的高速通信。通过 RS-485 通信接口,FX$_{3UC}$可以控制 8 台三菱的变频器,并且能修改变频器的参数,执行各种指令。

FX-USB-AW 用于 FX 系列 PLC 与笔记本电脑的通信。FX-232AWC-H 用于 FX 系列与计算机的 RS-232C 的通信。

(5)显示模块

FX$_{3U}$系列可以选装单色 STN 液晶显示模块 FX$_{3U}$-7DM,最多能显示4行,每行 16 个半角字符或 8 个全角字符。用该模块可以进行软元件的监控、测试、时钟的设定、存储器卡盒与内置 RAM 之间程序的传送、比较等操作。可以将该显示模块安装在基本单元上或控制柜的面板上。

2.6　模拟量输入模块与模拟量输出模块

2.6.1　模拟量与数字量的转换

在工业控制中,某些输入量(例如压力、温度、流量、转速等)是模拟量,某些执行机构(例如变频器和调节阀等)要求 PLC 输出模拟信号,而 PLC 的 CPU 只能处理数字量。模拟量首先被传感器和变送器转换为标准量程的直流电流或直流电压,例如 4 ~ 20 mA 和 0 ~ 10 V,PLC 用模拟量输入模块中的 A/D 转换器将它们转换成数字量。

模拟量输出模块中的 D/A 转换器将 PID 调节器的数字输出量转换为标准量程的直流电流或直流电压,再去控制执行机构。

例如加热炉的温度用热电偶或热电阻检测,温度变送器将温度信号转换为电流或电压后,送给模拟量输入模块,经 A/D 转换后得到与温度成比例的数字量,CPU 将它与温度设定值比较,并按某种控制规律对差值进行运算,将运算结果(数字量)送给模拟量输出模块,经 D/A 转换后变为电流信号或电压信号,用来控制电动调节阀的开度,通过控制天然气的流量实现对温度的闭环控制。如图 2.15 所示。

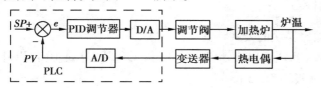

图 2.15   炉温闭环控制系统方框图

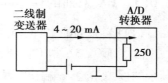

图 2.16   二线制变送器

变送器分为电流输出型和电压输出型,电压输出型变送器具有恒压源的性质,PLC 模拟量输入模块的电压输入端的输入阻抗很高,例如 FX_{2N}-4AD 电压输入的输入阻抗为 200 kΩ。如果变送器距离 PLC 较远,通过线路间的分布电容和分布电感感应的干扰信号电流在模块的输入阻抗上将产生较高的干扰电压。例如 50 μA 干扰电流在 200 kΩ 输入阻抗上将产生 10 V 的干扰电压信号,所以远程传送模拟量电压信号时抗干扰能力很差。

电流输出具有恒流源的性质,恒流源的内阻很大。PLC 的模拟量输入模块输入电流时,输入阻抗较低,例如 FX_{2N}-4AD 电流输入的输入阻抗为 250 Ω。线路上的干扰信号在模块的输入阻抗上产生的干扰电压很低,所以模拟量电流信号适用于远程传送。

电流传送的传送距离比电压传送的传送距离远得多,使用屏蔽电缆信号线时可达数百米。

变送器分为二线制和四线制两种,四线制变送器有两根电源线和两根信号线。二线制变送器只有两根外部接线,它们既是电源线,也是信号线(见图 2.16),输出 4 ~ 20 mA 的信号电流,直流电源串接在回路中,有的二线制变送器通过隔离式安全栅供电。通过调试,在被检测信号量程的下限时输出电流为 4 mA,被检测信号满量程时输出电流为 20 mA。二线制变送器的接线少,信号可以远传,在工业中得到了广泛的应用。

2.6.2   模拟量输入输出模块的性能指标

(1)模拟量模块的分辨率

PLC 的模拟量输入模块的分辨率用转换后的二进制数的位数来表示,主要有 8 位和 12 位两种。8 位的模拟量模块的分辨率低,用在要求不高的场合。

12 位二进制数对应的十进制数为 0 ~ 4 095。以 FX_{2N}-2AD 模拟量输入模块为例,0 ~ 10 V 对应于数字 0 ~ 4 000,分辨率为 10 V/4 000 字 = 2.5 mV/字。

分辨率与模块的综合精度是两个不同的概念,综合精度除了与分辨率有关外,还与很多因素(例如非线性)有关,例如 12 位模拟量输入模块 FX_{2N}-4AD 的综合精度为满量程的 1%。

(2)模拟量模块的转换速度

与某些单片机测控装置中的高速 A/D 转换器和 D/A 转换器相比,PLC 的模拟量模块的转换速度一般都较低,例如模拟量输入模块 FX_{2N}-2AD 的转换时间为 2.5 ms/通道。

(3)模拟量模块的通道数

模拟量模块的通道数一般为 2 的整数次方,如 2,4,8 等,选型时除了考虑实际需要的通道数外,还需要考虑平均每一通道的价格。

(4)模拟量模块的量程

PLC 的模拟量模块一般可以提供多种模拟信号的量程供用户选用,模拟量输入模块的量程应包含选用的变送器的输出信号量程。

2.6.3 FX 系列的模拟量输入输出模块

（1）FX 系列的 12 位模拟量输入/输出模块的公共特性

除了 FX$_{2N}$-3A 和 FX$_{1N}$-8AV-BD/ FX$_{2N}$-8AV-BD 的分辨率是 8 位，FX$_{2N}$-8AD 是 16 位以外，其余的模拟量输入/输出模块和功能扩展板均为 12 位。

电压输入时（例如 0～10 V DC，0～5 V DC）模拟量输入电路的输入电阻为 200 kΩ，电流输入时（例如 4～20 mA）模拟量输入电路的输入电阻为 250 Ω。

模拟量输出模块在电压输出时的外部负载电阻为 2～1 MΩ，电流输出时小于 500 Ω。

12 位模拟量输入在满量程时（例如 10 V）的数字量转换值为 4 000。未专门说明时，满量程的总体精度为 ±1%。

FX 系列的模拟量模块的外部模拟电路与 PLC 内部的数字电路之间有光电隔离，模块各通道之间没有隔离。光电隔离可以提高系统的安全性和抗干扰能力。

FX 系列的模拟量功能扩展板的模拟量电路和数字量电路之间没有光电隔离。

（2）模拟量输入扩展板 FX$_{1N}$-2AD-BD

FX$_{1N}$-2AD-BD 的体积小巧，价格低廉，有两个 12 位的输入通道，输入信号量程为 0～10 V DC 和 4～20 mA DC，转换速度为 1 个扫描周期，不占用 I/O 点，适用于 FX$_{1S}$ 和 FX$_{1N}$。PLC 内可以安装一块功能扩展板。

（3）模拟量输出扩展板 FX$_{1N}$-1DA-BD

FX$_{1N}$-1DA-BD 有 1 个 12 位的输出通道，输出信号量程为 0～10 V，0～5 V DC 和 4～20 mA DC，转换速度为 1 个扫描周期，不占用 I/O 点，适用于 FX$_{1S}$ 和 FX$_{1N}$。

（4）模拟量设定功能扩展板 FX$_{1N}$-8AV-BD/ FX$_{2N}$-8AV-BD

模拟量设定功能扩展板上面有 8 个电位器，用应用指令 VRRD 读出电位器设定的 8 位二进制数，作为计数器、定时器等的设定值。电位器上有 11 挡刻度，根据电位器所指的位置，使用应用指令 VRSC，可以将电位器当做选择开关使用。FX$_{1N}$-8AV-BD 适用于 FX$_{1N}$ 和 FX$_{2N}$，FX$_{2N}$-8AV-BD 适用于 FX$_{2N}$。

（5）模拟量输入/输出模块 FX$_{0N}$-3A

FX$_{0N}$-3A 是 8 位模拟量输入/输出模块，有两个模拟量输入通道，一个模拟量输出通道。输入信号量程为 0～10 V DC 和 4～20 mA DC。输出信号量程为 0～10 V，0～5 V DC 和 4～20 mA DC，在程序中占用 8 个 I/O 点。

（6）模拟量输入模块 FX$_{2N}$-2AD 和 FX$_{2N}$-4AD

FX$_{2N}$-2AD 有 2 个 12 位模拟量输入通道，在程序中占用 8 个 I/O 点。输入量程为 0～10 V，0～5 V DC 和 4～20 mA DC，转换速度为 2.5 ms/通道。FX$_{2N}$-4AD 有 4 个 12 位模拟量输入通道，输入量程为 -10 V～+10 V 和 4～20 mA DC，转换速度为 15 ms/通道或 6 ms/通道（高速）。

（7）模拟量输入和温度传感器输入模块 FX$_{2N}$-8AD

FX$_{2N}$-8AD 提供 8 个 16 位（包括符号位）的模拟量输入通道，在程序中占用 8 个 I/O 点。输入信号量程为 DC -10 V～+10 V 和 -20 mA～+20 mA，或 K，J 和 T 型热电阻，输出为有符号 16 进制数，满量程的总体精度为 ±0.5%。只有电压电流输入时的转换速度为 0.5 ms/通道,有热电偶输入时,其他通道为 1 ms/通道,热电偶输入通道为 40 ms/通道。

(8) PT-100 型温度传感器用模拟量输入模块 FX$_{2N}$-4AD-PT

FX$_{2N}$-4AD-PT 供三线式铂电阻 PT-100 使用,有 12 位 4 通道,在程序中占用 8 个 I/O 点。驱动电流为 1 mA(恒流方式),分辨率为 0.2 ~ 0.3 ℃,综合精度为 1%(相对于最大值)。它里面有温度变送器和模拟量输入电路,对传感器的非线性进行了校正。测量单位可以用摄氏或华氏表示,额定温度范围为 – 100 ~ + 600 ℃,输出数字量为 – 1 000 ~ + 6 000,转换速度为 15 ms/通道。

(9) 热电偶温度传感器用模拟量输入模块 FX$_{2N}$-4AD-TC

FX$_{2N}$-4AD-TC 有 12 位 4 通道,在程序中占用 8 个 I/O 点。与 K 型(– 100 ~ + 1 200 ℃)和 J 型(– 100 ~ 600 ℃)热电偶配套使用,K 型的输出数字量为 – 1 000 ~ + 12 000,J 型的输出数字量为 – 1 000 ~ + 6 000。K 型的分辨率为 0.4 ℃,J 型为 0.3 ℃。综合精度为 0.5% 满刻度 + 1 ℃,转换速度为 240 ms/通道。

(10) 模拟量输出模块 FX$_{2N}$-2DA

FX$_{2N}$-2DA 有 12 位 2 通道,在程序中占用 8 个 I/O 点,输出量程为 0 ~ 10 V,0 ~ 5 V DC 和 4 ~ 20 mA DC,转换速度为 4 ms/通道。

(11) 模拟量输出模块 FX$_{2N}$-4DA

FX$_{2N}$-4DA 有 12 位 4 通道,在程序中占用 8 个 I/O 点,输出量程为 – 10 V ~ + 10 V 和 4 ~ 20 mA DC,转换速度为 4 通道 2.1 ms。

(12) 温度调节模块 FX$_{2N}$-2LC

FX$_{2N}$-2LC 有 2 通道温度输入和 2 通道晶体管输出,在程序中占用 8 个 I/O 点,提供自调整 PID 控制、两位式控制和 PI 控制,可以检查出断线故障。可以使用多种热电偶和热电阻,有冷端温度补偿,分辨率为 0.1 ℃,控制周期为 500 ms。

2.7　高速计数器模块与运动控制模块

2.7.1　高速计数器模块

PLC 的内部计数器的最高工作频率受扫描周期的限制,一般仅有几十赫兹。在工业控制中,有时要求 PLC 有快速计数功能,计数脉冲可能来自旋转编码器、机械开关或电子开关。FX 系列的基本单元有高速计数功能,此外还可以使用高速计数模块。它们可以对几十千赫兹甚至上百千赫兹的脉冲计数,它们大多有一个或几个开关量输出点,计数器的当前值等于或大于预置值时,可以通过中断程序及时地改变开关量输出的状态。这一过程与 PLC 的扫描过程无关,以保证负载被及时驱动。

FX$_{2N}$ 的高速计数模块 FX$_{2N}$-1HC 有 1 个高速计数器,用于单相/双相最高 50 kHz 的高速计数,通过外部输入信号或 PLC 的程序,可以使计数器复位或起动计数过程。

单相 1 输入和单相 2 输入时计数频率小于 50 kHz,双相输入时可以设置为 1 倍频、2 倍频和 4 倍频模式,4 倍频是指在互差 90° 的两相信号的上升沿和下降沿都计数。计数值为 32 位有符号二进制数,或二进制 16 位无符号数(0～65 535)。计数方式可以选择为自动加/减计数(1 相 2 输入或 2 相输入时)和加/减计数(1 相 1 输入时)。可以用硬件比较器实现设定值与计数值一致时产生输出,或用软件比较器实现一致输出(最大延迟 200 μs)。它有两点 NPN 集电极开路输出,额定值为 DC 5～12 V,0.5 A。可以监视瞬时值、比较结果和出错状态。

2.7.2 脉冲输出与定位控制模块

(1)FX$_{2N}$-1PG 脉冲输出模块

FX$_{2N}$-1PG 有定位控制的 7 种操作模式,一个模块控制一个轴,FX$_{2N}$ 系列 PLC 可以连接 8 个模块,控制 8 个单独的轴。输出脉冲频率可达 100 kHz,可以选择输出加脉冲、减脉冲和有方向的脉冲。在程序中占用 8 个 I/O 点,用于 FX$_{2N}$ 和 FX$_{2NC}$。

(2)FX$_{2N}$-10PG 脉冲输出模块

FX$_{2N}$ 系列 PLC 可以连接 8 个模块,输出脉冲频率最高 1 MHz,最小起动时间为 1 ms,定位期间有最优速度控制和近似 S 型的加减速控制,可以接收最高 30 kHz 的外部脉冲输入,表格操作使多点定位编程更为方便。在程序中占用 8 个 I/O 点,用于 FX$_{2N}$ 和 FX$_{2NC}$。

(3)FX$_{2N}$-10GM 和 FX-20GM 定位单元

FX$_{2N}$-10GM 是单轴定位单元,FX-20GM 是双轴定位单元,可以执行直线插补、圆弧插补,或独立双轴控制,可以脱离 PLC 独立工作。有绝对位置检测功能和手动脉冲发生器连接功能,具有流程图的编程软件使程序设计可视化。最高输出频率为 200 kHz,FX-20GM 插补时为 100 kHz,在程序中占用 8 个 I/O 点。

(4)可编程凸轮控制单元(角度控制单元)FX$_{2N}$-1RM-SET

在机械控制系统中,常用机械式凸轮开关来接通或断开外部负载,机械式凸轮开关对加工的精度要求高,运行时易于磨损。

可编程凸轮控制单元 FX$_{2N}$-1RM-SET 可以实现高精度的角度位置检测。它可以进行动作角度设定和监视,可以在 EEPROM 中存放 8 种不同的程序,在程序中占用 8 个 I/O 点。通过连接晶体管扩展模块,最多可以得到 48 点 ON/OFF 输出。可以用通信接口模块将它连接到 CC-Link 网络。

2.8 编程设备与人机界面

编程器用来生成用户程序,并对它进行编辑、检查和修改。某些编程器还可以将用户程序写入 EPROM 或 EEPROM 中,各种编程器还可以用来监视系统运行的情况。

2.8.1 专用编程器与编程软件

专用编程器由 PLC 生产厂家提供,它们只能用于某一生产厂家的某些 PLC 产品。现在的专用编程器一般都是手持式的 LCD(液晶显示器)字符编程器。它们不能直接输入和编辑梯形图程序,只能输入和编辑指令表程序。

手持式编程器的体积小,用电缆与 PLC 相连。其价格便宜,常用来给小型 PLC 编程,用于系统的现场调试和维修比较方便。

　　FX 系列 PLC 的手持式编程器 FX-10P-E 和 FX-20P-E 的体积小,携带方便。它们采用液晶显示器,分别显示 2 行和 4 行字符。它们用指令表的形式生成和编辑用户程序,还可以监视用户程序的运行情况。

　　专用编程器只能对某一 PLC 生产厂家的 PLC 产品编程,使用范围和使用寿命有限,性能价格比低。现在的发展趋势是使用在计算机上运行的编程软件,笔记本电脑配上编程软件,适用于在现场调试程序。

　　这种方法的主要优点是可以使用通用的计算机,对于不同厂家和型号的 PLC,只需要更换编程软件就可以了。大多数 PLC 厂家都向用户提供免费使用的演示版编程软件,有的编程软件可以在互联网下载。编程软件的功能比手持式编程器强得多。

　　下面介绍三菱电机的编程软件和模拟软件。

　　(1) FX-FCS/WIN-E/-C 和 SWOPC-FXGP/WIN-C **编程软件**

　　它们是用于 FX 系列 PLC 的汉化软件,可以用梯形图和指令表编程,占用的存储空间少,功能较强。

　　(2) GX Developer

　　GX Developer(GX 开发器)用于开发三菱电机公司所有 PLC 的程序,可以用梯形图、指令表和顺序功能图(SFC)编程。

　　(3) GX Simulator

　　GX Simulator(GX 模拟器)与 GX Developer 配套使用,可以在个人计算机中模拟三菱 PLC 的运行,对用户程序进行监控和调试。

2.8.2　显示模块与图形操作终端

　　PLC 本身的数字量显示和数字量输入功能较差,FX 系列 PLC 配备有种类繁多的显示模块和图形操作终端作为人机接口。

　　FX_{1N}-5DM 有 4 个键和带背光的 LED 显示器,直接安装在 FX_{1S} 和 FX_{1N} 上。

　　FX-10DM-E 可以安装在控制屏的面板上,用电缆与 FX 系列 PLC 相连,有 5 个键和带背光的 LED 显示器,显示两行数据,每行 16 个字符。可以监视和修改 T,C 的当前值和设定值,监视和修改数据寄存器的当前值。

　　GOT-F900 是专门与 FX 系列配套的人机界面,电源电压为 24 V DC,用 RS-232C 或 RS-485 接口与 PLC 通信,F920GOT 之外的触摸屏可以设置 50 个触摸键。

　　F920GOT 的单色 STN 液晶显示器为 6.6 cm(2.6 in.),有 128 KB 用户快闪存储器和简单的位图显示功能。

　　F930GOT 的单色 STN 液晶显示器为 11.2 cm(4.4 in.),可以显示 240×80 点或 5 行,每行 30 个字符,有 256 KB 用户快闪存储器和简单的位图显示功能。

　　F940GOT 触摸屏是人机界面和编程器合二为一的产品,可以对 FX 系列 PLC 编程和监控。它有 14.5 cm(5.7 in.)的单色或 8 色 STN 液晶显示器,可以显示 320×240 点或 15 行,每行 40 个字符,有 512 KB 用户快闪存储器。

　　F940WGOT 触摸屏带有 256 色 17 cm(6.7 in.)液晶显示器,可以水平安装或垂直安装,屏幕可以分为 2~3 个部分,有一个 RS-422 接口和两个 RS-232C 接口,可以显示 480×234 点或 14 行,每行 60 个字符,有 1 M 字节用户快闪存储器。

习　题

2.1　填空

（1）PLC 主要由＿＿＿＿＿、＿＿＿＿＿、＿＿＿＿＿和＿＿＿＿＿组成。

（2）继电器的线圈断电时,其常开触点＿＿＿＿＿,常闭触点＿＿＿＿＿。

（3）FX$_{2N}$-80MR 是有＿＿＿＿＿个 I/O 点,＿＿＿＿＿输出型的＿＿＿＿＿单元。

2.2　简述 PLC 的扫描工作过程。

2.3　PLC 常用哪几种存储器? 它们各有什么特点? 分别用来存储什么信息?

2.4　开关量输出模块有哪几种类型? 它们各有什么特点?

2.5　FX 系列 PLC 的手持式编程器与编程软件各有什么特点?

第 3 章
PLC 的编程语言与指令系统

3.1 PLC 的编程语言概述

3.1.1 PLC 编程语言的国际标准

现代的 PLC 一般备有多种编程语言供用户选用。不同厂家的 PLC 的编程语言有较大的区别,用户不得不学习多种编程语言和查找故障的方法。

吸收了最终用户、厂家和学者的意见,IEC(国际电工委员会)1994 年 5 月公布了 PLC 标准(IEC 61131)。该标准由以下 5 部分组成:通用信息、设备与测试要求、PLC 的编程语言、用户指南和通信。其中的第 3 部分(IEC 61131-3)是 PLC 的编程语言标准。

IEC 61131-3 标准对厂家和用户都是有好处的,用户在使用新的控制系统时,可以减少重新培训的时间。对于厂家,使用标准可以减少产品开发的时间,因此可以投入更多的精力去满足用户的特殊要求。

IEC 61131-3 详细地说明了句法、语义和下述 5 种 PLC 编程语言(见图 3.1)的表达方式:

图 3.1 PLC 的编程语言

①顺序功能图(sequential function chart);

②梯形图(ladder diagram);

③功能块图(function block diagram);

④指令表(instruction list);

⑤结构文本(structured text)。

标准中有两种图形语言——梯形图(LD)和功能块图(FBD),还有两种文字语言——指令表(IL)和结构文本(ST),可以认为顺序功能图(SFC)是一种结构块控制程序流程图。

(1) 顺序功能图(SFC)

这是一种位于其他编程语言之上的图形语言,用来编制顺序控制程序,在第 5 章将做详细介绍。

图 3.2　顺序功能图

SFC 提供了一种组织程序的图形方法,在 SFC 中可以用别的语言嵌套编程。步、转换和动作(action)是 SFC 中的三种主要元件(见图 3.2)。步是一种逻辑块,即对应于特定的控制任务的编程逻辑,动作是控制任务的独立部分,转换是从一个任务到另一个任务的原因。

例如,灌满一个配料罐可以作为一步,它也可以被进一步划分为一些动作,如打开配料阀 A,B 与 C,液位高度可以作为转换,它将使系统进入下一步——将加入的液料混合。

有的 PLC 的编程软件有顺序功能图语言,对于目前大多数 PLC 来说,SFC 还仅仅是作为组织编程的工具使用,尚需用其他编程语言(例如梯形图)将它转换为 PLC 可以执行的程序。因此,通常只是将 SFC 作为 PLC 的辅助编程工具,而不是一种独立的编程语言。根据 SFC 可以很容易地设计出顺序控制梯形图程序。

(2) 梯形图(LD)

梯形图是使用得最多的 PLC 图形编程语言。梯形图与继电器控制系统的电路图很相似,具有直观易懂的优点,很容易被工厂熟悉继电器控制的电气人员掌握,特别适用于开关量逻辑控制。图 3.3 和图 3.4 用 S7-200 系列 PLC 的 3 种编程语言表示同一逻辑关系。在编程软件中,用户程序可以在不同的编程语言之间切换。

有时把梯形图称为电路或程序,把梯形图程序的设计叫做编程。虽然可以用梯形图对所有的控制逻辑编程,但梯形图与别的语言混合使用能很好地适应一些特殊的控制任务。

图 3.3　梯形图与语句表　　　　　　　　　　　　图 3.4　功能块图

(3) 指令表(IL)

由若干条指令组成的程序称为指令表程序。PLC 的指令是一种与微机的汇编语言中的指令相似的助记符表达式,小型 PLC 的指令系统比汇编语言的简单得多,仅用 20 来条指令就可以实现开关量控制。指令表程序较难阅读,其中的逻辑关系很难一眼看出,因此在设计复杂的开关量控制系统的程序时一般使用梯形图语言。如果使用图形编程器,可以直接将梯形图送入 PLC,并在显示器上显示出来。如果使用手持式编程器,必须将梯形图转换成指令表后再送入 PLC。在用户存储器中,指令按步序号顺序排列。

(4) 功能块图(FBD)

这是一种类似于数字逻辑电路的图形编程语言,有数字电路基础的人很容易掌握。功能块图用类似于与门、或门的方框来表示逻辑运算关系,方框的左侧为逻辑运算的输入变量,右侧为输出变量,输入、输出端的小圆圈表示"非"运算,信号是自左向右流动的。就像电路图那样,功能块图中的元件被"导线"连接在一起。

（5）结构文本（ST）

随着 PLC 的迅速发展，如果很多高级功能仍然用梯形图来表示，会很不方便。

结构文本（ST）是为 IEC 61131-3 标准创建的一种专用的高级编程语言，可以增强 PLC 的数学运算、数据处理、图形显示、报表打印等功能，方便用户的使用。受过计算机编程语言训练的人将会发现，用它来编制控制逻辑是很容易的。与梯形图相比，ST 有两个很大的优点，其一是能实现复杂的数学运算，其二是非常简洁和紧凑，用 ST 编制极其复杂的数学运算程序可能只占一页纸。

除了提供几种编程语言可供用户选择外，标准还允许编程者在同一个程序中使用多种编程语言，这使编程者能选择不同的语言来适应特殊的工作。

目前，有部分厂家的 PLC 支持 IEC 61131-3 标准。

3.1.2　梯形图的主要特点

1）PLC 梯形图中的某些编程元件沿用了继电器这一名称，例如输入继电器、输出继电器、内部辅助继电器等，但是它们不是真实的物理继电器（即硬件继电器），而是在用户程序中使用的编程元件。每一编程元件与 PLC 存储器的元件映像区中的一个存储单元相对应。该存储单元如果为 1 状态，则梯形图中对应编程元件的线圈"通电"，其常开触点接通，常闭触点断开，以后称这种状态是该编程元件的 1 状态，或该编程元件 ON（接通）。如果该存储单元为 0 状态，对应的编程元件的线圈和触点的状态与上述的相反，称该编程元件为 0 状态，或该编程元件 OFF（断开）。

2）根据梯形图中各触点的状态和逻辑关系，求出与图中各线圈对应的编程元件的状态，称为梯形图的逻辑运算。逻辑运算是按梯形图中从上到下、从左至右的顺序进行的。运算的结果马上可以被后面的逻辑运算所利用。逻辑运算是根据输入映像寄存器中的值，而不是根据运算瞬时外部输入触点的状态来进行的。

3）梯形图两侧的垂直公共线称为公共母线（bus bar）。在分析梯形图的逻辑关系时，为了借用继电器电路图的分析方法，可以想象左右两侧母线之间有一个左正右负的直流电源电压，当图 3.5 中的触点 1,2 接通时，有一个假想的"概念电流"或"能流"（power flow）从左向右流动，这一方向与执行用户程序时的逻辑运算的顺序是一致的。利用能流这一概念，可以更好地理解和分析梯形图。能流只能从左向右流动，图 3.5（a）中可能有两个方向的能流流过触点 5（经过触点 1,5,4 或经过触点 3,5,2），因此应改为图 3.5（b）所示的等效电路。

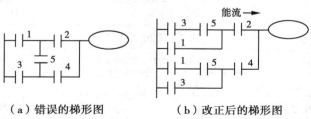

（a）错误的梯形图　　　　　（b）改正后的梯形图

图 3.5　梯形图

4）梯形图中的线圈和其他输出类指令应放在最右边。

5）梯形图中各编程元件的常开触点和常闭触点均可以无限多次地使用。

3.2　FX 系列 PLC 梯形图中的编程元件

3.2.1　FX 系列的用户数据结构与基本性能

用户数据结构有 3 种,第 1 种是 bit 数据(二进制的 1 位),或称为位编程元件,用来表示开关量的状态,例如触点的通、断,线圈的通电和断电,其值为二进制数 1 或 0,或称为该编程元件 ON 或 OFF。

表 3.1　FX_{1S} 与 FX_{1N} 的基本性能

项　目		FX_{1S}	FX_{1N}
运算控制方式		对存储的程序反复扫描运算,有中断指令	
输入输出控制方式		批处理方式(执行 END 指令时),输入输出刷新指令,脉冲捕捉功能	
编程语言		逻辑梯形图和指令表,可以用步进梯形指令来生成顺序控制程序	
运算处理速度		基本指令 $0.55 \sim 0.7$ μs/指令,应用指令 $3.7 \sim$ 数百 μs/指令	
程序容量	内置存储器容量	2 000 步 EEPROM	8 000 步 EEPROM
	存储器盒	2 000 步 EEPROM	8 000 步 EEPROM
指令数	基本、步进指令	顺控指令 27 条,步进梯形指令 2 条	
	应用指令	85 种,167 条	89 种
I/O 设置		与用户选择有关,最多 30 点	与用户选择有关,最多 128 点
辅助继电器	通用辅助继电器	M0 ~ M383,384 点	M0 ~ M383,384 点
	EEPROM 保持	M384 ~ M511,128 点	M384 ~ M511,128 点
	电容器保持	—	M512 ~ 1535,1 024 点
	特殊辅助继电器	M8000 ~ M8255,256 点	
状　态	初始状态,EEPROM 保持	S0 ~ S9,10 点	
	EEPROM 保持	S10 ~ S127,118 点	
	电容器保持	—	S128 ~ S999,872 点
定时器	100 ms	T0 ~ T62,63 点	T0 ~ T199,200 点
	10 ms	T32 ~ T62(M8208 = 1 时),31 点	T200 ~ T245,46 点
	1 ms 累计型,电容器保持	T63,1 点	T246 ~ T249,4 点
	100 ms 累计型,电容器保持	—	T250 ~ T255,6 点
模拟电位器		D8030,D8031,2 点(0 ~ 255)	

续表

项　目		FX$_{1S}$	FX$_{1N}$
计数器	16 位加计数器	C0 ~ C15,16 点	
	16 位加计数器,EEPROM 保持	C16 ~ C31,16 点	
	16 位加计数器,电容器保持	—	C32 ~ C199,168 点
	32 位加减计数器	—	C200 ~ C219,20 点
	32 位加减计数器,电容器保持	—	C220 ~ C234,15 点,双向
	高速计数器,EEPROM 保持	C235 ~ C255,1 相 60 kHz/2 点,10 kHz/4 点,2 相 30 kHz/1 点,5 kHz/1 点	
数据寄存器	16 位通用数据寄存器	D0 ~ D127,128 点(相邻的两个寄存器可以组成 32 位的寄存器对)	
	16 位 EEPROM 保持	D128 ~ D255,128 点	
	16 位电容器保持	—	D256 ~ D7999,7 744 点
	文件寄存器 EEPROM 保持	D1000 ~ D2499,1 500 点	D1000 ~ D7999,最大 7 000 点
	16 位特殊数据寄存器	D8000 ~ D8255,256 点	
	16 位变址寄存器	V0 ~ V7,Z0 ~ Z7,16 点	
跳步指针	跳步或子程序调用	64 点,P0 ~ P63	P0 ~ P127,128 点
	输入中断	I0□□ ~ I5□□,6 点	
主控指令的嵌套层数		N0 ~ N7,8 点	
常数	十进制(K)	16 位:− 32 768 ~ + 32 767,32 位:− 2 147 483 648 ~ + 2 147 483 647	
	十六进制(H)	16 位:0 ~ FFFF,32 位:0 ~ FFFFFFFF	

表 3.2　FX$_{2N}$的基本性能

项　目		性能规格
运算控制方式		对存储的程序反复扫描运算,有中断指令
输入输出控制方式		批处理方式(在执行 END 指令时),输入输出刷新指令、脉冲捕捉功能
编程语言		逻辑梯形图和指令表,可以用步进梯形指令来生成顺序控制程序
运算处理速度		基本指令 0.08 μs/指令,应用指令 1.52 ~ 数百 μs/指令
程序容量	内置存储器容量	内置 8 000 步 RAM 加锂电池
	存储器盒	RAM,EPROM 或 EEPROM,最大 16 000 步
指令数	基本、步进指令	顺控指令 27 条,步进梯形指令 2 条
	应用指令	132 种,309 个
I/O 设置		与用户选择有关,最多 256 点

续表

项 目		性能规格
辅助 继电器	可设为备用电池保持	M0 ~ M499,500 点
	备用电池保持,可设为不保持	M500 ~ M1023,524 点
	备用电池保持,不可更改	M1024 ~ 3071,2 048 点
	特殊辅助继电器	M8000 ~ M8255,256 点
状态	初始状态	S0 ~ S9,10 点
	可设为备用电池保持	S10 ~ S499,490 点
	备用电池保持,可设为不保持	S500 ~ S899,400 点
	备用电池保持,不可更改	S900 ~ S999,100 点
定时器	100 ms	T0 ~ T199,200 点
	10 ms	T200 ~ T245,46 点
	1 ms 累计型,备用电池保持	T246 ~ T249,4 点
	100 ms 累计型,备用电池保持	T250 ~ T255,6 点
计数器	16 位加计数器,可设为电池保持	C0 ~ C99,100 点
	16 位加计数器,电池保持	C100 ~ C199,100 点
	32 位加减计数器,可设为电池保持	C200 ~ C219,20 点
	32 位加减计数器,电池保持	C220 ~ C234,15 点
	高速计数器,电池保持	C235 ~ C255,1 相 60 kHz/2 点,10 kHz/4 点,2 相 30 kHz/1 点, 5 kHz/1 点
数据 寄存器	16 位通用,可设为电池保持	D0 ~ D199,200 点(相邻的两个寄存器可以组成 32 位的寄存器 对)
	16 位电池保持,可设为不保持	D200 ~ D511,312 点
	16 位文件寄存器,电池保持	D512 ~ D7999,7 488 点
	16 位特殊数据寄存器	D8000 ~ D8255,256 点
	16 位变址寄存器	V0 ~ V7,Z0 ~ Z7,16 点
跳步指针	跳步或子程序调用	P0 ~ P127,128 点
	输入中断、定时器中断	I0□□ ~ I8□□,9 点
	计数器中断	I010 ~ I060,6 点
主控指令的嵌套层数		N0 ~ N7,8 点
常数	十进制 K	16 位: − 32 768 ~ + 32 767, 32 位: − 2 147 483 648 ~ + 2 147 483 647
	十六进制 H	16 位:0 ~ FFFF,32 位:0 ~ FFFFFFFF

第 2 种是字数据,16 位二进制数组成一个字,在 FX 系列 PLC 内部,常数以二进制补码的

形式存储,所有四则运算和加 1、减 1 运算都是二进制运算。

第 3 种是字与位(bit)的结合,例如定时器和计数器的触点为 bit,而它们的设定值寄存器和当前值寄存器为字。

3.2.2　输入继电器与输出继电器

FX 系列 PLC 梯形图中的编程元件的名称由字母和数字组成,它们分别表示元件的类型和元件号,例如 Y10,M129。

(1)输入继电器(X)

FX 系列 PLC 的输入继电器和输出继电器的元件号用八进制数表示,八进制数只有 0～7 这 8 个数字符号,遵循"逢 8 进 1"的运算规则。例如,八进制数 X7 和 X10 是两个相邻的整数。表 3.3 给出了 FX$_{2N}$ 系列 PLC 的输入/输出继电器元件号。

表 3.3　FX$_{2N}$ 系列 PLC 的输入/输出继电器元件号

型号	FX$_{2N}$-16M	FX$_{2N}$-32M	FX$_{2N}$-48M	FX$_{2N}$-64M	FX$_{2N}$-80M	FX$_{2N}$-128M	扩展时
输入	X0～X7	X0～X17	X0～X27	X0～X37	X0～X47	X0～X77	X0～X267
继电器	8 点	16 点	24 点	32 点	40 点	64 点	184 点
输出	Y0～Y7	Y0～Y17	Y0～Y27	Y0～Y37	Y0～Y47	Y0～Y77	Y0～Y267
继电器	8 点	16 点	24 点	32 点	40 点	64 点	184 点

输入继电器是 PLC 接收来自外部触点和电子开关的开关量信号的窗口。PLC 通过光电耦合器,将外部信号的状态读入并存储在输入映像寄存器内。输入端可以外接常开触点或常闭触点,也可以接多个触点组成的串并联电路。在梯形图中,可以多次使用输入继电器的常开触点和常闭触点。

图 3.6 是一个 PLC 控制系统的示意图。外接的输入触点电路接通时,对应的输入映像寄存器为 1 状态,外部电路断开时为 0 状态。输入继电器的状态唯一地取决于外部输入信号的状态,不可能受用户程序的控制,因此在梯形图中绝对不能出现输入继电器的线圈。本书一般用椭圆表示梯形图中的线圈。

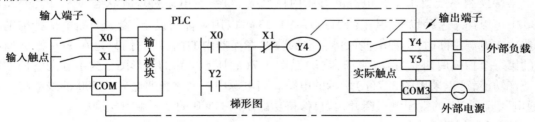

图 3.6　输入继电器与输出继电器

(2)输出继电器(Y)

输出继电器是 PLC 向外部负载发送信号的窗口。输出继电器用来将 PLC 的输出信号传送给输出模块,再由后者驱动外部负载。如果图 3.6 中 Y4 的线圈"通电",继电器型输出模块中对应的硬件继电器的触点闭合,使外部负载工作。输出模块中的每一个硬件继电器仅有一对常开触点,但是在梯形图中,每一个输出继电器的常开触点和常闭触点都可以多次使用。

3.2.3 辅助继电器与状态

辅助继电器(M)相当于继电器控制系统中的中间继电器,它不能接收外部的输入信号,也不能直接驱动外部负载。它的功能是用软件实现的。

(1)通用辅助继电器 M0 ~ M499

辅助继电器的类型与它的元件号和 PLC 的型号有关(见表3.4)。FX_{2N} 系列 PLC 的通用辅助继电器的元件号为 M0 ~ M499,共 500 点。在 FX_{2N} 系列 PLC 中,除了输入继电器和输出继电器的元件号采用八进制外,其他编程元件的元件号均采用十进制。

如果在 PLC 运行时电源突然中断,输出继电器和 M0 ~ M499 将全部变为 OFF。若电源再次接通,除了因外部输入信号而变为 ON 的以外,其余的仍将保持 OFF 状态。可以用软件将 M0 ~ M499 设定为下面将要介绍的保持型辅助继电器。

表 3.4　辅助继电器

PLC	FX_{1S}	FX_{1N}	$FX_{2N}/$ FX_{2NC}
通用辅助继电器	384 点,M0 ~ 383	384 点,M0 ~ 383	500 点,M0 ~ 499
保持型辅助继电器	128 点,M384 ~ 511	1 152 点,M384 ~ 1535	2 572 点,M500 ~ 3071
总　　计	512 点	1 536 点	3 072 点

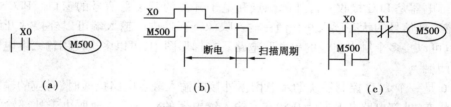

图 3.7　断电保持功能

(2)保持型辅助继电器 M500 ~ M3071

某些控制系统要求记忆电源断开瞬时的状态,重新通电后再现其状态,FX_{2N} 的 M500 ~ M3071 可以用于这种场合,其中的 M500 ~ M1023 可以用软件来设定,变为非断电保持辅助继电器。在电源中断时,用锂电池保持它们的映像寄存器中的内容,它们只是在 PLC 重新通电后的第一个扫描周期变为 ON,图 3.7(b)是图 3.7(a)所示电路的波形图。为了利用它们的断电记忆功能,可以采用图 3.7(c)所示的电路。当电源中断又重新通电后,M500 的线圈将一直"通电",直到 X1 的常闭触点断开,其自保持功能是用 M500 的常开触点实现的。

(3)特殊辅助继电器

特殊辅助继电器共 256 点,它们用来表示 PLC 的某些状态,提供时钟脉冲和标志(例如进位、借位标志),设定 PLC 的运行方式,或者用于步进顺控、禁止中断、设定计数器是加计数或是减计数等。

特殊辅助继电器分为触点利用型和线圈驱动型两种。前者由 PLC 的系统程序来驱动其线圈,在用户程序中可直接使用其触点,下面是几个例子:

M8000(运行监视):当 PLC 执行用户程序时,M8000 为 ON;停止执行时,M8000 为 OFF

（见图 3.8）。

M8002（初始化脉冲）：M8002 仅在 M8000 由 OFF 变为 ON 状态时的一个扫描周期内为 ON（见图 3.8），可以用 M8002 的常开触点来使有断电保持功能的元件初始化复位和清零。

M8011 ~ M8014 分别是 10 ms,100 ms,1 s 和 1 min 时钟脉冲。

M8005（锂电池电压降低）：电池电压下降至规定值时变为 ON,可以用它的触点驱动输出继电器和外部指示灯,提醒工作人员更换锂电池。

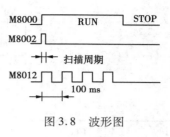

图 3.8　波形图

线圈驱动型由用户程序驱动其线圈,使 PLC 执行特定的操作,例如 M8030 的线圈"通电"后,"电池电压降低"发光二极管熄灭;M8033 的线圈"通电"时,PLC 由 RUN 模式进入 STOP 模式后,映像寄存器与数据寄存器中的内容保持不变;M8034 的线圈"通电"时,禁止输出;M8039 的线圈"通电"时,PLC 以 D8039 中指定的扫描时间工作。

（4）状态

状态 S（State）是用于编制顺序控制程序的一种编程元件,它与后面介绍的 STL 指令（步进梯形指令）一起使用。

通用状态（S0 ~ S499）没有断电保持功能,但是用程序可以将它们设定为有断电保持功能的状态,其中包括供初始状态用的 S0 ~ S9 和供返回原点用的 S10 ~ S19。S500 ~ S899 有断电保持功能,S900 ~ S999 供报警器使用。

不对状态使用步进梯形指令时,可以把它们当做普通辅助继电器（M）使用。供报警器用的状态可以用于外部故障诊断的输出。

3.2.4　定时器

PLC 中的定时器（T）相当于继电器系统中的时间继电器。它有一个设定值寄存器（一个字长）、一个当前值寄存器（一个字长）和一个用来储存其输出触点状态的映像寄存器（占二进制的一位）。这 3 个存储单元使用同一个元件号。FX 系列 PLC 的定时器分为通用定时器和累计型定时器。

常数 K 可以作为定时器的设定值,也可以用数据寄存器（D）的内容来设定。外部数字开关输入的数据可以存入数据寄存器,作为定时器的设定值。

（1）通用定时器（T0 ~ T249）

定时器的类型与它的元件号有关（见表 3.5）。以 FX_{2N} 为例,T0 ~ T199 为 100 ms 定时器,定时范围为 0.1 ~ 3 276.7 s,其中 T192 ~ T199 为子程序和中断服务程序专用的定时器;T200 ~ T245 为 10 ms 定时器（共 46 点）,定时范围为 0.01 ~ 327.67 s。图 3.9 中 X0 的常开触点接通时,T200 的当前值计数器从零开始,对 10 ms 时钟脉冲进行累加计数。当前值等于设定值 535 时,定时器的常开触点接通,常闭触点断开,即 T200 的输出触点在其线圈被驱动 5.35 s 后动作。X0 的常开触点断开后,T200 因为线圈断电而被复位,复位后它的常开触点断开,常闭触点接通,当前值恢复为零。

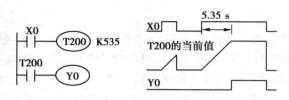

图 3.9　通用定时器

表 3.5　定时器

PLC	FX₁ₛ	FX₁ₙ，FX₂ₙ／FX₂ₙc
100 ms 定时器	63 点，T0 ～ 62	200 点，T0 ～ 199
10 ms 定时器	31 点，T32 ～ C62	46 点，T200 ～ C245
1 ms 累计型定时器	1 点，T63	4 点，T246 ～ C249
100 ms 累计型定时器	—	6 点，T250 ～ C255

如果需要在定时器的线圈"通电"时就动作的瞬动触点，可以在定时器线圈两端并联一个辅助继电器的线圈，并使用它的触点。

通用定时器没有保持功能，在输入电路断开或停电时复位。

定时器只能提供其线圈"通电"后延迟动作的触点，如果需要在它的线圈"断电"后延迟动作，可以使用图 3.10 所示的电路。

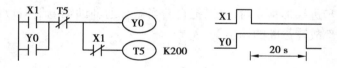

图 3.10　延时停止输出定时器

（2）累计型定时器（T246 ~ T255）

1 ms 累计型定时器 T246 ~ T249 的定时范围为 0.001 ~ 32.767 s，100 ms 累计型定时器 T250 ~ T255 的设定范围为 0.1 ~ 3 276.7 s。图 3.11 中的 X1 的常开触点接通时，T250 的当前值计数器对 100 ms 时钟脉冲进行累加计数。X1 的常开触点断开或停电时停止定时，当前值保持不变。X1 的常开触点再次接通或复电时继续定时，累计时间 $t_1 + t_2$ 为 34.5 s 时，当前值等于设定值 345，T250 的常开触点接通，常闭触点断开。X2 的常开触点接通时，T250 复位。因为累计型定时器的线圈断电时不会复位，需要用 X2 的常开触点和复位指令使 T250 强制复位。

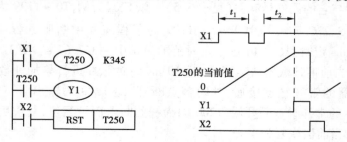

图 3.11　累计型定时器

(3)定时器的定时精度

定时器的精度与程序的安排有关,如果定时器的触点在线圈之前,精度将会降低。平均误差约为 1.5 倍扫描周期。最小定时误差为输入滤波器时间与定时器分辨率之差,1 ms,10 ms 和 100 ms 定时器的分辨率分别为 1 ms,10 ms 和 100 ms。

如果定时器的触点在线圈之后,最大定时误差为 2 倍扫描周期加上输入滤波器时间。

如果定时器的触点在线圈之前,最大定时误差为 3 倍扫描周期加上输入滤波器时间。

3.2.5 计数器

(1)内部计数器

内部计数器(C)用来对 PLC 的内部信号 X,Y,M,S 等计数,其响应速度仅有数十赫兹。内部计数器输入信号的接通或断开的持续时间,应大于 PLC 的扫描周期。

1)16 位加计数器:

计数器的类型与它的元件号有关(见表 3.6)。

表 3.6 FX₂N 的计数器

16 位加计数器,可设为电池保持	C0 ~ C99,100 点
16 位加计数器,电池保持	C100 ~ C199,100 点
32 位加减计数器,可设为电池保持	C200 ~ C219,20 点
32 位加减计数器,电池保持	C220 ~ C234,15 点

16 位加计数器的设定值为 1 ~ 32 767。图 3.12 给出了加计数器的工作过程,图中 X10 的常开触点接通后,C0 被复位,它对应的位存储单元被置 0,C0 的常开触点断开,常闭触点接通,同时其计数当前值被置为 0。X11 用来提供计数输入信号,当计数器的复位输入电路断开,计数输入电路由断开变为接通(即计数脉冲的上升沿)时,计数器的当前值加 1。在 9 个计数脉冲之后,C0 的当前值等于设定值 9,它对应的位存储单元被置 1,C0 的常开触点接通,常闭触点断开。再来计数脉冲时当前值不变,直到复位输入电路接通,计数器的当前值被置为 0(见图 3.12)。

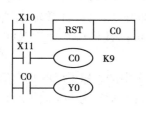

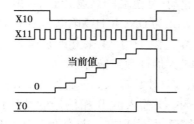

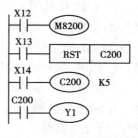

图 3.12 16 位加计数器

图 3.13 加/减计数器

2)32 位加/减计数器:

32 位加/减计数器的设定值为 -2 147 483 648 ~ +2 147 483 647,其中 C200 ~ C219(共 20 点)为通用型,C220 ~ C234(共 15 点)为断电保持型。

32 位加/减计数器 C200 ~ C234 的加/减计数方式由特殊辅助继电器 M8200 ~ M8234 设定,对应的特殊辅助继电器为 ON 时,为减计数;反之,为加计数。

计数器的设定值除了用常数 K 设定外,还可以通过指定的数据寄存器来设定,这时设定值等于指定的数据寄存器中的数。32 位设定值存放在元件号相连的两个数据寄存器中。如果指定的是 D0,则设定值存放在 D1 和 D0 中。32 位加/减计数器的设定值可正可负。

图 3.13 中 C200 的设定值为 5,在加计数时,若计数器的当前值由 4→5,计数器的输出触点 ON;当前值≥5 时,输出触点仍为 ON。当前值由 5→4 时,输出触点 OFF;当前值≤4 时,输出触点仍为 OFF。

复位输入 X13 的常开触点接通时,C200 被复位,其常开触点断开,常闭触点接通,当前值被置为 0。

如果使用断电保持计数器,在电源中断时,计数器停止计数,并保持计数当前值不变,电源再次接通后在当前值的基础上继续计数,因此断电保持计数器可以累计计数。

(2)高速计数器

21 点高速计数器 C235～C255 共用 PLC 的 8 个高速计数器输入端 X0～X7,某一输入端同时只能供一个高速计数器使用。这 21 个计数器均为 32 位加/减计数器,C235～C240 为一相无起动/复位输入端的高速计数器,C241～C245 为一相带起动/复位端的高速计数器,用 M8235～M8245 来设置 C235～C245 的计数方向。对应的 M 为 ON 时为减计数,为 OFF 时为加计数。C246～C250 为一相双计数输入(加/减脉冲输入)高速计数器。

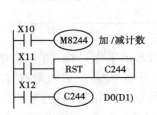

图 3.14　一相高速计数器

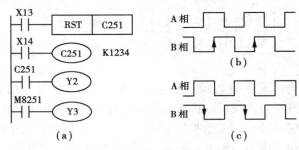

图 3.15　AB 相高速计数器

表 3.7 给出了各高速计数器对应的输入端子的元件号,表中 U 和 D 分别为加、减计数输入,A 和 B 分别为 A 相和 B 相输入,R 为复位输入,S 为置位输入。

图 3.14 中的 C244 是一相带起动/复位端的高速计数器,由表 3.7 可知,X1 和 X6 分别为复位输入端和起动输入端。如果 X12 为 ON,并且 X6 也为 ON,立即开始计数,计数输入端为 X0,C244 的设定值由 D0 和 D1 指定。除了用 X1 来立即复位外,也可以在梯形图中用 X11 来复位。利用 M8244,可以设置 C244 为加计数或减计数。

C251～C255 为两相(A-B 相型)双计数输入高速计数器,图 3.15 中的 X14 为 ON 时,C251 通过中断,对 X0 输入的 A 相信号和 X1 输入的 B 相信号的动作计数。X13 为 ON 时 C251 被复位,当计数值大于等于设定值时 Y2 线圈通电;若计数值小于设定值,Y2 线圈断电。

A 相输入接通时,若 B 相输入由断开变为接通,为加计数(如图 3.15(b)所示);A 相输入接通时,若 B 相由接通变为断开,为减计数(如图 3.15(c)所示)。利用旋转轴上安装的 A-B 相型编码器,在机械正转时自动进行加计数,反转时自动进行减计数。加计数时 M8251 为 OFF,减计数时 M8251 为 ON,通过 M8251 可监视 C251 的加/减计数状态。

表 3.7　高速计数器简表

中断输入	1 相 1 计数输入											1 相 2 计数输入					2 相 2 计数输入				
	C235	C236	C237	C238	C239	C240	C241	C242	C243	C244	C245	C246	C247	C248	C249	C250	C251	C252	C253	C254	C255
X000	U/D						U/D			U/D		U	U		U		A	A		A	
X001		U/D					R			R		D	D		D		B	B		B	
X002			U/D					U/D			U/D		R		R			R		R	
X003				U/D				R			R			U		U			A		A
X004					U/D				U/D					D		D			B		B
X005						U/D			R					R		R			R		R
X006										S					S					S	
X007											S					S					S

（3）高速计数器的计数频率

一般的计数频率：单相和双向计数器最高 10 kHz，A/B 相计数器最高为 5 kHz。

最高的总计数频率：FX_{1S} 和 FX_{1N} 为 60 kHz，FX_{2N} 和 FX_{2NC} 为 20 kHZ，计算总计数频率时 A/B 相计数器的频率应加倍。FX_{2N} 和 FX_{2NC} 的 X0 和 X1 因为具有特殊的硬件，供单相或双相计数时（C235，C236 或 C246）最高为 60 kHz，用 C251 两相计数时最高为 30 kHz。

应用指令 SPD（速度检测，FUC56）具有高速计数器和输入中断的特性，X0 ~ X5 可能被 SPD 指令使用，SPD 指令使用的输入点不能与高速计数器和中断使用的输入点冲突。在计算高速计数器总的计数频率时，应将 SPD 指令视为 1 相高速计数器。

3.2.6　数据寄存器

数据寄存器（D）在模拟量检测与控制以及位置控制等场合用来储存数据和参数，数据寄存器为 16 位（最高位为符号位），两个合并起来可以存放 32 位数据。在 D0 和 D1 组成的双字中，D0 存放低 16 位，D1 存放高 16 位。字或双字的最高位为符号位，该位为 0 时数据为正，为 1 时数据为负。数据寄存器的类型与它的元件号和 PLC 的型号有关（见表 3.8）。

表 3.8　FX_{2N} 的数据寄存器

16 位通用，可设为电池保持	D0 ~ D199,200 点（相邻的两个寄存器可以组成 32 位的寄存器对）
16 位电池保持，可设为不保持	D200 ~ D511,312 点
16 位文件寄存器，电池保持	D512 ~ D7999,7 488 点
16 位特殊数据寄存器	D8000 ~ D8255,256 点
16 位变址寄存器	V0 ~ V7，Z0 ~ Z7,16 点

（1）通用数据寄存器

将数据写入通用数据寄存器后，其值将保持不变，直到下一次被改写。PLC 从 RUN 模式进入 STOP 模式时，所有的通用数据寄存器的值被改写为 0。

如果特殊辅助继电器 M8033 为 ON,PLC 从 RUN 模式进入 STOP 模式时,通用数据寄存器的值保持不变。

(2)保持型数据寄存器

PLC 从 RUN 模式进入 STOP 模式时,保持型数据寄存器的值保持不变。通过参数设置,可以改变保持型数据寄存器的范围。

(3)特殊数据寄存器

特殊数据寄存器 D8000 ~ D8255 共 256 点,用来控制和监视 PLC 内部的各种工作方式和元件,例如电池电压、扫描时间、正在动作的状态的编号等。PLC 上电时,这些数据寄存器被写入默认的值。

D8008 是 FX_{2N} 系列 PLC 的停电检测时间寄存器,交流电源中断约 5 ms 时,"瞬停"标志 M8007 ON 一个扫描周期,同时"停电"标志 M8008 变为 1 状态,电源中断后经过 D8008 设置的时间,M8000(RUN 标志)和 M8008 变为 0 状态。D8008 的默认值为 10(单位为 ms),可以在 10 ~ 100 ms 范围内更改停电检测时间。

D8010 ~ D8012 中分别是 PLC 扫描时间的当前值、最大值和最小值。

(4)文件寄存器

文件寄存器以 500 点为单位,可以被外部设备存取。文件寄存器实际上被设置为 PLC 的参数区。文件寄存器与保持型寄存器是重叠的,可以保证数据不会丢失。

FX_{1S} 的文件寄存器只能用外部设备(例如手持式编程器或运行编程软件的计算机)来改写。其他系列的文件寄存器可以用 BMOV(块传送)指令改写。

(5)外部调整寄存器

图 3.16 设置参数的小电位器

FX_{1S} 和 FX_{1N} 有两个内置的设置参数用的小电位器(见图 3.16),用小螺丝刀调节电位器,可以改变指定的数据寄存器 D8030 或 D8031 的值(0 ~ 255)。FX_{2N} 和 FX_{2NC} 没有内置的供设置用的电位器,但是可以用附加的特殊功能扩展板 FX_{2N}-8AV-BD 来实现同样的功能,该单元上有 8 个小电位器,使用应用指令 VRRD(模拟量读取)和 VRSC(模拟量开关设置)来读取电位器提供的数据。设置用的小电位器常用来修改定时器的时间设定值。

(6)变址寄存器

FX 系列有 16 个变址寄存器 V0 ~ V7 和 Z0 ~ Z7,在 32 位操作时将 V,Z 合并使用,Z 为低位。变址寄存器用来改变编程元件的元件号,例如当 V0 = 12 时,数据寄存器的元件号 D6V0 相当于 D18(即 12 + 6 = 18)。通过修改变址寄存器的值,可以改变实际的操作数。变址寄存器也可以用来修改常数的值,例如当 Z0 = 21 时,K48Z0 相当于常数 69(即 21 + 48 = 69)。

3.2.7 指针与常数

指针包括分支和子程序用的指针(P)和中断用的指针(I)。在梯形图中,指针放在左侧母线的左边。指针的用法详见 6.2 节。

常数 K 用来表示十进制常数,16 位常数的范围为 -32 768 ~ +32 767,32 位常数的范围为 -2 147 483 648 ~ +2 147 483 647。

常数 H 用来表示十六进制常数,十六进制使用 0 ~ 9 和 A ~ F 这 16 个数字,16 位常数的范围为 0 ~ FFFF,32 位常数的范围为 0 ~ FFFFFFFF。

3.3　FX 系列 PLC 的基本逻辑指令

FX 系列 PLC 共有 27 条基本逻辑指令,此外还有一百多条应用指令。仅用基本逻辑指令就可以编制出开关量控制系统的用户程序。

3.3.1　LD,LDI,OUT 指令

LD(load):常开触点与母线连接的指令。触点指令可以用于 X,Y,M,T,C 和 S。

LDI(load inverse):常闭触点与母线连接的指令。

OUT(out):驱动线圈的输出指令。OUT 指令可以用于 Y,M,T,C,S 这些元件,不能用于输入继电器。

LD,LDI 指令还可以与 ANB,ORB 指令配合,用于电路块的起点。

OUT 指令可以连续使用若干次,相当于线圈的并联。定时器和计数器的 OUT 指令之后可以用常数 K 做设定值,常数也占一个步序。

也可以指定数据寄存器的元件号,用它里面的数作为定时器和计数器的设定值。

定时器的定时时间与定时器的种类有关,图 3.17 中的 T0 是 100 ms 定时器,K19 对应的定时时间为 19×100 ms $= 1.9$ s。

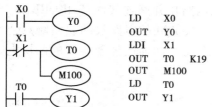

图 3.17　LD,LDI 与 OUT 指令

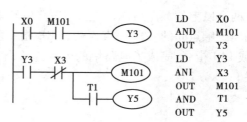

图 3.18　AND 与 ANI 指令

在编程软件中用指令表输入定时器指令时,输入"OUT T0 K19",指令、元件号和设定值之间用空格分隔。如果使用手持式编程器,输入指令"OUT T0"后,应按标有 SP(space)的空格键,再输入设置的时间值常数。定时器和 16 位计数器的设定值范围为 1 ~ 32 767,32 位计数器的设定值为 − 2 147 483 648 ~ 2 147 483 647。

3.3.2　串联指令与并联指令

(1)串联指令

AND(and):常开触点串联连接指令。

ANI(and inverse):常闭触点串联连接指令。

单个触点与左边的电路串联时,使用 AND 和 ANI 指令,串联触点的个数没有限制。在图 3.18 中,"OUT M101"指令之后通过 T1 的串联触点去驱动 Y5 的线圈,称为连续输出。只要按正确的次序设计电路,可以连续多次使用连续输出。图 3.18 中 M101 和 Y5 的线圈所在的并联支路如果改为图 3.19 中的电路,必须使用后面要讲到的 MPS 和 MPP 指令。

（2）并联指令

OR(or)：常开触点的并联连接指令。

ORI(or inverse)：常闭触点的并联连接指令。

OR 和 ORI 用于单个触点与前面电路的并联，并联触点的左端接到 LD 点上，右端与前一条指令对应的触点的右端相连。

OR 和 ORI 指令总是将单个触点并联到它前面已经连接好的电路的两端，以图 3.20 中 M120 的常闭触点为例，它前面的 4 条指令已经将 4 个触点串并联为一个整体，因此指令"ORI M120"对应的常闭触点并联到该电路的两端。

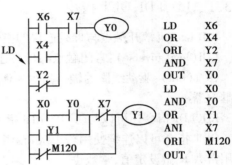

```
LD    X6
OR    X4
ORI   Y2
AND   X7
OUT   Y0
LD    X0
AND   Y0
OR    Y1
ANI   X7
ORI   M120
OUT   Y1
```

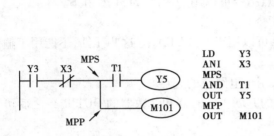

```
LD    Y3
ANI   X3
MPS
AND   T1
OUT   Y5
MPP
OUT   M101
```

图 3.19　不推荐的电路

图 3.20　OR 与 ORI 指令

（3）ORB 指令

ORB(or block)：电路块并联连接指令。

两个以上的触点组成的电路称为"电路块"，将串联电路块并联连接时使用 ORB 指令。它相当于触点间的一段垂直连线，ORB 指令不带元件号。要并联的电路块的起始触点使用 LD 或 LDI 指令，完成了电路块的内部连接后，用 ORB 指令将它前面已经连接好的两块电路并联。

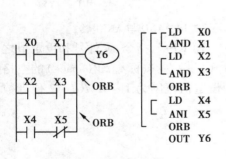

```
LD    X0
AND   X1
LD    X2
AND   X3
ORB
LD    X4
ANI   X5
ORB
OUT   Y6
```

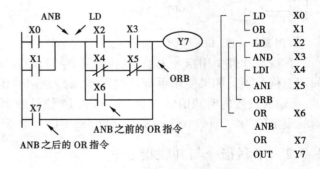

```
LD    X0
OR    X1
LD    X2
AND   X3
LDI   X4
ANI   X5
ORB
OR    X6
ANB
OR    X7
OUT   Y7
```

图 3.21　ORB 指令

图 3.22　ANB 指令

（4）ANB 指令

ANB(and block)：电路块串联连接指令。

ANB 指令将并联电路块与前面的电路串联，在使用 ANB 指令之前，应先完成并联电路块的内部连接。并联电路块中各支路的起始触点使用 LD 或 LDI 指令。

ANB 指令相当于两个电路块之间的串联连线，该点也可以视为它右边的并联电路块的 LD 点。

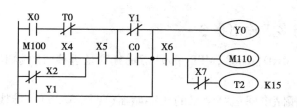

图 3.23　梯形图

用上面介绍的指令,可以编写出任意的控制电路。图 3.23 给出了一个例子,该图对应的指令表程序为:

LD	X0	ORI	X2	OR	C0	AND	X6
ANI	T0	AND	X5	ANB		OUT	M110
LD	M100	ORB		OR	Y1	ANI	X7
AND	X4	LDI	Y1	OUT	Y0	OUT	T2　K15

3.3.3　置位与复位指令

SET:置位指令,使操作保持的指令。

RST:复位指令,使操作保持复位的指令。

SET 指令可以用于 Y,M 和 S,RST 指令可用于 Y,M,S,T,C,D,V 和 Z。

图 3.24 中 X0 的常开触点由断开变为接通时,Y0 变为 ON 并保持该状态,即使 X0 的常开触点断开,它也仍然保持 ON 状态。当 X1 的常开触点由断开变为接通时,Y0 变为 OFF 并保持该状态,即使 X1 的常开触点断开,它也仍然保持 OFF 状态(见图 3.24 中的波形图)。

对同一编程元件,可以多次使用 SET 和 RST 指令。RST 指令可以将数据寄存器 D、变址寄存器 Z,V 的内容清零,RST 指令还用来复位累计型定时器 T246 ~ T255 和计数器。

SET,RST 指令的功能与数字电路中 R-S 触发器的功能相似,在同一编程元件的 SET 指令与 RST 指令的中间,可以插入别的程序。如果它们之间没有别的程序,其中的最后一条指令有效。

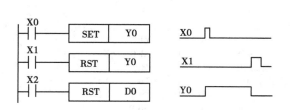

图 3.24　置位复位指令

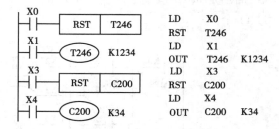

图 3.25　定时器与计数器的复位

图 3.25 中 X0 的常开触点接通时,累计型定时器 T246 复位;X3 的常开触点接通时,计数器 C200 复位,它们的常开触点断开,常闭触点闭合,当前值变为 0。

在任何情况下,RST 指令都优先执行。计数器处于复位状态时,不接收输入的计数脉冲。

如果不希望计数器和累计型定时器具有断电保持功能,可以在用户程序开始运行时用初始化脉冲 M8002 将它们复位。

3.3.4 栈存储器与多重输出指令

MPS(point store),MRD(read),MPP(pop)指令分别是进栈、读栈和出栈指令,它们用于多重输出电路。

FX 系列有 11 个存储中间运算结果的栈存储器(见图 3.26)。堆栈采用先进后出的数据存取方式。MPS 指令用于储存电路中有分支处的逻辑运算结果,以便以后处理有线圈或输出类指令的支路时可以调用该运算结果。使用一次 MPS 指令,当时的逻辑运算结果压入堆栈的第一层,堆栈中原来的数据依次向下一层推移。

MRD 指令读取存储在堆栈最上层的电路中分支点处的运算结果,将下一个触点强制性地连接在该点。读数后堆栈内的数据不会上移或下移。

MPP 指令弹出(调用并去掉)存储的电路中分支点的运算结果。首先将下一触点连接在该分支点,然后从堆栈中去掉该点的运算结果。使用 MPP 指令时,堆栈中各层的数据向上移动一层,最上层的数据在读出后从堆栈内消失。

图 3.26 和图 3.27 分别给出了使用一层栈和使用多层栈的例子。在编程软件中输入图3.26 中的梯形图程序后,不会显示图中的堆栈指令。如果将该图转换为指令表程序,编程软件会自动加入 MPS,MRD 和 MPP 指令。写入指令表程序时,必须由用户来写入 MPS,MRD 和MPP 指令。

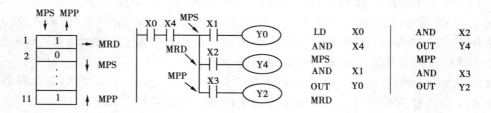

图 3.26 栈存储器与多重输出指令

每一条 MPS 指令必须有一条对应的 MPP 指令。处理最后一条支路时,必须使用 MPP 指令,而不是 MRD 指令。在一块独立电路中,用进栈指令同时保存在堆栈中的运算结果不能超过 11 个。

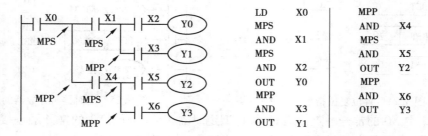

图 3.27 使用二层堆栈的分支电路

3.3.5　其他指令

(1) 主控指令

MC(master control)：主控指令，或公共触点串联连接指令。

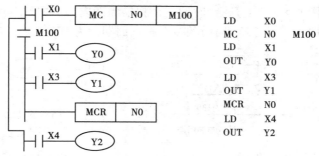

图 3.28　主控与主控复位指令

MCR(master control reset)：主控复位指令，MC
指令的复位指令。MC 指令只能用于输出继电器 Y
和辅助继电器 M。

编程时，经常会遇到许多线圈同时受一个或一
组触点控制的情况，如果在每个线圈的控制电路中
都串入同样的触点，程序显得很繁琐，主控指令可以
解决这一问题。使用主控指令的触点称为主控触
点，它在梯形图中与一般的触点垂直。主控触点是
控制一组电路的总开关。

图 3.28 中 X0 的常开触点接通时，执行 MC 和
MCR 之间的指令。X0 的常开触点断开时，累计型
定时器、计数器、用复位/置位指令驱动的软元件保
持其状态不变；其余的元件被复位，而非累计型定时
器和用 OUT 指令驱动的元件变为 OFF。

与主控触点相连的触点必须用 LD 或 LDI 指
令，换句话说，使用 MC 指令后，母线(LD 点)移到主
控触点的下面去了，MCR 使母线回到原来的位置。

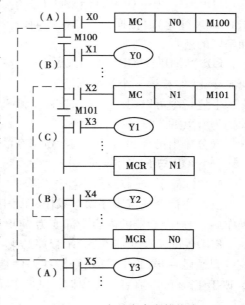

图 3.29　多重嵌套主控指令

在 MC 指令区内使用 MC 指令称为嵌套。在没有嵌套结构时，通常用 N0 编程，N0 的使用
次数没有限制。有嵌套结构时(如图 3.29 所示)，嵌套级 N 的编号顺序增大(N0→N1→…N6
→N7)。

(2) 取反指令

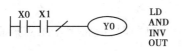

图 3.30　INV 指令

INV(inverse)指令将执行该指令之前的运算结果取
反，运算结果如果为 0 将它变为 1，运算结果为 1 则变为
0。在图 3.30 中，如果串联触点电路接通，则 Y0 为 OFF；
如果串联触点电路断开，则 Y0 为 ON。

(3)微分输出指令

PLS(pulse):上升沿微分输出指令。

PLF:下降沿微分输出指令。

PLS 和 PLF 指令只能用于输出继电器和辅助继电器。图 3.31 中的 M103 仅在 X0 的常开触点由断开变为接通(即 X0 的上升沿)时的一个扫描周期内为 ON,M130 仅在 X11 的常开触点由接通变为断开(即 X11 的下降沿)时的一个扫描周期内为 ON。

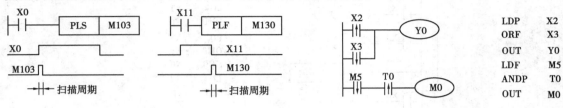

图 3.31　微分输出指令　　　　　　　　　　　图 3.32　边沿触点检测指令

(4)边沿检测触点指令

LDP,ANDP 和 ORP 是用来做上升沿检测的触点指令,它们仅在指定位元件的上升沿(由 OFF→ON 变化)时接通一个扫描周期。指令中的 LD,AND 和 OR 分别表示开始的触点、并联和串联的触点。

LDF,ANDF 和 ORF 是用来做下降沿检测的触点指令,仅在指定位元件的下降沿(由 ON→OFF 变化)时接通一个扫描周期。

上述指令可以用于 X,Y,M,T,C 和 S。在 X2 的上升沿或 X3 的下降沿,Y0 仅在一个扫描周期为 ON(见图 3.32)。

微分输出指令和边沿检测触点指令的功能相同,但是后者使用起来更为简单方便。

(5)NOP 与 END 指令

NOP(non processing):空操作指令。

空操作指令使该步序做空操作,在程序中很少使用 NOP 指令。执行完清除用户存储器的操作后,用户存储器的内容全部变为 NOP 指令。

END(end):结束指令,表示程序结束。若不写 END 指令,将从用户程序存储器的第一步执行到最后一步;将 END 指令放在程序结束处,只执行第一步至 END 这一步之间的程序,使用 END 指令可以缩短扫描周期。某些 PLC 要求在用户程序结束之处必须有 END 指令。

3.3.6　双线圈输出与程序的优化设计

(1)双线圈输出

同一元件的线圈在程序中使用了两次或多次,称为双线圈输出。这时前面的输出无效,最后一次输出才是有效的(见图 3.33(a))。一般不应出现双线圈输出,可以将图 3.33(a)改为图 3.33(b)。

(2)程序的优化设计

在设计并联电路时,应将单个触点的支路放在下面;设计串联电路时,应将单个触点放在右边,否则将多用一条指令(见图 3.34 和 3.35)。

建议在有线圈的并联电路中将单个线圈放在上面,将图 3.35(a)的电路改为图 3.35(b)的电路,可以避免使用入栈指令 MPS 和出栈指令 MPP。

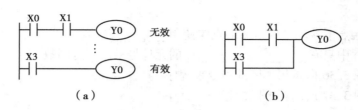

图 3.33 双线圈输出

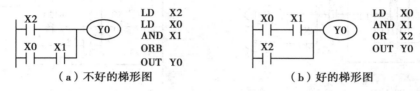

图 3.34 梯形图的优化设计

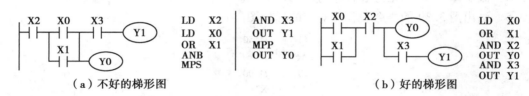

图 3.35 梯形图的优化设计

习　题

3.1　填空

（1）外部的输入电路接通时，对应的输入映像寄存器为_____状态，梯形图中对应的输入继电器的常开触点_____，常闭触点_____。

（2）若梯形图中输出继电器的线圈"通电"，对应的输出映像寄存器为_____状态，在输出处理阶段后，继电器型输出模块中对应的硬件继电器的线圈_____，其常开触点_____，外部负载_____。

（3）定时器的线圈_____时开始定时，定时时间到时其常开触点_____，常闭触点_____。

（4）通用定时器的_____时被复位，复位后其常开触点_____，常闭触点_____，当前值等于_____。

（5）计数器的复位输入电路_____、计数输入电路_____，当前值_____设定值时，计数器的当前值加 1。计数当前值等于设定值时，其常开触点_____，常闭触点_____。再来计数脉冲时当前值_____。复位输入电路_____时，计数器被复位，复位后其常开触点_____，常闭触点_____，当前值等于_____。

（6）OUT 指令不能用于_____继电器。

（7）_____是初始化脉冲，当_____时，它 ON 一个扫描周期。当 PLC 处于 RUN 模式时,M8000 一直为_____。

（8）与主控触点下端相连的常闭触点应使用_____指令。

（9）编程元件中只有_____和_____的元件号采用八进制数。

3.2　写出图 3.36 所示梯形图的指令表程序。

3.3　写出图 3.37 所示梯形图的指令表程序。

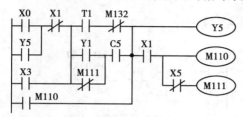

图 3.36　题 3.2 图

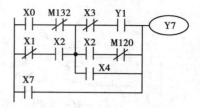

图 3.37　题 3.3 图

3.4　画出图 3.38 的指令表程序对应的梯形图。

3.5　画出图 3.39 的指令表程序对应的梯形图。

LD	M200
ORI	X0
LD	X1
ANI	X2
OR	M315
AND	X3
LD	M101
ANI	M102
ORB	
ANB	
ORI	X5
OUT	M105

图 3.38　指令表

LD	M150
ANI	X1
OR	M200
AND	X2
LD	M201
ANI	M202
ORB	
LDI	X4
ORI	X5
ANB	
OR	M203
SET	M4
ANI	X11
OUT	Y4
AND	X10
OUT	M100

图 3.39　指令表

LD	X12	
OR	Y6	
MPS		
ANDP	X33	
INV		
OUT	Y2	
MRD		
AND	X7	
ANI	Y3	
OUT	C2	K6
MPP		
AND	X13	
RST	C2	

图 3.40　指令表

3.6　画出图 3.40 的指令表程序对应的梯形图。

3.7　写出图 3.41 对应的指令表程序。

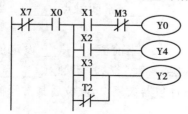

图 3.41　题 3.7 图

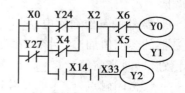

图 3.42　题 3.8 图

3.8　写出图 3.42 对应的指令表程序。

3.9　改画图 3.43 中的梯形图,使对应的指令表程序最短。

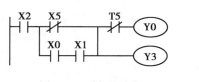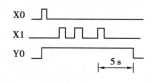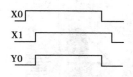

图 3.43　题 3.9 图　　　　　　图 3.44　题 3.10 图　　　　　　图 3.45　题 3.11 图

3.10　在按钮 X0 按下后 Y0 变为 1 状态并自保持(见图 3.44),X1 输入 3 个脉冲后(用 C6 计数),T1 开始定时,5 s 后 Y0 变为 0 状态,同时 C6 被复位,在 PLC 刚开始执行用户程序时,C6 也被复位,设计出梯形图。

3.11　用 SET,RST 和边沿检测触点指令设计满足图 3.45 所示波形的梯形图。

3.12　画出图 3.46 中 M100 的波形图。

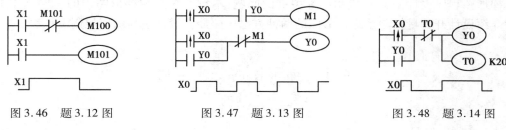

图 3.46　题 3.12 图　　　　　　图 3.47　题 3.13 图　　　　　　图 3.48　题 3.14 图

3.13　画出图 3.47 中 Y0 的波形图。

3.14　图 3.48 中 X0 波形的第 1 个脉冲的宽度小于 2 s,第 2 个脉冲的宽度大于 2 s。画出 Y0 的波形图。

3.15　指出图 3.49 中的错误。

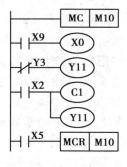

图 3.49　题 3.15 图

第 4 章
梯形图程序的设计方法

梯形图程序设计是 PLC 应用中最关键的问题,本章首先介绍梯形图中的一些基本电路,然后介绍设计开关量控制系统梯形图的两种方法——经验设计法与顺序控制设计法。

4.1 梯形图的基本电路

4.1.1 起动-保持-停止电路

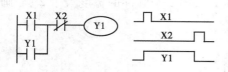

图 4.1 起保停电路

在第 2 章中已经介绍过起动、保持和停止电路(简称起保停电路),由于该电路在梯形图中得到了广泛的应用,现在将它重画在图 4.1 中。图中的起动信号 X1 和停止信号 X2(例如起动按钮和停止按钮提供的信号)持续为 ON 的时间一般都很短,这种信号称为短信号。起保停电路最主要的特点是具有"记忆"功能,按下起动按钮,起动信号 X1 变为 ON(波形图中用高电平表示),X1 的常开触点接通,如果这时 X2 为 OFF(未按停止按钮),X2 的常闭触点接通,Y1 的线圈"通电",它的常开触点同时接通。放开起动按钮,X1 变为 OFF(波形图中用低电平表示),其常开触点断开,"能流"经 Y1 的常开触点和 X2 的常闭触点流过 Y1 的线圈,Y1 仍为 ON,这就是所谓的"自锁"或"自保持"功能。按下停止按钮,X2 为 ON,它的常闭触点断开,停止条件满足,使 Y1 的线圈"断电",其常开触点断开。以后即使放开停止按钮,X2 的常闭触点恢复接通状态,Y1 的线圈仍然"断电"。起保停电路的功能也可以用图 3.24 中的 SET 和 RST 指令来实现。

在实际电路中,起动信号和停止信号可能由多个触点组成的串、并联电路提供。

4.1.2 三相异步电动机正反转控制电路

图 4.2 是三相异步电动机正反转控制的主电路和继电器控制电路图,图 4.3 是功能与它相同的 PLC 控制系统的外部接线图和梯形图,其中 KM1 和 KM2 分别是控制正转运行和反转运行的交流接触器。图 4.2 中用 KM1 和 KM2 的主触点改变进入电动机的三相电源的相序,

即可以改变电动机的旋转方向。图中的 FR 是手动复位的热继电器,在电动机过载时,它的常闭触点断开,使 KM1 或 KM2 的线圈断电,电动机停转。

在梯形图中,用两个起保停电路来分别控制电动机的正转和反转。按下正转起动按钮 SB2,X0 变为 ON,其常开触点接通,Y0 的线圈"得电"并自保持,使 KM1 的线圈通电,电动机开始正转运行。按下停止按钮 SB1,X2 变为 ON,其常闭触点断开,使 Y0 的线圈"失电",电动机停止运行。

在梯形图中,将 Y0 和 Y1 的常闭触点分别与对方的线圈串联,可以保证它们不会同时为 ON,因此 KM1 和 KM2 的线圈不会同时通电,这种安全措施在继电器电路中称为"互锁"。除此之外,为了方便操作和保证 Y0 和 Y1 不会同时为 ON,在梯形图中还设置了"按钮联锁",即将反转起动按钮控制的 X1 的常闭触点与控制正转的 Y0 的线圈串联,将正转起动按钮控制的 X0 的常闭触点与控制反转的 Y1 的线圈串联。设 Y0 为 ON,电动机正转,这时如果想改为反转运行,可以不按停止按钮 SB1,直接按反转起动按钮 SB3,X1 变为 ON,它的常闭触点断开,使 Y0 的线圈"失电",同时 X1 的常开触点接通,使 Y1 的线圈"得电",电动机由正转变为反转。

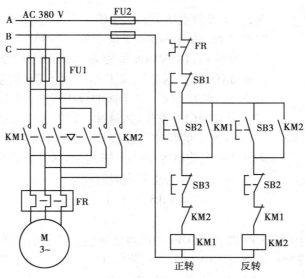

图 4.2　异步电动机正反转电路

梯形图中的互锁和按钮联锁电路只能保证输出模块中与 Y0 和 Y1 对应的硬件继电器的常开触点不会同时接通。如果没有图 4.3 中由 KM1 和 KM2 的辅助常闭触点组成的硬件互锁电路,由于切换过程中电感的延时作用,可能会出现一个接触器的主触点还未断弧,另一个的主触点已经合上的现象,从而造成电源相间瞬时短路故障。此外,如果因为主电路电流过大或接触器质量不好,某一接触器的主触点被断电时产生的电弧熔焊而被粘结,其线圈断电后主触点仍然是接通的,这时如果另一接触器的线圈通电,仍将造成三相电源短路事故。为了防止出现这种情况,应在 PLC 外部设置由 KM1 和 KM2 的辅助常闭触点组成的硬件互锁电路(见图 4.3),假设 KM1 的主触点被电弧熔焊,这时它的与 KM2 线圈串联的辅助常闭触点处于断开状态,因此 KM2 的线圈不可能得电。

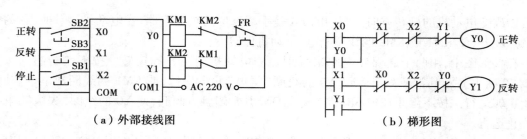

图 4.3　PLC 外部接线图与梯形图

4.1.3　定时器计数器应用程序

（1）定时范围的扩展

FX 系列的定时器的最长定时时间为 3 276.7 s，可以用特殊辅助继电器 M8014 的触点向计数器提供周期为 1 min 的时钟脉冲，这样单个计数器的最长定时时间为 32 767 min。

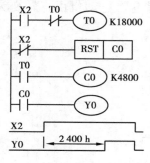

图 4.4　定时范围的扩展

如果需要更长的定时时间，可以使用图 4.4 所示的电路。当 X2 为 OFF 时，T0 和 C0 处于复位状态，它们不能工作。X2 为 ON 时，其常开触点接通，T0 开始定时。1 800 s（半小时）后，T0 的定时时间到，其当前值等于设定值，它的常闭触点断开，使它自己复位。复位后，T0 的当前值变为 0，同时它的常闭触点接通，使它自己的线圈重新"通电"，又开始定时。T0 将这样周而复始地工作，直到 X2 变为 OFF。从上面的分析可知，图 4.4 中最上面一行电路是一个脉冲信号发生器，脉冲周期等于 T0 的设定值（1 800 s）。

T0 产生的脉冲列送给 C0 计数，计满 4 800 个数（即 2 400 h）后，C0 的当前值等于设定值，它的常开触点闭合。设 T0 和 C0 的设定值分别为 K_T 和 K_C，对于 100 ms 定时器，总的定时时间为

$$T = 0.1K_T K_C(s)$$

（2）闪烁电路

设开始时图 4.5 中的 T0 和 T1 均为 OFF，X0 的常开触点接通后，T0 的线圈"通电"，2s 后定时时间到，T0 的常开触点接通，使 Y0 变为 ON，同时 T1 的线圈"通电"，开始定时。3s 后 T1 的定时时间到，它的常闭触点断开，使 T0 的线圈"断电"，T0 的常开触点断开，使 Y0 变为 OFF，同时使 T1 的线圈"断电"，其常闭触点接通，T0 又开始定时。以后，Y0 的线圈将这样周期性地"通电"和"断电"，直到 X0 变为 OFF。Y0"通电"和"断电"的时间分别等于 T1 和 T0 的设定值。

闪烁电路实际上是一个具有正反馈的振荡电路，T0 和 T1 的输出信号通过它们的触点分别控制对方的线圈，形成了正反馈。

（3）延时接通/断开电路

图 4.6 中的电路用 X0 控制 Y1，X0 的常开触点接通后，T0 开始定时，9 s 后 T0 的常开触点接通，使 Y1 变为 ON 并被起保停电路保持。X0 为 ON 时，其常闭触点断开，使 T1 复位。X0 变为 OFF 后，T0 被复位，T1 开始定时，7 s 后 T1 的常闭触点断开，使 Y1 变为 OFF，T1 亦被复位。

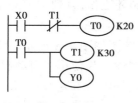

图 4.5　闪烁电路

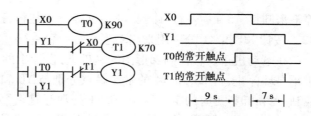

图 4.6　延时接通/断开电路

4.1.4　常闭触点输入信号的处理

前面在介绍梯形图的设计方法时,实际上有一个前提,就是假设输入的开关量信号均由外部常开触点提供,但是有些输入信号只能由常闭触点提供。图 4.7(a)是控制电动机运行的继电器电路图,SB1 和 SB2 分别是起动按钮和停止按钮,如果将它们的常开触点接到 PLC 的输入端,梯形图中触点的类型与图 4.7(a)完全一致。如果接入 PLC 的是 SB2 的常闭触点(如图 4.7(b)所示),按下 SB2,其常闭触点断开,X1 变为 OFF,它的常开触点断开,显然在梯形图中应将 X1 的常开触点与 Y0 的线圈串联(如图 4.7(c)所示),但是这时在梯形图中所用的 X1 的触点类型与 PLC 外接 SB2 的常开触点时刚好相反,与继电器电路图中的习惯也是相反的。建议在一般情况下尽可能用常开触点做 PLC 的输入信号。

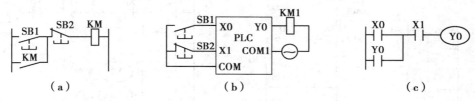

（a）　　　　　　　　　　（b）　　　　　　　　　　（c）

图 4.7　常闭触点输入电路

如果某些信号只能用常闭触点输入,可以按输入全部为常开触点来设计,这样可以直接将继电器电路图"翻译"为梯形图。然后再将梯形图中对应于外部电路常闭触点的输入继电器的触点改为相反的触点,即常开触点改为常闭触点,常闭触点改为常开触点。

4.2　梯形图的经验设计法

在 PLC 发展的初期,沿用了设计继电器电路图的设计方法来设计梯形图,即在一些典型电路的基础上,根据被控对象对控制系统的具体要求,不断地修改和完善梯形图。有时需要多次反复地调试和修改梯形图,不断地增加中间编程元件和辅助触点,最后才能得到一个较为满意的结果。

这种设计方法没有普遍的规律可以遵循,具有很大的试探性和随意性,最后的结果不是唯一的,设计所用的时间以及设计的质量与设计者的经验有很大的关系,所以有人把这种设计方法叫做经验设计法,它可以用于较简单的梯形图(例如手动程序)的设计。下面通过两个例子来介绍这种设计方法。

(1)送料小车自动控制系统的梯形图设计

送料小车在限位开关 X4 处装料(如图 4.8 所示),10 s 后装料结束,开始右行,碰到 X3 后停下来卸料,15 s 后左行,碰到 X4 后又停下来装料,这样不停地循环工作,直到按下停止按钮 X2。按钮 X0 和 X1 分别用来起动小车右行和左行。

在电动机正反转控制梯形图的基础上,设计出的小车控制梯形图如图 4.8 所示。为了使小车自动停止,将 X3 和 X4 的常闭触点分别与 Y0 和 Y1 的线圈串联。为使小车自动起动,将控制装料、卸料延时的定时器 T0 和 T1 的常开触点,分别与手动起动右行和左行的 X0,X1 的常开触点并联,并用两个限位开关对应的 X4 和 X3 的常开触点分别接通装料、卸料的电磁阀和相应的定时器。

设小车在起动时是空车,按下左行起动按钮 X1,小车开始左行,碰到左限位开关时,X4 的常闭触点断开,使 Y1 的线圈"断电",小车停止左行。X4 的常开触点接通,使 Y2 和 T0 的线圈"通电",开始装料和延时。10 s 后 T0 的常开触点闭合,使 Y0 的线圈"通电",小车右行。小车离开左限位开关后,X4 变为 0 状态,Y2 和 T0 的线圈"失电",停止装料,T0 被复位。对右行和卸料过程的分析与上面的基本相同。如果小车正在运行时按停止按钮 X2,小车将停止运动,系统停止工作。

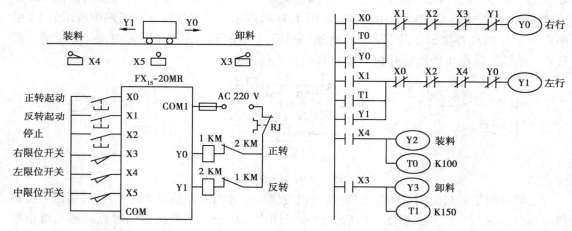

图 4.8　小车控制系统的梯形图

(2)两处卸料的小车的自动控制梯形图设计

在图 4.9 中,小车仍然在限位开关 X4 处装料,并在 X5 和 X3 处轮流卸料。小车在一次工作循环中的两次右行都要碰到 X5,第一次碰到它时停下卸料,第二次碰到它时继续前进,因此应设置一个具有记忆功能的编程元件,区分是第一次还是第二次碰到 X5。

图 4.9 所示的梯形图是在图 4.8 的基础上根据新的控制要求修改而成的。小车在第一次碰到 X5 和碰到 X3 时都应停止右行,所以将它们的常闭触点与 Y0 的线圈串联。其中 X5 的触点并联了中间环节 M100 的触点,使 X5 停止右行的作用受到 M100 的约束,M100 的作用是记忆 X5 是第几次被碰到,它只在小车第二次右行经过 X5 时起作用。为了利用 PLC 已有的输入信号,用起保停电路来控制 M100,它的起动条件和停止条件分别是小车碰到限位开关 X5 和 X3,即 M100 在图中虚线所示的行程内为 1 状态,在这段时间内它的常开触点将 Y0 控制电路中 X5 的常闭触点短接,因此小车第二次经过 X5 时不会停止右行。

为实现两处卸料,将 X3 和 X5 的触点并联后驱动 Y3 和 T1。调试时,发现小车从 X3 开始左行,经过 X5 时 M100 也被置位,使小车下一次右行到达 X5 时无法停止运行,因此在 M100

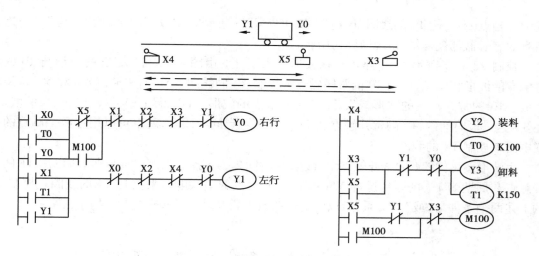

图 4.9 小车控制系统的梯形图

的起动电路中串入 Y1 的常闭触点。另外,还发现小车往返经过 X5 时,虽然不会停止运动,但是出现了短暂的卸料动作,将 Y1 和 Y0 的常闭触点与 Y3 的线圈串联,就解决了这个问题。

若系统在装料和卸料时按停止按钮不能使系统停止工作,请读者考虑怎样解决这个问题。

(3)人行横道交通灯控制电路设计

某人行横道设有红、绿两盏信号灯,一般是红灯亮,路边设有按钮 X0,行人要横穿街道时需按一下按钮。4 s 后,红灯灭,绿灯亮;再过 8 s 后,绿灯闪烁 5 次(0.5 s 亮、0.5 s 灭),然后红灯又亮(如图 4.10 所示)。从按下按钮后到下一次红灯亮之前这一段时间内,按钮不起作用。图4.10还标出了各定时器的常开触点的波形和延时时间,用高电平表示定时器的常开触点接通。

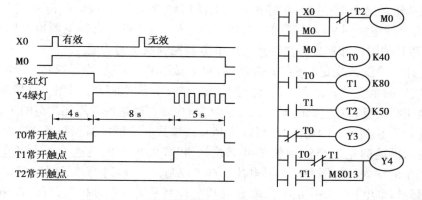

图 4.10 人行横道交通灯控制的波形图与梯形图

按下起动按钮 X0 后,要求 Y3 和 Y4 按图 4.10 中的时序工作,图中用 T0,T1 和 T2 来对三段时间定时。起动按钮提供给 X0 的是短信号,为了保证定时器的线圈有足够长的“通电”时间,用起保停电路控制 M0。按下起动按钮 X0 后,M0 变为 ON 并保持,其常开触点使定时器 T0 的线圈“通电”,开始定时。4 s 后,T0 的常开触点闭合,使 T1 的线圈“通电”,T1 开始定时。8 s 后,T1 的常开触点闭合,使 T2 的线圈“通电”……各定时器以“接力”的方式依次对各段时间定时(如图 4.10 所示),直至最后一段定时结束,T2 的常闭触点断开,使 M0 变为 OFF。M0

的常开触点断开,使 T0 的线圈"断电"。T0 的常开触点断开,又使 T1 的线圈"断电"……这样所有的定时器都被复位,系统回到初始状态。

控制 Y3 和 Y4 的输出电路可根据波形图来设计。由图 4.10 可知,Y3 的波形与 T0 的常开触点的波形相反,所以用 T0 的常闭触点来控制 Y3 的线圈。Y4 的波形由 8 s 和 5 s 这两段组成。T0 的常开触点的波形减去 T1 的常开触点的波形,可以得到 Y4 在 8 s 这一段的波形。在 8 s 这一段时间内,T0 的常开触点和 T1 的常闭触点同时闭合,所以可以用这两个触点的串联电路来控制 Y4 的线圈。

由波形图可知,T1 的常开触点闭合这 5 s 时间内,Y4 控制的路灯应闪烁,所以用 T1 的常开触点和周期为 1 s 的时钟脉冲 M8013 的常开触点的串联电路来控制 Y4 的线圈。控制 Y4 的上述两个条件是"或"的关系,所以将上述两条串联电路并联起来控制 Y4 的线圈。

4.3　根据继电器电路图设计梯形图的方法

4.3.1　基本方法

PLC 主要用来做开关量控制,为了便于工厂的电气技术人员和电工使用,设计了与继电器电路图极为相似的梯形图语言。

梯形图的顺序控制设计法是一种建立在顺序功能图基础上的"标准化"的 PLC 编程方法,其具体的设计方法将在下一节介绍。这种设计方法比较容易掌握,设计出的程序很容易调试、修改和阅读。在设计一个新的控制系统时,最好使用顺序控制设计法。

如果用 PLC 改造继电器控制系统,根据原有的继电器电路图来设计梯形图显然是一条捷径。这是因为老的继电器控制系统经过长期的使用和考验,已经被证明能完成系统要求的控制功能,而继电器电路图又与梯形图有很多相似之处,因此可以将继电器电路图"翻译"成梯形图,即用 PLC 的硬件和梯形图软件来实现继电器控制系统的功能。

这种设计方法没有改变系统的外部特性,对于操作工人来说,除了控制系统的可靠性提高之外,改造前后的系统没有什么区别,他们不用改变长期形成的操作习惯。这种设计方法一般不需要改动控制面板和它上面的器件,因此可以减少硬件改造的费用和改造的工作量。

在分析 PLC 控制系统的功能时,可以将 PLC 想象成一个继电器控制系统中的控制箱,PLC 的外部接线图描述的是这个控制箱的外部接线,PLC 的梯形图是这个控制箱的内部"线路图",梯形图中的输入继电器和输出继电器是这个控制箱与外部世界联系的"接口继电器",这样就可以用分析继电器电路图的方法来分析 PLC 控制系统。在分析时,可以将梯形图中输入继电器的触点想象成对应的外部输入器件的触点,将输出继电器的线圈想象成对应的外部负载的线圈。外部负载的线圈除了受 PLC 的控制外,还可能受外部触点的控制。

可以用上述的思想来将继电器电路图转换为功能相同的 PLC 的外部接线图和梯形图,其步骤如下:

①了解和熟悉被控设备的工艺过程和机械的动作情况,根据继电器电路图分析和掌握控制系统的工作原理,这样才能做到在设计和调试控制系统时心中有数。

②确定 PLC 的输入信号和输出负载,以及它们对应的梯形图中的输入继电器和输出继电

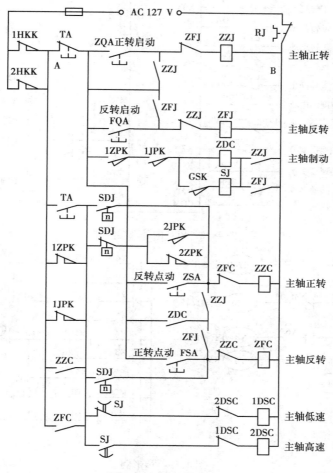

图 4.11　继电器电路

器的元件,画出 PLC 的外部接线图。

　　③确定与继电器电路图中的中间继电器、时间继电器对应的梯形图中的辅助继电器和定时器的元件号。

　　第②,③两步建立了继电器电路图和梯形图中的元器件一一对应的关系。

　　④根据上述的对应关系画出梯形图。

　　图 4.11 是某卧式镗床的继电器控制电路图,图 4.12 和图 4.13 是实现相同功能的 PLC 控制系统的外部接线图和梯形图。镗床的主轴电机是双速异步电动机,中间继电器 ZZJ 和 ZFJ 控制主轴电机的起动和停止,接触器 ZZC 和 ZFC 控制主轴电机的正反转,接触器 1DSC,2DSC 和时间继电器 SJ 控制主轴电机的变速,接触器 ZDC 用来短接串在定子回路的制动电阻。1JPK,2JPK 和 1ZPK,2ZPK 是变速操纵盘上的限位开关,1HKK 和 2HKK 是主轴进刀与工作台移动互锁限位开关。图 4.11 中的 ZZJ,ZFJ 和 SJ 分别与图 4.13 中的 M200,M201 和 T0 相对应。

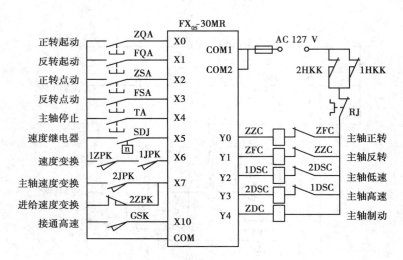

图 4.12　PLC 的外部接线图

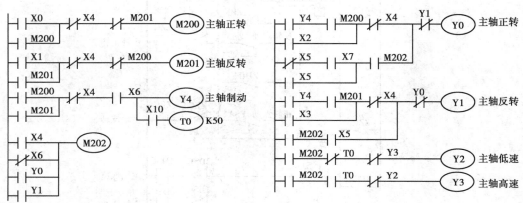

图 4.13　梯形图

4.3.2　注意事项

使用这种设计方法时应注意,梯形图是 PLC 的程序,是一种软件,而继电器电路是由硬件元件组成的,梯形图和继电器电路在本质上有很大的区别。例如,在继电器电路图中,由同一个继电器的触点控制的多个继电器的状态可能同时变化;而 PLC 的 CPU 是串行工作的,即 CPU 同时只能处理 1 条与触点和线圈有关的指令。

根据继电器电路图设计 PLC 的外部接线图和梯形图时应注意以下的问题:

(1)应遵守梯形图语言的语法规定

梯形图中的线圈应放在最右边,所以将与图 4.11 中 ZZJ 和 ZFJ 对应的 M200 和 M201 的常开触点并联电路放在与 ZDC 对应的 Y4 的线圈的左边。

在图 4.11 中,控制 ZZJ 和 ZFJ 线圈的电路是连在一起的。为了便于读图,在梯形图中最好将继电器电路图中连在一起的线圈对应的控制电路分开。应仔细观察继电器电路图中各线圈分别受哪些触点的控制,根据继电器电路图和梯形图中元器件的对应关系分别画出控制各线圈的梯形图电路。

图 4.11 中的 ZZJ 和 ZFJ(主轴正、反转继电器)不会同时动作。因此,可以在它们的常开触点串联电路的中点,将 ZZC 和 ZFC 线圈的控制电路分开(见图 4.14(b) 所示的局部等效电路),再设计出对应的梯形图。

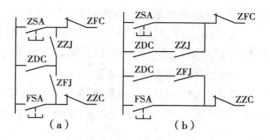

图 4.14　局部等效电路图

(2)尽量减少 PLC 的输入信号和输出信号

PLC 的价格与 I/O 点数有关,每一 I/O 点的平均价格相当高,每一个输入信号和输出信号分别要占用一个输入点和一个输出点,因此减少输入信号和输出信号的点数是降低硬件费用的主要措施。

继电器控制系统中的中间继电器、时间继电器和计数器的功能可以用梯形图中的辅助继电器、定时器和计数器来实现,它们与 PLC 的输入/输出信号无关。PLC 的输出信号用来控制执行机构(例如接触器、电磁阀等)和显示器件(例如指示灯等)。PLC 的输入信号由按钮、选择开关、限位开关等器件提供。

与继电器电路不同,一般只需要同一输入器件的一个常开触点给 PLC 提供输入信号,在梯形图中可以多次使用同一输入继电器的常开触点和常闭触点。

在继电器电路图中,如果几个输入元件触点的串并联电路(例如图 4.11 中 2JPK 的常开触点和 2ZPK 的常闭触点的并联电路)只出现一次,或者作为整体多次出现,可以将它们作为 PLC 的一个输入信号,只占一个输入点。

在图 4.11 中,有一个 1ZPK 和 1JPK 的常开触点的串联电路,还有一个它们的常闭触点的并联电路。由逻辑代数可知

$$\overline{1ZPK \cdot 1JPK} = \overline{1ZPK} + \overline{1JPK} \tag{4-1}$$

式(4-1)表示 1ZPK 和 1JPK 的常开触点的串联电路对应的"与"逻辑表达式取反后,即为它们的常闭触点的并联电路对应的逻辑表达式。在 PLC 的外部电路图中,将 1ZPK 和 1JPK 的常开触点串联,接在 X6 输入端子上。在梯形图中,X6 的常开触点与继电器电路图中 1ZPK 和 1JPK 常开触点的串联电路相对应,X6 的常闭触点与 1ZPK 和 1JPK 常闭触点的并联电路相对应。

某些输入器件的触点如果在继电器电路图中只出现一次,并且与 PLC 输出端的负载串联(如图 4.11 中 1HKK 和 2HKK 的常闭触点并联电路及手动复位的热继电器 RJ 的常闭触点),不必将它们作为输入信号,可以将它们放在 PLC 外部的输出回路,仍与相应的 PLC 的负载串联。图 4.13 中的梯形图实际上与图 4.11 中 A 点与 B 点之间的电路相对应。

继电器控制系统中某些相对独立且比较简单的部分,例如仅用按钮控制电动机起停的电路,可以仍然用继电器电路控制,这样同时减少了所需的 PLC 输入点和输出点。

(3)适当地设置中间单元

图 4.11 中 ZZC,ZFC 等四个线圈都受 TA,1ZPK,1JPK,ZZC 和 ZFC 的触点并联电路的控制。为了简化电路,在梯形图中设置了上述并联电路控制的辅助继电器 M202,它类似于继电器电路中的中间继电器。如上所述,继电器电路图中的 1ZPK 和 1JPK 的常闭触点并联电路对应于梯形图中 X6 的常闭触点。继电器电路图中 5 个触点的并联电路对应于梯形图中 4 个触点的并联电路。

（4）异步电动机正反转的外部联锁电路

为了防止控制正反转的两个接触器同时动作造成三相电源短路，不仅需要在梯形图中设置相应的联锁电路，还应在 PLC 外部设置硬件联锁电路（如图 4.12 中所示的输出回路）。

（5）外部负载的额定电压

PLC 的继电器输出模块和双向晶闸管输出模块一般最高只能驱动额定电压 AC 220 V 的负载，如果系统原来的交流接触器的线圈是 380 V 的，应将线圈换成 220 V 的。

4.4 顺序控制设计法与顺序功能图

4.4.1 顺序控制设计法

（1）用经验法设计梯形图存在的问题

用经验法设计复杂系统的梯形图，存在着以下问题：

1）设计方法很难掌握，设计周期长。用经验法设计系统的梯形图时，没有一套固定的方法和步骤可以遵循，具有很大的试探性和随意性，对于不同的控制系统，没有一种通用的容易掌握的设计方法。在设计复杂系统的梯形图时，用大量的中间单元来完成记忆、联锁、互锁等功能，由于需要考虑的因素很多，它们往往又交织在一起，分析起来非常困难，并且很容易遗漏掉一些应该考虑的问题。修改某一局部电路时，很可能会"牵一发而动全身"，对系统的其他部分产生意想不到的影响，因此梯形图的修改也很麻烦，往往花了很长的时间还得不到一个满意的结果。

2）装置交付使用后维修困难。用经验法设计出的梯形图往往非常复杂，对于其中某些复杂的逻辑关系，即使是设计者的同行，分析起来都很困难，更不用说维修人员了，这就给 PLC 控制系统的维修和改进带来了很大的困难。

（2）顺序控制设计法

所谓顺序控制，就是按照生产工艺预先规定的顺序，在各个输入信号的作用下，各个执行机构在生产过程中根据外部输入信号、内部状态和时间的顺序，自动而有秩序地进行操作。顺序控制设计法又称步进控制设计法，它是一种先进的设计方法，很容易被初学者接受；同时对于有经验的工程师来说，也会提高设计的效率，程序的调试、修改和阅读也很方便。三菱公司的 PLC 说明书声称，使用这种设计方法可以使设计时间减少 2/3。某厂有经验的电气工程师用经验设计法设计某控制系统的梯形图花了两周的时间，而同一系统改用顺序控制设计法，用了不到半天的时间，就完成了梯形图的设计和模拟调试，并且现场试车也一次成功。

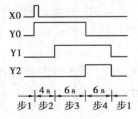

图 4.15 步的划分

顺序控制设计法最基本的思想是将系统的一个工作周期划分为若干个顺序相连的阶段，这些阶段称为步（Step），并且用编程元件（例如辅助继电器 M 或状态 S）来代表各步。步是根据输出量的状态变化来划分的，在任意一步之内，各输出量的 0,1 状态不变，但是相邻两步输出量总的状态是不同的（见图 4.15）。步的这种划分方法，使代表各步的编程元件与各输出量的状态之间有着极为简单的逻辑关系。

使系统由当前步进入下一步的信号称为转换条件,转换条件可能是外部输入信号,例如按钮、指令开关、限位开关的接通/断开等;也可能是 PLC 内部产生的信号,例如定时器、计数器常开触点的接通等;转换条件还可能是若干个信号的与、或、非逻辑组合。

顺序控制设计法用转换条件控制代表各步的编程元件,使它们的状态按一定的顺序变化,然后用代表各步的编程元件去控制各输出继电器。

顺序控制设计法的这种设计思想由来已久,在继电器控制系统中,顺序控制是用有触点的步进式选线器(或鼓形控制器)来实现的,但是由于触点接触不良,工作很不可靠。20 世纪 70 年代出现的顺序控制器主要由分立元件和中小规模集成电路组成,因为其功能有限,可靠性不高,已经被 PLC 取代。PLC 的设计者们继承了顺序控制的思想,为顺序控制程序的设计提供了大量通用的和专用的编程元件和指令,开发了供设计顺序控制程序用的顺序功能图语言,使这种先进的设计方法成为当前梯形图的主要设计方法。

顺序功能图是设计顺序控制程序的一种极为重要的图形编程语言和工具,根据顺序功能图设计出梯形图的各种编程方法,将在下一章中介绍。

(3)顺序控制设计法的本质

经验设计法实际上是试图用输入信号 X 直接控制输出信号 Y(如图 4.16(a)所示),如果无法直接控制,或者为了解决记忆、联锁、互锁等功能,只好被动地增加一些辅助元件和辅助触点。由于各系统的输出量 Y 与输入量 X

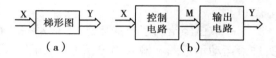

图 4.16　信号关系图

之间的关系和对联锁、互锁的要求千变万化,不可能找出一种简单通用的设计方法。

顺序控制设计法则是用输入量 X 控制代表各步的编程元件(如辅助继电器 M),再用它们控制输出量 Y(如图 4.16(b)所示)。步是根据输出量 Y 的状态划分的,M 与 Y 之间具有很简单的逻辑关系,输出电路的设计极为简单。任何复杂系统的代表步的辅助继电器的控制电路,其设计方法都是相同的,并且很容易掌握。所以,顺序控制设计法具有简单、规范、通用的优点。由于代表步的辅助继电器 M 是依次顺序变为 1,0 状态的,实际上已经基本上解决了经验设计法中的记忆、联锁等问题。

(4)顺序功能图

顺序功能图(SFC)是描述控制系统的控制过程、功能和特性的一种图形,也是设计 PLC 的顺序控制程序的有力工具。

顺序功能图并不涉及所描述的控制功能的具体技术,它是一种通用的技术语言,可以供进一步设计和不同专业的人员之间进行技术交流之用。

在法国的 TE(Telemecanique)公司研制的 Grafcet 的基础上,法国于 1978 年公布了用于工业过程文件编制的法国标准——AFCET。第二年,法国又公布了功能图(function chart)的国家标准——GRAFCET,它提供了所谓的步(step)和转换(transition)这两种简单的结构,这样可以将系统划分为简单的单元,并定义出这些单元之间的顺序关系。

1982 年,欧洲工业控制厂家开始将 GRAFCET 用于组织和控制顺序过程,GRAFCET 不同的实现方法使用户和厂家很快认识到需要制订有关的国际标准。1988 年,IEC(国际电工委员会)正式颁布了用于所有控制系统的通用标准——IEC 848,即"控制系统功能图标准"。我国在 1986 年颁布了顺序功能图的国家标准——GB 6988.6—86,(具体参见中国标准出版社于

1987 年 10 月出版的《中华人民共和国国家标准 电气制图》的相关规范）。在 1994 年 5 月公布的 IEC 的 PLC 标准（IEC 61131）中，顺序功能图（sequential function chart）被确定为 PLC 位居首位的编程语言。

顺序功能图主要由步、有向连线、转换、转换条件和动作（或命令）组成。

在第 3 章中曾经介绍过，顺序功能图是一种位于其他编程语言之上的 PLC 编程语言。某些厂家的 PLC 允许直接用顺序功能图语言编写用户程序。中小型 PLC 一般将顺序功能图作为一种设计工具，首先根据系统对控制的要求，画出顺序功能图，然后根据顺序功能图画出梯形图。

各主要的 PLC 生产厂家的产品都具备了用顺序功能图编程的功能。以西门子公司的 S7-300/400 系列 PLC 的 S7 Graph 为例，它将符合 IEC 61131 标准的顺序功能图语言集成在 S7-300/400 的编程软件 STEP 7 中，其功能强大、使用方便，用户生成顺序功能图后，便完成了编程任务。

4.4.2 步与动作

（1）步

上一节已经给出了步的概念，下面举一个具体的例子来说明。图 4.17 是某组合机床动力头进给运动示意图和输入输出信号时序图，为了节省篇幅，将各输入脉冲信号和 M8002 的波形画在一个波形图中。

设动力头在初始位置时停在左边，限位开关 X3 为 1 状态，Y0 ~ Y2 是控制动力头运动的 3 个电磁阀。按下起动按钮后，动力头向右快速进给（简称快进），碰到限位开关 X1 后变为工作进给（简称工进），碰到 X2 后停下来并延时 5 s，然后快速退回（简称快退），返回初始位置后停止运动。根据 Y0 ~ Y2 的 0,1 状态的变化，显然一个工作周期可以分为快进、工进、暂停和快退这三步，另外还应设置等待起动的初始步。图 4.17 是描述该系统的顺序功能图，图中用矩形方框表示步，方框中可以用数字表示该步的编号，也可以用代表该步的编程元件的元件号作为步的编号。在图 4.17 中，分别用 M0 ~ M4 来代表这 5 步，这样在根据顺序功能图设计梯形图时较为方便。

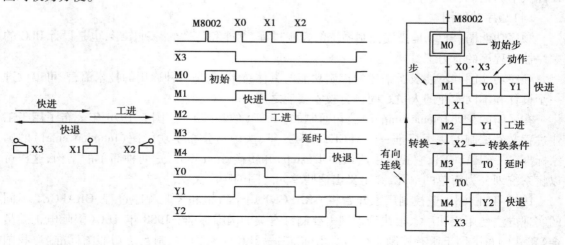

图 4.17 顺序功能图

（2）初始步

与系统的初始状态相对应的步称为初始步,初始状态一般是系统等待起动命令的相对静止的状态。初始步用双线方框表示,每一个顺序功能图至少应该有一个初始步。

（3）与步对应的动作或命令

可以将一个控制系统划分为被控系统和施控系统,例如在数控车床系统中,数控装置是施控系统,而车床是被控系统。对于被控系统,在某一步中要完成某些"动作"（action）;对于施控系统,在某一步中则要向被控系统发出某些"命令"（command）。为了叙述方便,下面将命令或动作简称为动作,并用矩形框中的文字或符号表示,该矩形框应与相应的步的符号相连。

如果某一步有几个动作,可以用图 4.18 中的两种画法来表示,但是并不隐含这些动作之间的任何顺序。

图 4.18　动作

说明命令的语句应清楚地表明该命令是存储型的还是非存储型的。例如某步的存储型命令"打开 1 号阀并保持",是指该步活动时 1 号阀打开,该步不活动时继续打开;非存储型命令"打开 1 号阀",是指该步活动时打开,不活动时关闭。

图 4.17 中的延时步 M3 没有什么动作,在这一步用定时器 T0 来延时,T0 的线圈在这一步应被驱动,所以 T0 相当于这一步的一个动作,可以将它放在该步的动作框内。

（4）活动步

当系统正处于某一步所在的阶段时,称该步处于活动状态,该步为"活动步"。步处于活动状态时,相应的动作被执行;处于不活动状态时,相应的非存储型动作被停止执行。

4.4.3　有向连线与转换条件

（1）有向连线

在顺序功能图中,随着时间的推移和转换条件的实现,将会发生步的活动状态的进展,这种进展按有向连线规定的路线和方向进行。在画顺序功能图时,将代表各步的方框按它们成为活动步的先后次序排列,并用有向连线将它们连接起来。步的活动状态默认的进展方向是从上到下或从左至右,在这两个方向有向连线上的箭头可以省略。如果不是上述的方向,应在有向连线上用箭头注明进展方向。在可以省略箭头的有向连线上,为了更易于理解,也可以加箭头。

如果在画图时有向连线必须中断（例如在复杂的图中,或者用几个图来表示一个顺序功能图时）,应在有向连线中断之处标明下一步的标号和所在的页数,例如步 83、第 12 页。

（2）转换

转换用有向连线上与有向连线垂直的短划线来表示,转换将相邻两步分隔开。步的活动状态的进展是由转换的实现来完成的,并与控制过程的发展相对应。

（3）转换条件

转换条件是与转换相关的逻辑命题,转换条件可以用文字语言、布尔代数表达式或图形符号标注在表示转换的短线的旁边（如图 4.19（a）所示）。

转换条件 X 和 $\overline{X}$ 分别表示当二进制逻辑信号 X 为 1 状态和 0 状态时转换实现。符号 ↑X 和 ↓X 分别表示当 X 从 0→1 状态和从 1→0 状态时转换实现。在图 4.19（b）中,当步 12 为活动步时,用高电平表示;反之,则用低电平表示。

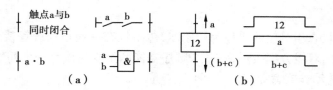

图 4.19　转换与转换条件

使用得最多的转换条件表示方法是布尔代数表达式,例如转换条件$(X0 + X3) \cdot \overline{C0}$表示 X0 或 X3 的常开触点接通,并且 C0 的当前值小于设定值(其常闭触点闭合)。在梯形图中,则用 X0 和 X3 的常开触点并联后,再与 C0 的常闭触点串联,来表示这个转换条件。

在图 4.17 中,步 M3 下面的转换条件 T0 表示在延时时间到时,应从延时步转换到快退步。在梯形图中,用 T0 的常开触点来表示这个转换条件;而延时步的动作框内的 T0,对应于梯形图中 T0 的线圈。

4.4.4　顺序功能图的基本结构

(1)单序列

单序列由一系列相继激活的步组成,每一步的后面仅接有一个转换,每一个转换的后面只有一个步(如图 4.20(a)所示)。在单序列中,有向连线没有分支与合并。

(2)选择序列

选择序列的开始称为分支(如图 4.20(b)所示),转换符号只能标在水平连线之下。如果步 5 是活动步,并且转换条件 e = 1,则发生由步 5→步 6 的进展;如果步 5 是活动的,并且 f = 1,则发生由步 5→步 8 的进展。如果将选择条件 e 改为 e·$\overline{f}$,则当 e 和 f 同时为 1 状态时,将优先选择 f 对应的序列,一般只允许同时选择一个序列。

选择序列的结束称为合并(如图 4.20(c)所示),几个选择序列合并到一个公共序列时,用需要重新组合的序列相同数量的转换符号和水平连线来表示,转换符号只允许标在水平连线之上。如果步 7 是活动步,并且转换条件 m = 1,则发生由步 7→步 13 的进展;如果步 9 是活动步,并且 n = 1,则发生由步 9→步 13 的进展。

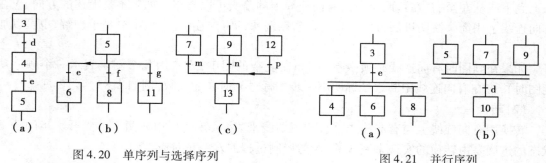

图 4.20　单序列与选择序列

图 4.21　并行序列

(3)并行序列

并行序列用来表示系统的几个同时工作的独立部分的工作情况。并行序列的开始称为分支(如图 4.21(a)所示),当转换的实现导致几个序列同时激活时,这些序列称为并行序列。当步 3 是活动步,并且转换条件 e = 1,则 4,6,8 这三步均变为活动步,同时步 3 变为不活动步。为了强调转换的同步实现,水平连线用双线表示。步 4,6,8 被同时激活后,每个子序列中活动步的进展将是独立的。在表示同步的水平双线之上,只允许有一个转换符号。

并行序列的结束称为合并(如图 4.21(b) 所示),在表示同步的水平双线之下,只允许有一个转换符号。当直接连在水平双线上的所有的前级步都处于活动状态,并且转换条件 d = 1 时,才会发生步 5,7,9 到步 10 的进展,即步 5,7,9 同时变为不活动步,而步 10 变为活动步。

并行序列用来表示系统的几个同时工作的独立部分的工作情况。

除了以上的基本结构之外,使用动作的修饰词(见表 4.1)可以在一步中完成不同的动作。修饰词决定 CPU 怎样扫描动作,并允许在不增加逻辑的情况下控制动作。例如,可以使用修饰词 L 来限制配料阀打开的时间。

表 4.1   动作的修饰词

符号	名 称	说 明
N	非存储型	当步变为不活动步时,动作终止,可以省略 N
S	置位(存储)	当步变为不活动步时,动作继续,直到动作被复位
R	复位	被修饰词 S, SD, SL 或 DS 起动的动作被终止
L	时间限制	步变为活动步时,动作被起动,直到步变为不活动步或设定的时间到
D	时间延迟	步变为活动步时,延迟定时器被起动,如果延迟之后步仍然是活动的,动作被起动和继续,直到步变为不活动步
P	脉冲	当步变为活动步,动作被起动并且只执行一次
SD	存储与时间延迟	在时间延迟之后动作被起动,一直到动作被复位
DS	延迟与存储	在延迟之后如果步仍然是活动的,动作被起动直到被复位
SL	存储与时间限制	步变为活动步时动作被起动,一直到设定的时间或动作被复位

图 4.22 是一个三工位钻床的工作台俯视示意图,图 4.23 是控制系统的顺序功能图。步 1 是初始步,按下起动按钮后,3 个工位同时工作。

一个工位将工件送到圆形工作台上,然后送料液压缸退回。另一个工位将工件夹紧并钻孔,钻完孔后钻头向上返回初始位置,并放开工件。第三个工位用深度计测量加工的孔是否合格,合格则测量头上升,并自动卸下加工好的工件,然后卸料缸返回;如果不合格,测量头返回后由工人取走次品,并用按钮发出人工卸料完成的重新起动信号。3 个工位的操作都完成后,工作台顺时针旋转 120°,最后系统返回初始步。步 4,9,14 是等待步,它们并不完成什么动作,而是为同时结束三个并行序列服务的。在图 4.23 中,水平双线之下的转换

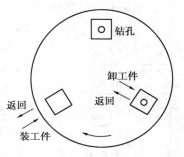

图 4.22   工作台俯视示意图

条件" = 1"表示转换条件总是满足的,即只要步 4,9,14 都是活动的,就会发生步 4,9,14 到步 17 的进展,且步 4,9,14 变为不活动步,而步 17 变为活动步。

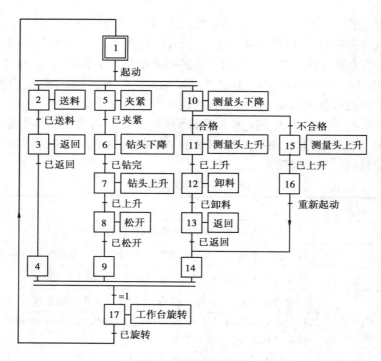

图 4.23　顺序功能图

4.4.5　顺序功能图中转换实现的基本规则

（1）转换实现的条件

在顺序功能图中,步的活动状态的进展是由转换的实现来完成的。转换实现必须同时满足两个条件:

①该转换所有的前级步都是活动步;

②相应的转换条件得到满足。

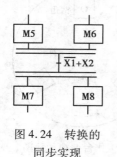

图 4.24　转换的
　　　同步实现

如果转换的前级步或后续步不止一个,转换的实现则称为同步实现（见图 4.24）。为了强调同步实现,有向连线的水平部分用双线表示。

转换实现的第一个条件是不可缺少的,如果取消了第一个条件,就不能保证系统按顺序功能图规定的顺序工作。取消了第一个条件后,如果因为人为的原因或器件本身的故障造成限位开关或指令开关的误动作,不管当时处于哪一步,都会转换到该转换条件的后续步,很可能会造成重大的事故。

（2）转换实现应完成的操作

转换的实现应完成两个操作:

①使所有由有向连线与相应转换符号相连的后续步都变为活动步;

②使所有由有向连线与相应转换符号相连的前级步都变为不活动步。

以上规则可以用于任意结构中的转换,其区别如下:

在单序列中,一个转换仅有一个前级步和一个后续步。

在并行序列的分支处,转换有几个后续步,在转换实现时应同时将它们对应的编程元件置位。在并行序列的合并处,转换有几个前级步,它们均为活动步时才有可能实现转换,在转换实现时应将它们对应的编程元件全部复位。

在选择序列的分支与合并处,一个转换实际上也只有一个前级步和一个后续步,但是一个步可能有多个前级步或多个后续步(见图 4.23)。

转换实现的基本规则是根据顺序功能图设计梯形图的基础,它适用于顺序功能图中的各种基本结构和下一章中介绍的各种顺序控制梯形图的编程方法。

在梯形图中,用编程元件代表步,当某步为活动步时,该步对应的编程元件为 1 状态。当该步之后的转换条件满足时,转换条件对应的触点或电路接通,因此可以将该触点或电路与代表所有前级步的编程元件的常开触点串联,作为与转换实现的两个条件同时满足对应的电路。例如,图 4.24 中转换条件的布尔代数表达式为 $\overline{X1} + X2$,它的两个前级步用 M5 和 M6 来代表,转换实现的两个条件同时满足对应的逻辑表达式为 $(\overline{X1} + X2) \cdot M5 \cdot M6$。在梯形图中,该逻辑表达式对应的 4 个元件的触点串并联电路接通时,应使代表前级步的所有编程元件(M5 和 M6)复位,同时使代表后续步的所有编程元件(M7 和 M8)置位(变为 1 状态并保持),完成以上任务的电路将在第 5 章中介绍。

掌握下述的顺序功能图的特点,可以帮助我们正确地画出系统的顺序功能图。

①两个步绝对不能直接相连,必须用一个转换将它们分隔开。

②两个转换也不能直接相连,必须用一个步将它们分隔开。

③顺序功能图中的初始步一般对应于系统等待起动的初始状态,这一步可能没有什么输出为 1 状态,因此有的初学者在画顺序功能图时很容易遗漏掉这一步。初始步是必不可少的,一方面因为该步与它的相邻步相比,从总体上说输出变量的状态并不相同;另一方面如果没有该步,无法表示初始状态,系统也无法返回停止状态。

④自动控制系统应能多次重复执行同一工艺过程,因此在顺序功能图中一般应有由步和有向连线组成的闭环,即在完成一次工艺过程的全部操作之后,应从最后一步返回初始步。系统停留在初始状态(单周期操作,见图 4.17)。在连续循环工作方式时,将从最后一步返回下一工作周期开始运行的第一步。

⑤只有当某一步所有的前级步都是活动步时,该步才可能变成活动步。如果用没有断电保持功能的编程元件代表各步,PLC 开始进入 RUN 模式时它们均处于 0 状态,所以必须用 M8002 的常开触点作为转换条件,将初始步预置为活动步(见图 4.17);否则,顺序功能图中永远不会出现活动步,系统将无法工作。如果系统具有自动、手动两种工作方式,顺序功能图是用来描述自动工作过程的,这时应在系统由手动工作方式进入自动工作方式时用一个适当的信号将初始步置为活动步(详见 5.5 节)。

计算机程序流程图在程序设计中得到了广泛的应用,它的功能很强,与顺序功能图一样,也具有形象直观的优点。图 4.25 给出了一个顺序功能图(如图 4.25(a)所示)与对应的程序流程图(如图 4.25(b)所示)相比较的例子。流程图中的矩形框称为处理框,表示要进行的工作;菱形框表示需要进行检查判别,称为判断框或检查框,它有一个入口、两个出口,在出口处分别用"Y"(YES)表示条件满足,"N"(NO)表示

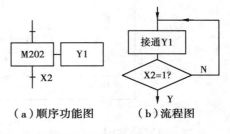

(a)顺序功能图　　(b)流程图

图 4.25　流程图与顺序功能图

条件不满足,判断框的功能与顺序功能图中的转换相当。显然,用顺序功能图来描述开关量控制系统比使用程序流程图要简单明了得多,在分支、合并较多时,这一特点更为明显。此外,计算机程序流程图还没有与并行序列相对应的表示方法。因此在设计开关量控制系统的梯形图时,应尽量用顺序功能图来描述系统的功能。

习 题

4.1 按下按钮 X0 后,Y0 ~ Y2 按图 4.26 所示时序变化,画出系统的顺序功能图。

4.2 用经验设计法设计满足图 4.27 所示波形的梯形图。

4.3 小车在初始位置时中间的限位开关 X0 为 1 状态,按下起动按钮 X3,小车按图 4.28 所示顺序运动,最后返回并停在初始位置,试画出顺序功能图。

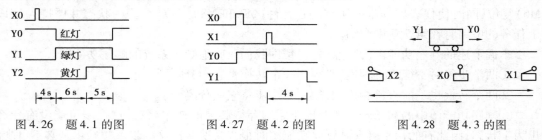

图 4.26 题 4.1 的图   图 4.27 题 4.2 的图   图 4.28 题 4.3 的图

4.4 设计一个长延时定时电路,在 X2 的常开触点接通 300 000 s 后将 Y6 的线圈接通。

4.5 初始状态时,某压力机的冲压头停在上面,限位开关 X2 变为 ON。按下起动按钮 X0,输出继电器 Y0 控制的电磁阀线圈通电,冲压头下行。压到工件后,压力升高,压力继电器动作,使输入继电器 X1 变为 ON。用 T0 保压延时 5 s 后,Y0 变为 OFF,Y1 变为 ON,上行电磁阀线圈通电,冲压头上行。返回到初始位置时,碰到限位开关 X2,系统回到初始状态,Y1 变为 OFF,冲压头停止上行。画出控制系统的顺序功能图。

4.6 某组合机床动力头在初始状态时,停在最左边,限位开关 X0 为 1 状态。按下起动按钮 X4,动力头的进给运动如图 4.29 所示,工作一个循环后,返回并停在初始位置。控制各电磁阀的 Y0 ~ Y3 在各工步的状态如表 4.2 所示,表中的 1,0 分别表示 1 状态和 0 状态。试画出顺序功能图。

表 4.2 动力头状态表

步	Y0	Y1	Y2	Y3
快进	0	1	1	0
工进 1	1	1	0	0
工进 2	0	1	0	0
快进	0	0	1	1

4.7 初始状态时,图 4.30 中的剪板机的压钳和剪刀在上限位置,X0 和 X1 为 1 状态。按下起动按钮 X10,工作过程如下:首先板料右行(Y0 为 1 状态)至限位开关 X3 为 1 状态,然后

压钳下行(Y1 为 1 状态并保持)。压紧板料后,压力继电器 X4 为 1 状态,压钳保持压紧,剪刀开始下行(Y2 为 1 状态)。剪断板料后,X2 变为 1 状态,压钳和剪刀同时上行(Y3 和 Y4 为 1 状态,Y1 和 Y2 为 0 状态)。当它们分别碰到限位开关 X0 和 X1 后,分别停止上行,均停止后,又开始下一周期的工作,一直到剪完 5 块料后才停止工作,并回到初始状态。试画出系统的顺序功能图。

4.8 指出图 4.31 中的错误。

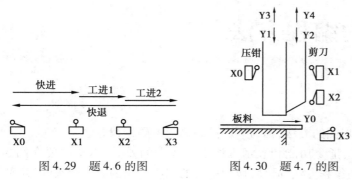

图 4.29 题 4.6 的图

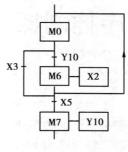

图 4.30 题 4.7 的图

图 4.31 题 4.8 的图

第 **5** 章
顺序控制梯形图的编程方法

根据系统的顺序功能图设计梯形图的方法,称为顺序控制梯形图的编程方法。

各厂家生产的 PLC 在编程元件、指令功能和表示方法上有较大的差异,本章主要介绍 3 种编程方法,其中使用起保停电路的编程方法和以转换为中心的编程方法的通用性很强,几乎可以用于所有厂家的 PLC;而使用 STL 指令的编程方法仅能用于三菱公司的 PLC。最后,还将介绍具有多种工作方式的控制系统的编程方法。

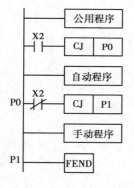

图 5.1　自动/手动程序

本章介绍的编程方法很容易掌握,用它们可以迅速地、得心应手地设计出任意复杂的开关量控制系统的梯形图。

较复杂的控制系统的梯形图一般采用图 5.1 所示的典型结构。X2 是自动/手动切换开关,当它为 ON 时,将跳过自动程序,执行手动程序;为 OFF 时,将跳过手动程序,执行自动程序。公用程序用于自动程序和手动程序相互切换的处理。开始执行自动程序时,要求系统处于与自动程序的顺序功能图中初始步对应的初始状态。如果开机时系统没有处于初始状态,则应进入手动工作方式,用手动操作使系统进入初始状态后,再切换到自动工作方式,也可以设置使系统自动进入初始状态的工作方式。

系统在进入自动运行之前,还应将与顺序功能图的初始步对应的编程元件置位,为转换的实现做好准备,并将其余各步对应的编程元件置为 OFF 状态,这是因为在没有并行序列或者并行序列未处于活动状态时,同时只能有一个活动步。

在 5.1~5.3 节中,均假设刚开始执行用户程序时,系统已处于要求的初始状态,并用初始化脉冲 M8002 将初始步置位,代表其余各步的各编程元件均为 OFF,为转换的实现作好了准备。

为了便于将顺序功能图转换为梯形图,最好用代表各步的编程元件的元件号作为步的代号,并用编程元件的元件号来标注转换条件和各步的动作或命令。

5.1　使用 STL 指令的编程方法

5.1.1　基本编程方法

许多 PLC 生产厂家都设计了专门用于编制顺序控制程序的指令和编程元件,例如三菱电机的状态(state)和步进梯形指令,西门子 S7-200 系列的顺序控制继电器和有关的指令。

步进梯形(step ladder)指令简称为 STL 指令,FX 系列还有一条使 STL 指令复位的 RET 指令。利用这两条指令,可以很方便地编制顺序控制梯形图程序。STL 指令与编程元件状态配合使用。

FX_{1S} 仅有 128 点断电保持的状态($S0 \sim S127$),FX_{1N} 和 FX_{2N} 有 1 000 点状态($S0 \sim S999$)。FX_{2N} 系列 PLC 的 $S0 \sim S9$ 用于初始步,$S10 \sim S19$ 用于返回原点,$S20 \sim S499$ 是通用状态,$S500 \sim S899$ 有断电保持功能,$S900 \sim S999$ 用于报警。用它们编制顺序控制程序时,应与步进梯形指令一起使用。FX 系列有一些用于步进顺控编程的特殊辅助继电器,还有一条使状态初始化的应用指令 IST。

使用 STL 指令的状态的常开触点称为 STL 触点,它们在梯形图中的元件符号如图 5.2 所示。从该图可以看出顺序功能图与梯形图之间的对应关系,STL 触点驱动的电路块具有三个功能,即对负载的驱动处理、指定转换条件和指定转换目标。

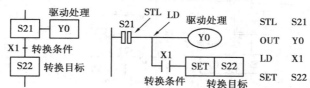

图 5.2　STL 指令与顺序功能图

除了后面要介绍的并行序列的合并对应的电路外,STL 触点是与左侧母线相连的常开触点,当某一步为活动步时,对应的 STL 触点接通,该步的负载被驱动。该步后面的转换条件满足时,转换实现,即后续步对应的状态被 SET 指令或 OUT 指令置位,后续步变为活动步,同时与原活动步对应的状态被系统程序复位,原活动步对应的 STL 触点断开。

STL 指令有以下一些特点:

①与 STL 触点相连的触点应使用 LD 或 LDI 指令,即 LD 点移到 STL 触点的右侧,直到出现下一条 STL 指令或出现 RET 指令,RET 指令使 LD 点返回左侧母线。各个 STL 触点驱动的电路一般放在一起。最后一个电路结束时,一定要使用 RET 指令,否则程序将出错。

②STL 触点可以直接驱动或通过别的触点驱动 Y,M,S,T 等元件的线圈,STL 触点也可以使 Y,M,S 等元件置位或复位。

③STL 触点断开时,CPU 不执行它驱动的电路块,即 CPU 只执行活动步对应的程序。在没有并行序列时,任何时候只有一个活动步,因此可以缩短 PLC 的扫描周期。

④由于 CPU 只执行活动步对应的电路块,使用 STL 指令时允许双线圈输出,即同一元件的几个线圈可以分别被几个不同时闭合的 STL 触点驱动。实际上,在一个扫描周期内,同一

73

元件的几条 OUT 指令中只有一条被执行。

⑤STL 指令只能用于状态,在没有并行序列时,一个状态的 STL 触点在梯形图中只能出现一次。

⑥STL 触点驱动的电路块中不能使用 MC 和 MCR 指令,但是可以使用 CJ 指令。当执行 CJ 指令跳入某一 STL 触点驱动的电路块时,不管该 STL 触点是否为 1 状态,均执行 CJ 指令对应的标号之后的电路。

⑦像普通的辅助继电器一样,可以对状态使用 LD,LDI,AND,ANI,OR,ORI,SET,RST,OUT 等指令,这时状态的触点的画法与普通触点的画法相同。

⑧使状态置位的指令如果不在 STL 触点驱动的电路块内,执行置位指令时,系统程序不会自动地将前级步对应的状态复位。

⑨在转换条件对应的电路中,不能使用 ANB,ORB,MPS,MRD 和 MPP 指令。可以用转换条件对应的复杂电路来驱动辅助继电器,再用后者的常开触点作转换条件。

图 5.3 中的小车一个周期内的运动由图中自上而下的 4 段组成,它们分别对应于 S21 ~ S24 代表的 4 步,S0 代表初始步。

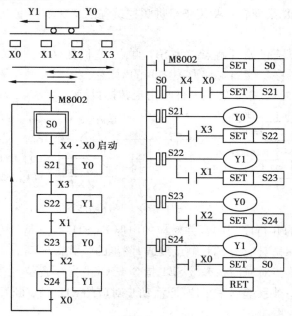

图 5.3　小车控制系统的顺序控制功能图与梯形图

假设小车位于最左端,X0 为 1 状态,系统处于初始步,S0 为 1 状态。按下起动按钮 X4,步 S0 到步 S21 的转换条件满足,系统由初始步转换到步 S21,S0 被系统程序自动复位,S21 的 STL 触点接通,Y0 的线圈"通电",小车右行。行至最右端时,限位开关 X3 变为 1 状态,使 S22 置位,S21 被自动复位,小车变为左行,小车将这样一步一步地顺序工作下去。在第 2 次右行碰到限位开关 X2 时,将返回起始点,并停留在初始步。

在图 5.3 中,指令"SET S0"的下面一定要使用 RET 指令,才能使 LD 点回到左侧母线上,否则系统将不能正常工作。表 5.1 是图 5.3 中的梯形图对应的指令表程序。返回初始步的指令"SET S0"也可以改为"OUT S0"。

表 5.1　指令表

LD	M8002	STL	S21	LD	X1	STL	S24
SET	S0	OUT	Y0	SET	S23	OUT	Y1
STL	S0	LD	X3	STL	S23	LD	X0
LD	X4	SET	S22	OUT	Y0	SET	S0
AND	X0	STL	S22	LD	X2	RET	
SET	S21	OUT	Y1	SET	S24		

5.1.2　选择序列与并行序列的编程方法

如果掌握了对选择序列和并行序列的编程方法,就可以设计出任意复杂的顺序功能图的梯形图。对选择序列和并行序列编程的关键在于对它们的分支与合并的处理,转换实现的基本规则是设计复杂系统梯形图的基本准则。

(1)选择序列的编程方法

图 5.4 中的步 S0 之后有一个选择序列的分支。当步 S0 是活动步(S0 为 1 状态),并且转换条件 X0 为 1 状态时,将执行左边的序列。如果此时转换条件 X3 为 1 状态,将执行右边的序列。

图 5.5 是与图 5.4 对应的梯形图,它的设计方法与本节介绍的基本设计方法基本上一样。如果在某一步的后面有 N 条选择序列的分支,则该步的 STL 触点开始的电路块中应有 N 条分别指明各转换条件和转换目标的并联电路。例如步 S0 之后的转换条件为 X0 和 X3,分别可能进展到步 S21 和 S23,所以在 S0 的 STL 触点开始的电路块中,有两条由 X0 和 X3 作为置位条件的电路。注意 X0 和 X3 的常开触点均使用 LD 指令。

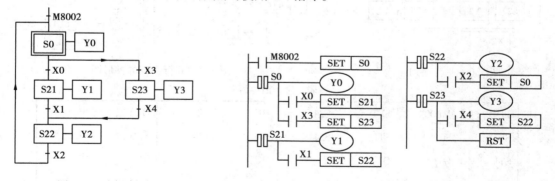

图 5.4　选择序列　　　　　　　　　　　　图 5.5　选择序列的梯形图

图 5.4 中,步 S22 之前有一个由两条支路组成的选择序列的合并,当 S21 为活动步,转换条件 X1 得到满足;或者 S23 为活动步,转换条件 X4 得到满足,都将使步 S22 变为活动步,同时系统程序使原来的活动步变为不活动步。

在梯形图中,由 S21 和 S23 的 STL 触点驱动的电路块中的转换目标均为 S22,对它们的后续步 S22 的置位(将它变为活动步)是用 SET 指令实现的,对相应前级步的复位(将它变为不活动步)是由系统程序自动完成的。其实,在设计梯形图时,没有必要特别留意选择序列的合并如何处理,只要正确地确定每一步的转换条件和转换目标,就能"自然地"实现选择序列的合并。

（2）并行序列的编程方法

图 5.6 是包含并行序列的顺序功能图,由 S21,S22 和 S24,S25 组成的两个单序列是并行工作的。设计梯形图时,应保证这两个序列同时开始工作和同时结束,即两个序列的第一步 S21 和 S24 应同时变为活动步,两个序列的最后一步 S22 和 S25 应同时变为不活动步。

图 5.7 是图 5.6 的顺序功能图所对应的梯形图,其并行序列的分支的处理很简单。在图 5.6 中,当步 S0 是活动步,并且转换条件 X0 = 1,步 S21 和 S24 同时变为活动步,两个序列开始同时工作。在图 5.7 中,当 S0 的 STL 触点和 X0 的常开触点均接通时,S21 和 S24 被同时置位,系统程序将前级步 S0 变为不活动步。

图 5.6 中并行序列合并处的转换有两个前级步 S22 和 S25,根据转换实现的基本规则,当它们均为活动步并且转换条件满足（即 S22 · S25 · X2 = 1 时）,将实现并行序列的合并,即转换的后续步 S0 变为活动步（S0 被置位）,转换的前级步 S22 和 S25 同时变为不活动步（由系统程序完成）。在梯形图中,用 S22,S25 的 STL 触点和 X2 的常开触点组成的串联电路使 S0 置位。在图 5.7 中,S22 和 S25 的 STL 触点出现了两次,如果不涉及并行序列的合并,同一状态的 STL 触点只能在梯形图中使用一次。表 5.2 是图 5.7 对应的指令表,注意串联的 STL 触点均使用 STL 指令。

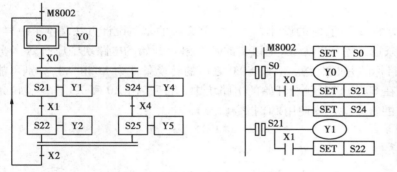

图 5.6　并行序列

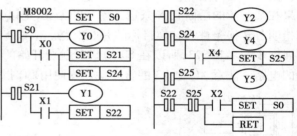

图 5.7　并行序列的梯形图

表 5.2　指令表

LD	M8002	SET	S24	OUT	Y2	OUT	Y5
SET	S0	STL	S21	STL	S24	STL	S22
STL	S0	OUT	Y1	OUT	Y4	STL	S25
OUT	Y0	LD	X1	LD	X4	LD	X2
LD	X0	SET	S22	SET	S25	SET	S0
SET	S21	STL	S22	STL	S25	RET	

FX 系列 PLC 规定,串联的 STL 触点的个数不能超过 8 个。换句话说,一个并行序列中的序列数不能超过 8 个。

5.1.3　跳步与循环次数的控制

在 4.4 节中曾经介绍了顺序功能图的三种基本结构,即单序列、选择序列和并行序列,下面再介绍两种常见的结构。

(1)跳步

图 5.8 中用状态来代表各步,由图可知,当步 S21 是活动步,并且 X5 变为 1 状态时,将跳过步 S22,由步 S21 进展到步 S23。这种跳步与 S21 ~ S23 等组成的"主序列"中有向连线的方向相同,称为正向跳步(skip)。跳步属于选择序列的一种特殊情况。

当步 S24 是活动步,并且转换条件 $X4 \cdot \overline{C0} = 1$ 时,将从步 S24 返回到步 S23,这种跳步与"主序列"中有向连线的方向相反,称为逆向跳步(repetition)。

(2)循环次数的控制

在设计梯形图程序时,经常遇到一些需要多次重复的操作,例如要求某电动机正转运行 5 s,反转运行 10 s,重复 20 次后停止运行。如果将这个过程分为 40 步,一步一步地编程,显然是非常烦琐的。可以借用计算机高级语言中的循环语句(例如 BASIC 语言中 FOR,NEXT 语句)的思想来设计顺序功能图和梯形图。

在图 5.8 中,假设要求重复执行 3 次由步 S23 和步 S24 组成的工艺过程,用 C0 控制循环次数,它的设定值等于循环次数 3。每执行一次循环,在步 S24 中使 C0 的当前值加 1,这一操作是用 S24 的常开触点控制 C0 的线圈来实现的(见图 5.9),当步 S24 变为活动步时,S24 的常开触点由断开变为接通,使 C0 的当前值加 1。

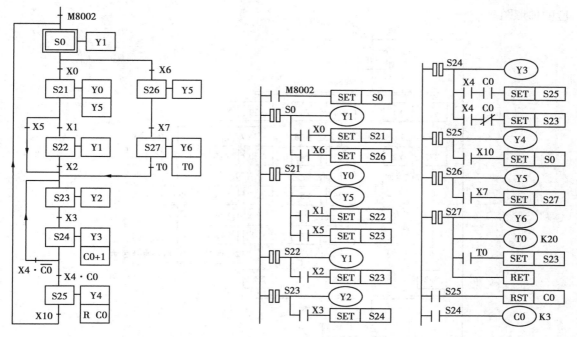

图 5.8　复杂的顺序功能图　　　　　　　　图 5.9　梯形图

每次执行完循环的最后一步之后,根据 C0 的当前值是否为零来判别是否应结束循环,这是用步 S24 之后选择序列的分支来实现的。假设结束步 S24 的外部转换条件 X4 为 1 状态,如果循环执行步 S23 和步 S24 的次数不等于 C0 的设定值,C0 的常闭触点闭合($\overline{C0}=1$),转换条件 $X4 \cdot \overline{C0}$ 满足,系统返回步 S23。在最后一次循环中,C0 的当前值加 1 后等于设定值,其常开触点接通,当 $X4=1$ 时,转换条件 $X4 \cdot C0$ 满足,将由步 S24 进展到步 S25。

在循环程序执行之前或执行完后,应将控制循环的计数器复位。复位后,计数器的当前值为零,才能保证下一次循环时计数器能正常工作。复位操作应放在循环之外,在图 5.8 中,显然放在步 S0 和步 S25 比较方便。

循环次数的控制和跳步都属于选择序列的特殊情况。

图 5.9 是图 5.8 对应的梯形图,在图 5.8 的步 S24 之后有一个选择序列的分支,因此在 S24 的 STL 触点驱动的电路块中,有两条指明转换条件($X4 \cdot C0$ 和 $X4 \cdot \overline{C0}$)和转换目标(步 S25 和步 S23)的并联支路,转换条件中的"与"运算是用两个触点的串联电路实现的。

图 5.8 中步 S23 之前有一个由 4 条支路组成的选择序列的合并,当 S22,S27,S21 和 S24 这 4 步分别为活动步,并且相应的转换条件满足,都会使步 S23 变为活动步,同时使原来的活动步变为不活动步。

在梯形图中,由 S22,S27,S21 和 S24 的 STL 触点驱动的电路块中的转换目标均有 S23。

在没有并行序列时,一个状态(S)的 STL 触点只能在梯形图中出现一次,因此用于计数器 C0 的 S25 和 S24 的触点只能使用一般的常开触点和 LD 指令。

5.1.4 复杂的顺序功能图举例

图 5.10 是 4.4.4 节中三工位钻床的顺序功能图,图 5.11 是用 STL 指令设计的图 5.10 对应的梯形图。

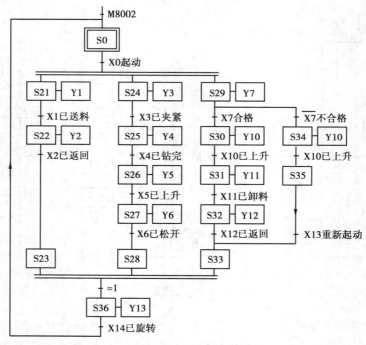

图 5.10 三工位钻床的顺序功能图

在分析和设计复杂的顺序控制程序时,需要重点关注的是选择序列和并行序列的分支与合并。

步 S29 之后有一个选择序列的分支,两个分支的转换条件为 X7 和 $\overline{X7}$,可能分别进展到步
S30 和 S34,所以在 S29 的 STL 触点开始的电路块中,有两条分别由 X7 的常开触点和常闭触
点作为置位条件的串联支路。如前面所述,选择序列的合并是"自然"实现的,不需要设计者
特别关注。

在步 S0 之后有一个并行序列的分支,当步 S0 是活动步,并且转换条件 X0 = 1 时,步 S21,
S24 和 S29 同时变为活动步,3 个子序列同时开始工作。在图 5.11 中,当 S0 的 STL 触点和 X0
的常开触点同时接通时,步 S21,S24 和 S29 被同时置位,系统程序将前级步 S0 变为不活动步。

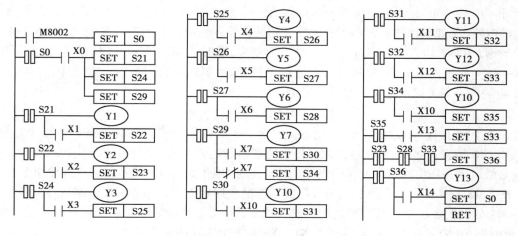

图 5.11　三工位钻床的梯形图

图 5.10 中并行序列合并处的转换有 3 个前级步 S23,S28 和 S33,合并处的转换条件为
" = 1",它对应于二进制常数 1,表示应无条件转换。在梯形图中,该转换等效为一根短接线,
或理解为不需要转换条件。

根据转换实现的基本规则,当它们均为活动步并且转换条件满足(即 S23 · S28 · S33 = 1)
时,将实现并行序列的合并,即转换的后续步 S36 变为活动步(S36 被置位),转换的前级步
S23,S28 和 S33 同时变为不活动步(由系统程序完成)。在梯形图中,用 S23,S28 和 S33 的
STL 触点组成的串联电路使 S36 置位。

5.2　使用起保停电路的编程方法

5.2.1　基本编程方法

根据顺序功能图设计梯形图时,可以用辅助继电器来代表步。某一步为活动步时,对应的
辅助继电器为 1 状态;转换实现时,该转换的后续步变为活动步,前级步变为不活动步。

起保停电路仅仅使用与触点和线圈有关的指令,任何一种 PLC 的指令系统都有这一类指
令,因此这是一种通用的编程方法,可以用于任意型号的 PLC。

设计起保停电路的关键是找出它的起动条件和停止条件。M1,M2 和 M3 是顺序功能图

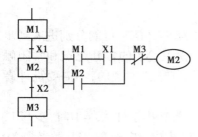

图 5.12 具有记忆功能的电路

中顺序相连的三步(见图 5.12),X1 是步 M2 之前的转换条件。根据转换实现的基本规则,转换实现的条件是它的前级步为活动步,并且满足相应的转换条件。所以,步 M2 变为活动步的条件是 M1 为活动步,并且转换条件 X1 = 1。在起保停电路中,则应将 M1 和 X1 的常开触点串联后作为控制 M2 的起动电路。

控制 M2 的起动电路接通后,在下一个扫描周期,前级步 M1 变为不活动步,M1 的常开触点断开,使 M2 的起动电路断开。由此可知,起动电路接通的时间仅有一个扫描周期,因此应使用有记忆(或称保持)功能的电路(例如起保停电路和下一节要介绍的置位复位电路)来控制代表步的辅助继电器。

当 M2 和 X2 均为 1 状态时,步 M3 变为活动步,这时步 M2 应变为不活动步,因此可以将 M3 = 1 作为使辅助继电器 M2 变为 0 状态的条件,即将 M3 的常闭触点与 M2 的线圈串联。图 5.12 中的梯形图可以用逻辑代数式表示为

$$M2 = (M1 \cdot X1 + M2) \cdot \overline{M3}$$

在这个例子中,可以用 X2 的常闭触点代替 M3 的常闭触点。当转换条件由多个信号经"与、或、非"逻辑运算组合而成时,则应将它的逻辑表达式求反,并经过逻辑代数运算后,再将对应的触点串并联电路作为起保停电路的停止电路,但不如用 M3 的常闭触点这样简单方便。

图 5.13 是 4.4.2 节介绍的动力头控制系统的顺序功能图和用起保停电路设计的梯形图,M0 ~ M4 分别代表初始、快进、工进和延时及快退这 4 步,用起保停电路控制它们。起动按钮 X0、定时器 T0 的常开触点和限位开关 X1 ~ X3 是各步之间的转换条件。

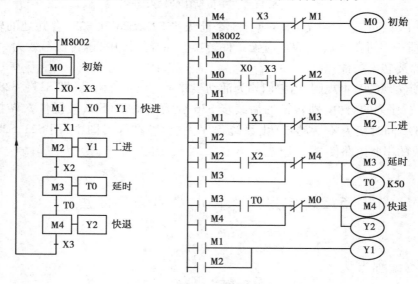

图 5.13 动力头控制系统的顺序功能图和梯形图

根据上述的编程方法和顺序功能图,很容易画出梯形图。例如对于初始步 M0,由顺序功能图可知,其前级步为 M4,它们之间的转换条件为 X3,步 M0 的后续步为 M1,所以将 M4 和 X3 的常开触点串联作为 M0 的起动电路。PLC 开始运行时,应将 M0 置为 1 状态,否则系统无法工作。故将 M8002 的常开触点与起动电路并联,起动电路还并联了 M0 的自保持触点。后

续步 M1 的常闭触点与 M0 的线圈串联,M1 为 1 状态时,M0 的线圈"断电"。

下面介绍梯形图中输出电路的设计方法。由于步是根据输出变量的状态变化来划分的,它们之间的关系极为简单,可以分为两种情况来处理:

①某一输出量仅在某一步中为 1 状态,例如从图 5.13 中的顺序功能图可知,Y0 和 Y2 就属于这种情况,可以将它们的线圈分别与对应步的辅助继电器 M1 和 M4 的线圈并联。动作框中的 T0 代表 T0 的线圈,它应在步 M3 被驱动,所以将 M3 和 T0 的线圈并联。

有的初学者也许会认为,既然如此,不如用这些输出继电器来代表该步,例如用 Y0 代替 M1。当然这样做可以节省一些编程元件,但是 PLC 的辅助继电器是完全够用的,多用一些内部编程元件不会增加硬件费用,在设计和键入程序时也多花不了多少时间。全部用辅助继电器来代表步具有概念清楚、编程规范,以及梯形图易于阅读和容易查错的优点。

②某一输出继电器在几步中都为 1 状态,应将代表各有关步的辅助继电器的常开触点并联后,驱动该输出继电器的线圈。例如图 5.13 中的 Y1 在快进、工进步均为 1 状态,所以将 M1 和 M2 的常开触点并联后,来控制 Y1 的线圈。

为了避免出现双线圈现象,不能将 Y1 的两个线圈分别与 M1 和 M2 的线圈并联。

5.2.2　选择序列与并行序列的编程方法

(1)选择序列的分支的编程方法

图 5.15 是图 5.14 中的顺序功能图对应的梯形图,步 M200 之后有一个选择序列的分支,设步 M200 是活动步,当它的后续步 M201 或 M203 变为活动步时,它都应变为不活动步(M200 变为 0 状态),所以应将 M201 和 M203 的常闭触点与 M200 的线圈串联。

如果某一步的后面有一个由 N 条分支组成的选择序列,该步可能转换到不同的 N 步去,则应将 N 个后续步对应的辅助继电器的常闭触点与该步的线圈串联,作为结束该步的条件。

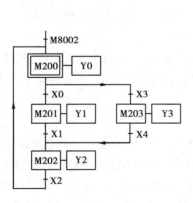

图 5.14　选择序列

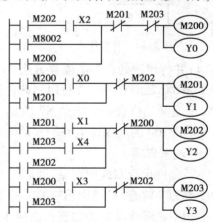

图 5.15　选择序列的梯形图

(2)选择序列的合并的编程方法

在图 5.14 中,步 M202 之前有一个选择序列的合并,当步 M201 为活动步(M201 = 1),并且转换条件 X1 满足;或者步 M203 为活动步,并且转换条件 X4 满足,步 M202 都应变为活动步,即代表该步的辅助继电器 M202 的起动条件应为

$$M201 \cdot X1 + M203 \cdot X4$$

对应的起动电路由两条并联支路组成,每条支路分别由 M201 和 X1,M203 和 X4 的常开触点串联而成(见图 5.15)。

一般来说,对于选择序列的合并,如果某一步之前有 N 个转换,即有 N 条分支进入该步,则代表该步的辅助继电器的起动电路由 N 条支路并联而成,各支路由某一前级步对应的辅助继电器的常开触点与相应转换条件对应的触点或电路串联而成。

(3)并行序列的分支的编程方法

在图 5.16 中,步 M200 之后有一个并行序列的分支,当步 M200 是活动步,并且转换条件 X0 满足,步 M201 与步 M204 应同时变为活动步,这是用 M200 和 X0 的常开触点组成的串联电路分别作为 M201 和 M204 的起动电路来实现的;与此同时,步 M200 应变为不活动步。步 M201 和 M204 是同时变为活动步的,只需将 M201 或 M204 的常闭触点与 M200 的线圈串联就行了。

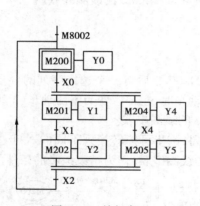

图 5.16 并行序列

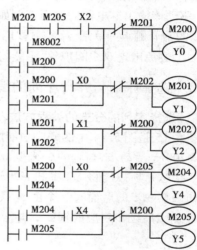

图 5.17 并行序列的梯形图

(4)并行序列的合并的编程方法

步 M200 之前有一个并行序列的合并,该转换实现的条件是所有的前级步(即步 M202 和 M205)都是活动步和转换条件 X2 满足。由此可知,应将 M202,M205 和 X2 的常开触点串联,作为控制 M200 的起保停电路的起动电路。

(5)注意事项

①不允许出现双线圈现象,即同一元件的线圈不能多次出现。如果某一输出继电器在某几步中都为 1 状态,只能用相应的辅助继电器的常开触点组成的并联电路来驱动它的线圈。

②如果在顺序功能图中有仅由两步组成的小闭环(见图 5.18(a)所示),相应的辅助继电器的线圈将不能"通电"。例如在 M103 和 X3 均为 1 状态时,M102 的起动电路接通,但是这时与它串联的 M103 的常闭触点却是断开的,所以 M102 的线圈将不能"通电"。出现上述问题的根本原因是闭环中只有两步,步 M102 既是步 M103 的前级步,又是它的后续步。如果用转换条件 X2 和 X3 的常闭触点分别代替后续步 M103 和 M102 的常闭触点(如图 5.18(b)所示),将引发出另一问题。假设步 M102 为活动步时 X2 变为 1 状态,当执行修改后的图 5.18(b)中的第 1 个起保停电路时,因为 X2 为 1 状态,它的常闭触点断开,使 M102 的线圈首先断

电。M102 的常开触点断开,使控制 M103 的起保停电路的起动电路开路,因此不能转换到步 M103。

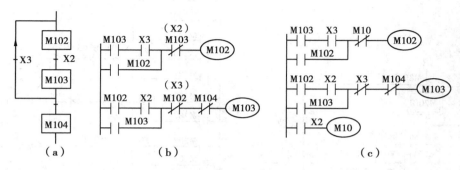

图 5.18　仅有两步的小闭环的处理

为了解决这一问题,增设了一个受 X2 控制的中间元件 M10(见图 5.18(c)),用 M10 的常闭触点取代 X2 常闭触点。如果 M102 为活动步时 X2 变为 1 状态,当执行图 5.18(c)中的第 1 个起保停电路时,M10 尚为 0 状态,它的常闭触点闭合,M102 的线圈通电,保证了控制 M103 的起保停电路的起动电路接通,使 M103 的线圈通电。执行完图 5.18(c)中最后一行电路后,M10 变为 1 状态,在下一个扫描周期使 M102 的线圈断电。

5.2.3　应用举例

(1)内胎硫化机控制系统的程序设计

某轮胎内胎硫化机控制系统的顺序功能图如图 5.19 所示。一个工作周期由初始、合模、反料、硫化、放气和开模 6 步组成,它们与 M200 ~ M205 相对应。

在反料和硫化阶段,Y2 为 1 状态,蒸气进入模具;反料阶段允许打开模具,硫化阶段则不允许;在放汽阶段,Y2 为 0 状态,放出蒸气,同时 Y3 使"放气"指示灯亮。紧急停车按钮 X0 用于将合模改为开模。步 M202 之后有一个选择序列的分支,它的后续步分别是 M203 和 M205,所以应将 M203 和 M205 的常闭触点与 M202 的线圈串联。

步 M205 之前有一个选择序列的合并,它有 4 个前级步,所以 M205 的起动电路由 4 条并联支路组成,每条支路分别由各前级步的常开触点和相应转换条件对应的触点串联而成。

由顺序功能图可知,M200 和 M205 组成了一个类似于图 5.18 中的小闭环。与图 5.18 中的处理方法相同,在 M205 的控制电路中,用转换条件 X2 的常闭触点取代后续步 M200 的常闭触点;在 M200 的控制电路中,用受转换条件 X3 控制的 M10 的常闭触点取代后续步 M205 的常闭触点。

在运行中发现"合模到位"和"开模到位"限位开关(X1 和 X2)的故障率较高,容易出现合模、开模已经到位,但是对应的电动机不能停机的现象,甚至可能损坏设备。为此,在程序中设置了诊断和报警功能。在开、合模时,分别用 T4 和 T3 延时,正常情况下开、合模到位时,由于它们的延时时间还没到就被复位,所以不起作用。限位开关出现故障时,T4 或 T3 使系统进入报警步 M206,开模或合模电动机自动断电,同时用 Y4 接通报警装置。操作人员按复位按钮 X5 后解除报警,返回初始步。

(2)三工位钻床控制系统的程序设计

图 5.20 是 4.4.4 节中三工位钻床的顺序功能图,图 5.21 是起保停电路设计的梯形图。

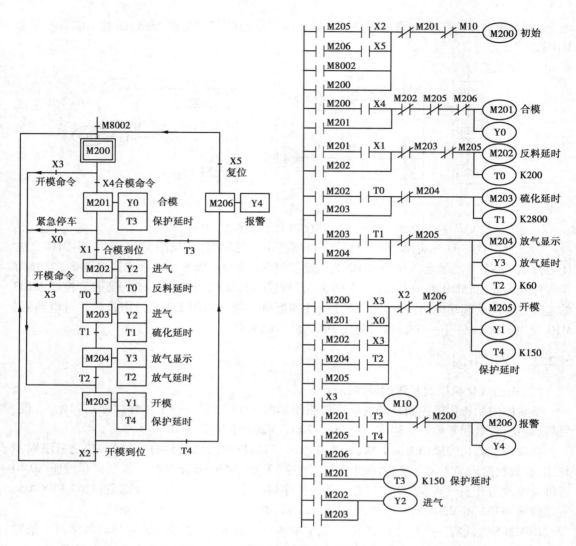

图 5.19　硫化机控制的顺序功能图与梯形图

步 M19 之后有一个选择序列的分支,它的后续步分别是 M20 和 M24,所以应将 M20 和 M24 的常闭触点与 M19 的线圈串联。

步 M23 之前有一个选择序列的合并,当步 M22 为活动步,并且转换条件 X12 满足;或者步 M25 为活动步,并且转换条件 X13 满足,步 M23 都应变为活动步。M23 的起动电路由两条并联支路组成,每条支路分别由 M22 和 X12,M25 和 X13 的常开触点串联而成。

步 M10 之后有一个并行序列的分支,当步 M10 是活动步,并且转换条件 X0 满足,步 M11, M14 和 M19 应同时变为活动步,这是用 M10 和 X0 的常开触点组成的串联电路分别作为 M11,M14 和 M19 的起动电路来实现的,与此同时,步 M10 应变为不活动步。步 M11,M14 和 M19 是同时变为活动步的,只需将其中之一的常闭触点与 M10 的线圈串联就行了。

步 M26 之前有一个并行序列的合并,该转换实现的条件是所有的前级步(即步 M13,M18 和 M23)均为活动步和转换条件满足,而"＝1"相当于二进制常数 1,表示转换条件总是满足的,所以只需将 M13,M18 和 M23 的常开触点串联,作为控制 M26 的起保停电路的起动电路。

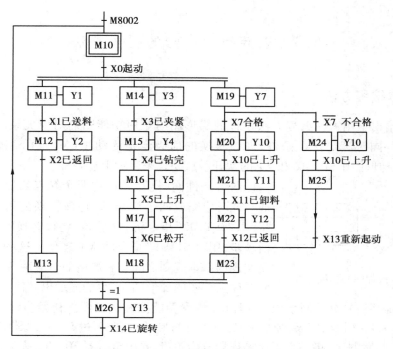

图 5.20　三工位钻床的顺序功能图

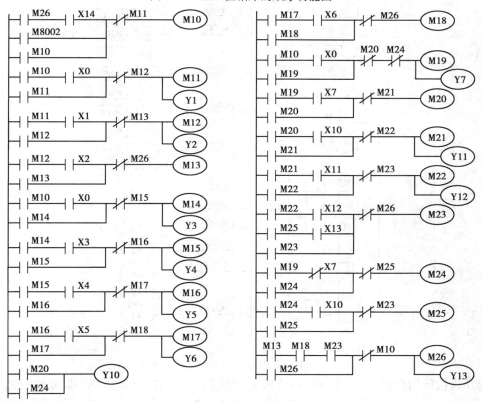

图 5.21　三工位钻床的梯形图

5.3 以转换为中心的编程方法

5.3.1 基本编程方法

图 5.22 给出了用这种编程方法设计的梯形图与顺序功能图的对应关系。实现图中 X1 对应的转换,要同时满足两个条件,即该转换的前级步是活动步(M1 = 1)和转换条件满足(X1 = 1)。在梯形图中,用 M1 和 X1 的常开触点闭合来表示上述条件。

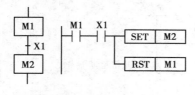

图 5.22 以转换为中心的编程方法

两个条件同时满足时,这两个触点组成的串联电路接通。此时应完成两个操作,即将该转换的后续步变为活动步,用"SET M2"指令将 M2 置位;将该转换的前级步变为不活动步,用"RST M1"指令将 M1 复位。这种编程方法与转换实现的基本规则之间有着严格的对应关系,用它编制复杂的顺序功能图的梯形图时,更能显示出其优越性。

图 5.23 是某信号灯控制系统的时序图、顺序功能图和梯形图。初始步时,仅红灯亮。按下起动按钮 X0,4 s 后,红灯灭,绿灯亮;6 s 后,绿灯和黄灯亮;再过 5 s 后,绿灯和黄灯灭,红灯亮。按时间的先后顺序,将一个工作循环划分为 4 步,并用定时器 T0 ~ T2 来为 3 段时间定时。

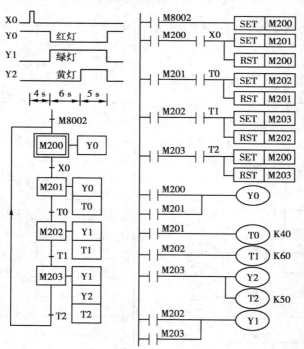

图 5.23 信号灯控制系统的顺序功能图与梯形图

刚开始执行用户程序时,M8002 的常开触点接通一个扫描周期,初始步 M200 被置位,按下起动按钮 X0 后,梯形图第 2 行中 M200 和 X0 的常开触点均接通,转换条件 X0 的后续步对应的辅助继电器 M201 被置位,前级步对应的辅助继电器 M200 被复位。M201 变为 1 状态后,控制红灯的输出继电器 Y0 仍然为 1 状态,定时器 T0 的线圈"通电"。4 s 后,T0 的常开触点接通,系统将由第 2 步转换到第 3 步。

使用这种编程方法时,不能将输出继电器的线圈与 SET,RST 指令并联。这是因为图 5.23 中前级步和转换条件对应的串联电路接通后,前级步马上被复位。在下一扫描周期执行该电路块时,该串联电路断开,它接通的时间仅有一个扫描周期。而输出继电器的线圈至少应该在某一步对应的全部时间内被接通,所以应根据顺序功能图的要求,用代表步的辅助继电器的常开触点或它们的并联电路来驱动输出继电器的线圈。

图 5.24 中的两条传送带用来传送钢板之类的长物体,要求尽可能地减少传送带的运行时间。在传送带端部设置了两个光电开关 X0 和 X1,驱动传送带 A 和 B 的电动机分别由 Y0 和 Y1 来控制。M8002 使系统进入初始步,按下起动按钮 X2,传送带 A 开始运行,被传送物体的前沿使 X0 变为 1 状态时,系统进入步 M202,两条传送带同时运行。被传送物体的后沿离开 X0 时,传送带 A 停止运行;物体的后沿离开 X1 时,传送带 B 也停止运行,系统返回初始步。

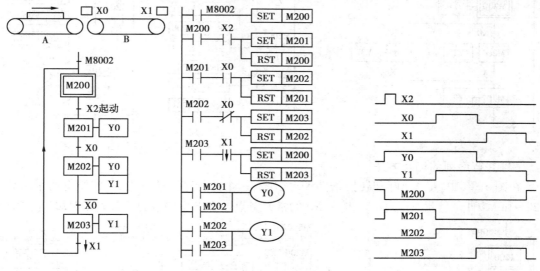

图 5.24　传送带控制系统的顺序控制功能图与梯形图　　　　图 5.25　波形图

当物体的后沿离开限位开关 X1 时,应实现步 M203 之后的转换。为什么不能用 X1 的常闭触点作转换条件呢?由图 5.25 可知,当系统由步 M202 转换到步 M203 时,X1 正处于 0 状态,如果用它的常闭触点作转换条件,将使系统错误地马上由步 M203 转换到步 M200,物体尚未运出,运输带 B 就停下来了。X1 的下降沿触点仅在 X1 由 1 状态变为 0 状态的下降沿时,在一个扫描周期内为 1 状态。

5.3.2　选择序列与并行序列的编程方法

(1)基本方法

在顺序功能图中,如果某一转换所有的前级步都是活动步,并且满足相应的转换条件,则转换实现。即所有由有向连线与相应转换符号相连的后续步都变为活动步,而所有由有向连线与相应转换符号相连的前级步都变为不活动步。在以转换为中心的编程方法中,用该转换所有前级步对应的辅助继电器的常开触点与转换对应的触点或电路串联,作为执行 SET 指令和 RST 指令的条件。用 SET 指令使所有后续步对应的辅助继电器置位,用 RST 指令使所有前级步对应的辅助继电器复位。在任何情况下,代表步的辅助继电器的控制电路都可以用这一原则来设计,每个转换对应一个这样的控制置位和复位的电路块,有多少个转换就有多少个这样的电路块。这种设计方法特别有规律,在设计复杂的顺序功能图的梯形图时既容易掌握,又不容易出错。

(2)选择序列的编程方法

图 5.27 是用以转换为中心的编程方法设计的图 5.26 对应的梯形图。图 5.26 中没有并行序列,每一个转换只有一个前级步和一个后续步,所以 5.27 中的梯形图是非常"标准的",每一个控制置位、复位的电路块都由前级步和转换条件对应的触点组成的串联电路以及一条 SET 指令和一条 RST 指令组成。换句话说,选择序列与单序列的设计方法完全相同。

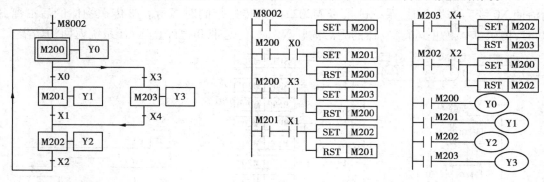

图 5.26 选择序列   图 5.27 梯形图

(3)并行序列的编程方法

在图 5.28 中,步 M200 和转换条件 X0 之后有一个并行序列的分支,该转换有两个后续步 M201 和 M204。与此对应,图 5.29 中 X0 的常开触点所在的电路块将 M201 和 M204 置位。

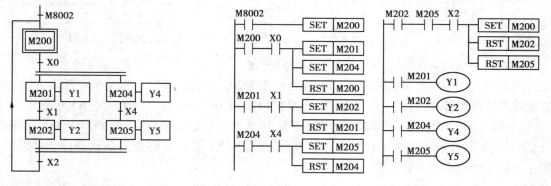

图 5.28 并行序列   图 5.29 梯形图

X2 对应的转换之前有一个并行序列的合并,该转换实现的条件是所有的前级步(即步 M202 和 M205)都是活动步和转换条件 X2 满足。由此可知,应将 M202,M205 和 X2 的常开触点串联,作为使 M200 置位和使 M202,M205 复位的条件。

5.3.3 应用举例

图 5.30 是 4.4 节中三工位钻床的顺序功能图,图 5.31 是用以转换为中心的编程方法设

计的梯形图。

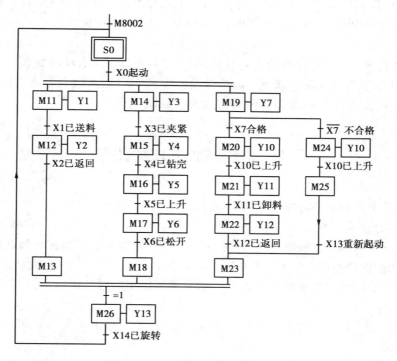

图 5.30　三工位钻床的顺序功能图

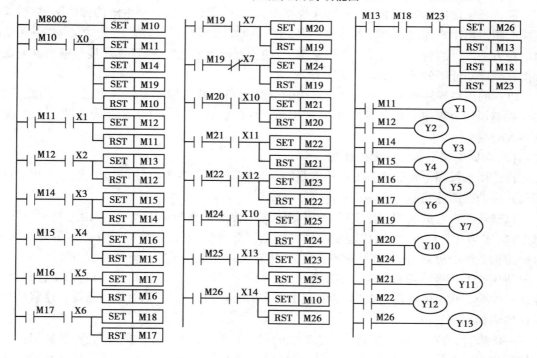

图 5.31　三工位钻床的梯形图

在图 5.30 的步 M10 之后有一个并行序列的分支,当步 M10 是活动步,并且转换条件 X0 满足时,步 M11,步 M14 和步 M19 应同时变为活动步,这是用 M10 和 X0 的常开触点组成的串联电路使 M11,M14 和 M19 置位来实现的。与此同时,步 M10 应变为不活动步,这是用复位指令来实现的。

步 M26 之前有一个并行序列的合并,该转换实现的条件是所有的前级步(即步 M13,M18 和 M23)都是活动步和转换条件满足。因为转换条件为" = 1",所以只需将 M13,M18 和 M23 的常开触点串联,作为使 M26 置位和使 M13,M18 和 M23 复位 的条件。

5.4 各种编程方法的比较

下面将从几个方面对各种编程方法加以比较。

(1)编程方法的通用性

起保停电路仅由触点和线圈组成,各种型号的 PLC 的指令系统都有与触点和线圈有关的指令,因此使用起保停电路的编程方法的通用性最强,可以用于任意一种型号的 PLC。

以转换为中心的编程方法使用各种 PLC 都有的置位指令和复位指令,这种编程方法的应用范围也很广。

像 STL 这一类专门为顺序控制设计的指令,只能用于某一 PLC 厂家的某些 PLC 产品,属于专用指令。

(2)不同编程方法设计的程序长度比较

笔者分别使用本章介绍的三种顺序控制编程方法,设计了某控制系统的梯形图,然后统计各梯形图占用用户程序存储器的步数。其结果表明,用 STL 指令设计的程序最短,用其他两种编程方法设计的程序的长度相差不是很大;使用起保停电路时,程序的长度与输出继电器是否仅在顺序功能图的某一步为 1 状态有关。

PLC 的用户程序存储器一般是足够用的,程序稍长,其增加的工作量也很小。因此,没有必要在缩短用户程序上花太多的精力,特别是在两种设计方法设计出的指令表程序的长度差别不大的时候。

(3)电路结构及其他方面的比较

在使用起保停电路的编程方法中,以代表步的编程元件为中心,用一个电路来实现对这些编程元件的线圈的控制。

以转换为中心的编程方法直接、充分地体现了转换实现的基本规则,无论是对单序列、选择序列,还是并行序列,控制代表步的辅助继电器的置位、复位电路的设计方法都是相同的。这种编程方法的思路清楚,容易理解和掌握,用它设计复杂系统的梯形图特别方便。

使用 STL 指令的编程方法以 STL 触点为中心,它们与左侧母线相连,当它们闭合时,驱动在该步应为 1 状态的输出继电器,为实现下一步的转换做好准备,同时通过系统程序将前级步对应的编程元件复位。

一般来说,专门为顺序控制设计法提供的指令和编程元件,具有使用方便、容易掌握和编制的程序较短等优点,应优先采用。以三菱的 FX 系列为例,它们的 STL 指令有以下优点:

①在转换实现时,对前级步的状态和由它驱动的输出继电器的复位是由系统程序完成的,

而不是由用户程序在梯形图中完成的,因此用 STL 指令设计的程序最短。

②STL 触点具有与主控指令(MC)相同的特点,即 LD 点移到了 STL 触点的右端,对于选择序列的分支对应的指明转换条件和转换目标的并联电路的设计,是很方便的。用 STL 指令设计复杂系统的梯形图时,更能显示其优越性。

③与条件跳转指令(CJ)类似,CPU 不执行处于断开状态的 STL 触点驱动的电路块中的指令,在没有并行序列时,同时只有一个 STL 触点为 1 状态。因此,使用 STL 指令可以显著地缩短用户程序的执行时间,提高 PLC 的输入、输出响应速度。

④对于不使用 STL 指令的编程方法,一般不允许出现双线圈现象,即同一编程元件的线圈不能在两处或多处出现,但是允许同一元件的线圈分别在跳步条件相反的跳步区内各出现一次。在用这些编程方法设计输出电路时,应仔细观察顺序功能图或状态表,对那些在两步或多步中为 1 状态的输出继电器,应将各有关步对应的编程元件的常开触点并联,然后驱动相应的输出继电器的线圈。当顺序功能图的步数很多、输出继电器也很多时,输出电路的设计工作量是很大的,稍有不慎就会出错。

在使用 STL 指令的编程方法时,不同的 STL 触点可以驱动同一编程元件的线圈,输出电路实际上分散到各 STL 触点驱动的电路块中去了。设计时,只需注意某一步有哪些输出继电器应被驱动,不必考虑同一输出继电器是否在别的步也被驱动,因此大大简化了输出电路的设计,对于大型复杂的控制系统,可以节省不少的设计时间。

5.5　具有多种工作方式的系统的编程方法

5.5.1　系统简介

为了满足生产的需要,很多工业设备都需要设置几种不同的工作方式,常见的有手动、单步、单周期和连续等 4 种工作方式,后 3 种属于自动工作方式。本节以 4.2 节中一处卸料的送料小车的控制系统为例(见图 4.8),介绍具有多种工作方式的系统的编程方法。

梯形图的总体结构如图 5.32 所示。选择手动工作方式时 X10 为 1 状态,将跳过自动程序,执行公用程序和手动程序。选择自动工作方式时 X10 为 0 状态,将跳过手动程序,执行公用程序和自动程序。

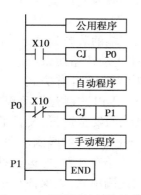

图 5.32　梯形图的总体结构

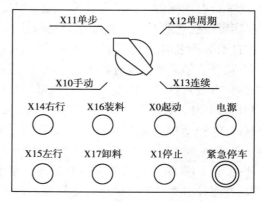

图 5.33　操作面板示意图

系统的操作面板如图 5.33 所示。工作方式选择开关的 4 个位置分别对应于 4 种工作方式,左边的 4 个按钮是手动按钮。为了保证在紧急情况下(包括 PLC 发生故障时)可靠地切断 PLC 的负载电源,设置了交流接触器 KM(见图 5.34)。在 PLC 开始运行时,应按下"电源"按钮,使 KM 线圈得电并自锁,KM 的主触点接通,给 PLC 的负载提供交流电源。出现紧急情况时,用"紧急停车"按钮断开 PLC 的负载电源。

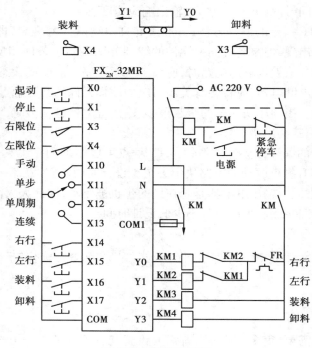

图 5.34　外部接线图

5.5.2　手动程序与公用程序

(1)手动程序设计

自动控制对系统的硬件要求较高,如果外部的传感器(例如限位开关和接近开关)出现问题,不能进行自动控制。为了在这种情况下保证系统的安全和运行,一般需要设置手动程序。手动程序可以独立地对 PLC 的输出量进行控制。

在自动运行之前,要求系统处于初始状态,即小车卸完料后停在左端的装料处,限位开关 X4 为 1 状态。如果系统没有处于初始状态,应选择手动工作方式,用手动按钮使系统进入初始状态后,再进入自动工作方式,也可以增设一种使系统自动进入初始状态的工作方式。

X10 为 1 时,执行图 5.35 中的手动程序;反之,将执行跳步指令"CJ P1",跳过手动程序。手动按钮 X14 ~ X17 分别用来控制各负载的点动运行。为了保证系统的安全运行,设置了一些必要的联锁,例如右限位开关 X3 的常闭触点与控制右行的输出继电器 Y0 的线圈串联,左限位开关 X4 的常闭触点与控制左行的输出继电器 Y1 的线圈串联,使小车在左、右运行时不会超限;左限位开关 X4 的常开触点与控制装料的输出继电器 Y2 的线圈串联,以保证小车停在装料处才能手动装料;右限位开关 X3 的常开触点与控制卸料的输出继电器 Y3 的线圈串联,以保证小车在最右边才能手动卸料;Y0 和 Y1 的常闭触点用于驱动小车的异步电动机正反转的软件互锁。

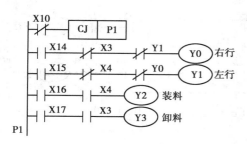

图 5.35　手动程序

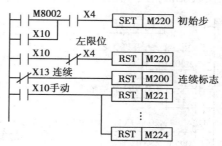

图 5.36　公用程序

(2)公用程序设计

公用程序(见图 5.36)用于自动程序和手动程序相互切换的处理。当系统在手动工作方式时,必须将除初始步以外的各步对应的辅助继电器(M221 ~ M224)复位;否则,当系统从自动工作方式切换到手动工作方式,然后又返回自动工作方式时,可能会出现同时有两个活动步的异常情况,引起错误的动作。

在非连续工作方式时(X13 的常闭触点闭合),将表示连续工作状态的标志 M200 复位;否则,在由连续工作方式进入单步或单周期方式时,可能仍然按连续方式运行。

由公用程序可知,在 PLC 开始执行用户程序(M8002 为 1 状态)或系统处于手动状态(X10 为 1 状态)时,如果小车停在装料位置(X4 为 1 状态),初始步对应的 M220 将被置位,为进入自动工作方式做好准备。如果在手动工作方式时 X4 为 0 状态,M220 将被复位,初始步为不活动步,禁止在自动工作方式工作。

5.5.3　自动程序的编程方法

(1)使用起保停电路的编程方法

图 5.38 是用起保停电路设计的自动程序。X10 为 0 时,执行自动程序;反之,将执行跳步指令"CJ P0",跳过自动程序。自动程序包括单步、单周期和连续等三种工作方式,它们都按顺序功能图(见图 5.37)规定的顺序进行工作。第一次进入初始步的转换条件(M8002 + X10)· X4 实际上在公用程序中(见图 5.36)。

在单周期工作方式,按下起动按钮 X0 后,从初始步开始,小车按顺序功能图的规定完成一个周期的工作,返回并停留在初始步。

如果选择连续工作方式,在初始状态按下起动按钮后,小车从初始步开始一个周期接一个周期地反复连续工作。按下停止按钮后,并不马上停止工作,在完成最后一个周期的全部工作后,系统才停在初始步。

单步工作方式一般用于系统的调试。在单步工作方

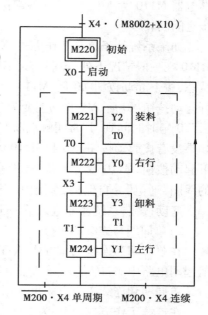

图 5.37　顺序功能图

式,从初始步开始,按一下起动按钮,系统转换到下一步;完成该步的任务后,自动停止工作并停在该步,再按一下起动按钮,又往前走一步。

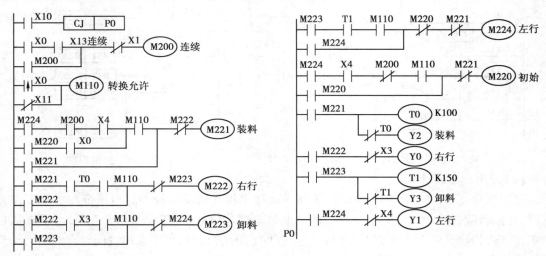

图 5.38　用起保停电路设计的自动程序

图 5.37 所示的顺序功能图是一种典型的结构,对于不同的控制系统的顺序功能图,除了图 5.37 中虚线框内的部分外,其余部分的结构都是相同的。

图 5.38 是用起保停电路设计的自动程序,M220 ~ M224 用起保停电路控制。X10 为 0时,(非手动工作方式)执行自动程序;反之,将跳过自动程序。

1)单步与非单步的区分:

系统工作在连续、单周期(非单步)工作方式时,X11 的常闭触点接通,使"转换允许"辅助继电器 M110 为 1 状态,串在各起保停电路的起动电路中的 M110 的常开触点接通,允许步与步之间的转换。

如果系统处于单步工作方式,X11 为 1 状态,它的常闭触点断开,"转换允许"辅助继电器 M110 在一般情况下处于 0 状态,不允许步与步之间的转换。设系统处于初始状态,M220 为 1状态,按下起动按钮 X0 后,M110 变为 1 状态,使 M221 的起动电路接通,系统进入装料步。放开起动按钮 X0 后,M110 马上变为 0 状态。在装料步,Y2 和 T0 的线圈"通电",开始装料;10 s后,T0 定时时间到,其常闭触点断开,使 Y2 的线圈"断电",停止装料。T0 的常开触点闭合后,如果没有按起动按钮,X0 和 M110 处于 0 状态,步 M222 的起动电路不会接通。一直要等到按下起动按钮,M110 变为 1 状态(没有保持功能),其常开触点接通,T0 的常开触点才会使 M222的线圈"通电"并自保持,系统由装料步进入右行步。以后在完成某一步的操作后,都必须按一次起动按钮,系统才能进入下一步。

2)单周期与连续的区分:

在单周期和连续工作方式,X11 的常闭触点闭合,使 M110 的线圈"通电",各起保停电路的起动电路中 M110 的常开触点闭合。

单周期和连续工作方式主要用"连续"标志 M200 来区分。

在连续工作方式,X13 为 1 状态。在初始状态按下起动按钮 X0,"连续"标志 M200 的线圈"通电"并自保持。在单周期工作方式,因为 X13 为 0 状态,在初始状态按下起动按钮 X0,

"连续"标志 M200 的线圈不会"通电"。

假设选择的是单周期工作方式,在初始步时按下起动按钮 X0,在 M221 的起动电路中,M220,X0 和 M110 的常开触点均接通,使 M221 的线圈"通电",系统进入装料步;Y2 的线圈亦"通电",开始装料;同时 T0 的线圈"通电",开始延时。10 s 后,T0 的延时时间到,其常开触点闭合,使 M222 的线圈"通电",小车右行。以后,系统将这样一步一步地工作下去。当小车在步 M224 返回装料处时,X4 为 1 状态,因为此时不是连续工作方式,M200 处于 0 状态,转换条件 $\overline{M200}$·X4 满足,系统返回并停留在初始步 M220。按一次起动按钮,系统只工作一个顺序功能图中的一个周期。

在连续工作方式,X13 为 1 状态。在初始状态按下起动按钮 X0,M221 变为 1 状态,开始装料。与此同时,"连续"标志 M200 的线圈"通电"并自保持,以后的工作过程与单周期工作方式相同。当小车在步 M224 返回装料处时,X4 为 1 状态,因为 M200 为 1 状态,转换条件 M200·X4 满足,系统将返回装料步,反复连续地工作下去。按下停止按钮 X1 后,M200 变为 0 状态,但是系统不会立即停止工作。在完成一个工作周期的全部操作后,小车在步 M224 返回装料处,X4 为 1 状态,转换条件 $\overline{M200}$·X4 满足,系统才会返回并停留在初始步。

图 5.38 中控制初始步 M220 的起保停电路如果放在控制第 2 步 M221 的起保停电路之前,在单步工作方式,在步 M224 为活动步时按下起动按钮 X0,返回步 M220 后,M221 的起动条件满足,将马上进入步 M221。在单步工作方式,这样连续跳两步是不允许的。将控制 M221 的起保停电路放在控制 M220 的起保停电路之前以及转换允许标志 M110 的线圈之后,可以解决这一问题。在图 5.38 中,控制 M110 的是起动按钮 X0 的上升沿检测触点。在步 M224 按一

次起动按钮,M110 仅 ON 一个扫描周期。它使 M220 的线圈通电后,下一个扫描周期处理控制 M221 的起保停电路时,M110 已经变为 OFF,所以不会使 M221 变为 ON。要等到下一次按起动按钮 X0 时,M221 才会变为 ON。

在图 5.38 右边的输出电路中,T0,T1,X3 和 X4 的常闭触点是为单步工作方式设置的。以右行为例,当小车碰到右限位开关 X3 后,与右行步对应的辅助继电器 M222 不会马上变为 0 状态,如果 Y0 的线圈不与 X3 的常闭触点串联,小车不能停在卸料处,还会继续右行,可能造成重大事故。

(2)使用置位复位指令的编程方法

与使用起保停电路的编程方法相比,用置位复位指令设计的梯形图的总体结构、手动程序、公用程序和自动程序中的输出电路完全相同。M220 ~ M224 仍然用来代表各步,用图 5.39 中的梯形图来取代图 5.38 中 M200,M110,M220 ~ M224 的控制电路。由于控制置位和复位的各串联电路中都有 M110 的常开触点,为了简化电路,使用了 M110 的主控触点。M110 与 M200 的控制电路与图 5.38 中的相同。

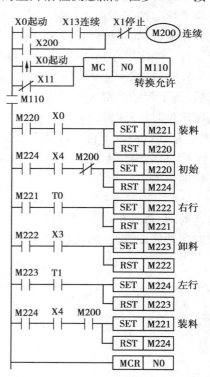

图 5.39 用置位复位指令设计的梯形图

图 5.39 中对 M220 置位(SET)的电路应放在对 M221 置位和对 M220 复位的电路的后面;否则,在单步工作方式下从步 M224 返回步 M220 时,会马上进入步 M221。

习 题

5.1 设计出题 4.1 中交通灯控制系统的梯形图。

5.2 设计出题 4.3 中小车控制系统的梯形图。

5.3 设计出题 4.5 中压力机控制系统的梯形图。

5.4 设计出题 4.6 中组合机床动力头控制系统的梯形图。

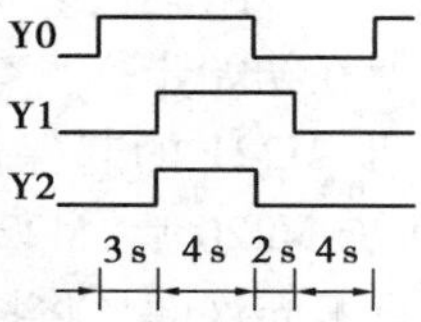

图 5.40 题 5.5 的图 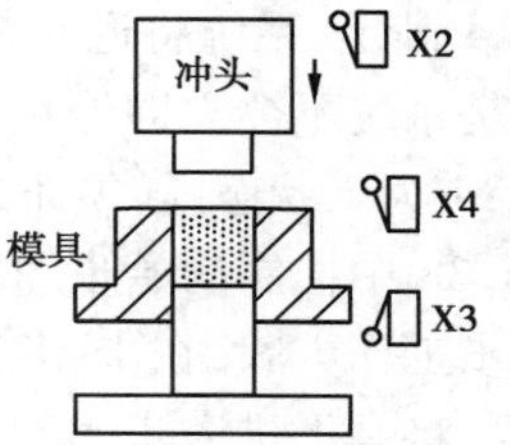　　　　　　　　图 5.41 题 5.6 的图

5.5 按下起动按钮 X0 后,某 PLC 控制系统的 3 个输出信号按图 5.40 中的波形周期性连续变化。按下停止按钮时,如果系统正处在各输出均为 0 状态的阶段(延时时间为 4 s),系统停止运行;如果按停止按钮时系统处在别的阶段则继续运行,直到进入延时 4 s 的阶段才停止运行。画出顺序功能图,设计出梯形图程序。

5.6 粉末冶金制品压制机在初始状态时,冲头和模具在最上面(见图 5.41),装好金属粉末后,按下起动按钮 X0,Y0 变为 ON,冲头下行。将粉末压紧后,压力继电器 X1 为 1 状态,开始保压延时。5 s 后,Y1 变为 ON,冲头上行。上限位开关 X2 变为 1 状态时,冲头停止上行,Y2 变为 ON,模具下行。碰到下限位开关 X3 时,停止下行。工人取走成品后,按下按钮 X5,Y3 变为 ON,模具上行。限位开关 X4 变为 1 状态时,系统返回初始状态。画出顺序功能图,设计出梯形图。

5.7 图 5.42 中的三条运输带顺序相连,按下起动按钮,3 号运输带开始运行,5 s 后 2 号自动起动,再过 5 s 后 1 号自动起动。停机的顺序与起动的顺序刚好相反,间隔仍然为 5 s。画出顺序功能图,设计出梯形图程序。

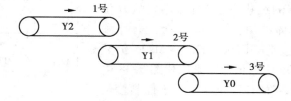

图 5.42 题 5.7 的图

5.8 如果要求题 5.7 中的系统在按下停止按钮后立即断开所有的输出继电器,并停留在

该状态,试画出顺序功能图,设计出梯形图。

5.9　液体混合装置如图 5.43 所示。X0 ~ X2 用于输入液位传感器的信号,它们被液体淹没时为 1 状态,Y0 ~ Y2 用于控制电磁阀。开始时,容器是空的,各阀门均关闭,各传感器均为 0 状态。按下起动按钮 X3 后,Y0 变为 ON,阀 A 打开,液体 A 流入容器。液面到达中限位时,X0 变为 1 状态,关闭阀 A;Y1 变为 ON,打开阀 B,液体 B 流入容器。液面到达上限位时,X1 变为 1 状态,关闭阀 B;Y2 变为 ON,电动机 M 开始运行,搅动液体。30 s 后,停止搅动,Y3 变为 ON,打开阀 C,放出液体。当液面降至下限位(X2 变为 0 状态)之后再过 5 s,容器放空,关闭阀 C,开始下一周期的操作。按下停止按钮 X4,在当前工作周期的操作结束后,才停止操作,停在初始状态。画出系统的顺序功能图,并设计出梯形图程序。

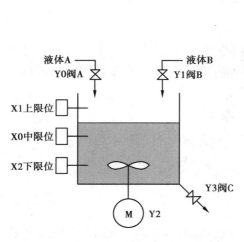

图 5.43　题 5.9 的图

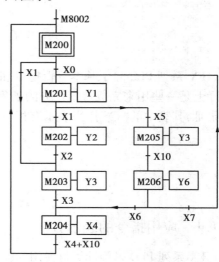

图 5.44　题 5.10 ~ 题 5.12 的图

5.10　用 SET,RST 指令设计出图 5.44 对应的梯形图。

5.11　用起保停电路设计图 5.44 对应的梯形图。

5.12　用 STL 指令设计图 5.44 对应的梯形图,将 M200 和 M201 ~ M206 分别改为 S0 和 S21 ~ S26。

5.13　将状态改为辅助继电器,用以转换为中心的编程方法设计图 5.8 对应的梯形图。

5.14　按题 5.13 的要求,用起保停电路的编程方法进行设计。

第 **6** 章
FX 系列 PLC 的应用指令

FX 系列 PLC 除了基本逻辑指令和步进梯形指令外,还有很多应用指令。某些应用指令实际上是一些用来完成特定任务的子程序,FX_{1S},FX_{1N},FX_{2N} 和 FX_{2NC} 可以使用的应用指令详见附录Ⅲ,其表中的"○"用来表示有相应的应用指令。

6.1 应用指令概述

6.1.1 应用指令的表示方法

FX 系列 PLC 采用计算机通用的助记符形式来表示应用指令。一般用指令的英文名称或缩写作为助记符,例如图 6.1 中的指令助记符 MEAN(平均值)用来表示取平均值的指令。当图 6.1 中 X0 的常开触点接通时,执行的操作为[(D0)+(D1)+(D2)]/3→D30,即求 D0,D1 和 D2 的平均值,结果送到目标寄存器 D30。

有的应用指令没有操作数,但大多数应用指令有 1~4 个操作数,图 6.1 中的[S]表示源(source)操作数,[D]表示目标(destination)操作数。如果可以使用变址功能,则表示为[S·]和[D·]。如果源或目标不止一个,可以表示为[S1],[S2],[D1]和[D2]等。用 n 或 m 表示其他操作数,它们常用来表示常数,或作为源操作数和目标操作数的补充说明。需要注释的项目较多时,可以采用 m1,m2 等方式。

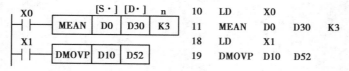

图 6.1　应用指令举例

应用指令的指令助记符占一个程序步,每个 16 位操作数和 32 位操作数分别占 2 个和 4 个程序步。

用编程软件输入图 6.1 中的应用指令 MEAN 时,点击工具栏中的按钮 **{}** 后,输入 MEAN D0 D30 K3,操作数之间用空格分隔开,K3 用来表示十进制常数 3。

98

（1）数据长度

图 6.1 中,助记符 MOV 之前的"D"（double）表示处理 32 位双字数据,这时相邻的两个元件组成元件对,该指令将 D10 和 D11 中的数据传送到 D52 和 D53。处理 32 位数据时,为了避免出现错误,建议使用首地址为偶数的操作数。没有"D"时,表示处理 16 位数据。

（2）脉冲执行与连续执行

图 6.1 中,MOV 后面的"P"（pulse）表示脉冲执行,即仅在 X1 由 OFF（0 状态）→ON（1 状态）时执行一次。如果没有"P",在 X1 为 ON 的每个扫描周期指令都要被执行,称为连续执行。某些指令（例如加 1 指令 INC、减 1 指令 DEC 和数据交换指令 XCH）一般应采用脉冲执行方式。如果不需要每个周期都执行指令,使用脉冲方式可以缩短处理时间。符号"D"和"P"可以同时使用。

用编程软件输入图 6.1 中的第 2 条应用指令时,点击按钮 ﹛﹜ 后,直接输入"DMOVP　D10 D52",指令和各操作数之间用空格分隔。

在附录Ⅲ的表中可以查到各条应用指令是否可以处理 32 位数据和使用脉冲执行功能。表中的"○"用来表示有相应的功能。

（3）变址寄存器

FX 系列有 16 个变址寄存器 V0 ~ V7 和 Z0 ~ Z7。在传送、比较指令中,变址寄存器 V,Z 用来修改操作对象的元件号,循环程序中常使用变址寄存器。

[S·]和[D·]表示有变址功能。对于 32 位指令,V 为高 16 位,Z 为低 16 位。32 位变址指令只需指定 Z,这时 Z 就能代表 V 和 Z。在 32 位指令中,V,Z 自动组对使用。

图 6.2 中的各触点接通时,常数 10 送到 V0,常数 20 送到 Z1,ADD 指令完成运算（D5V0）+（D15Z1）→D40Z1,即（D15）+（D35）→D60。

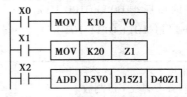

图 6.2　变址寄存器的使用

【例 6.1】　用变址寄存器实现查表功能。

某发电机在计划发电时每个小时有一个有功功率给定值,从 0 时开始,这些给定值依次存放在 D100 ~ D123 中,共 24 个字。读取实时钟的日期和时间值后,小时值（即表内的偏移量）存放在 D10 中,下面是使用变址寄存器的查表程序:

```
LDP      X0              //在 X0 的上升沿
MOV      D10，Z0         //小时值传送到变址寄存器 Z0 内
MOV      D100Z0，D20     //取表中的数据,D100Z0 内即为当时的有功功率给定值
END
```

6.1.2　数据格式

（1）位元件与位元件的组合

位（bit）元件用来表示开关量的状态,例如常开触点的通、断,线圈的通电和断电,这两种状态分别用二进制数 1 和 0 来表示,或称为该编程元件处于 ON 或 OFF 状态。X,Y,M 和 S 为位元件。

FX 系列 PLC 用 KnP 的形式表示连续的位元件组,每组由 4 个连续的位元件组成,P 为位元件的首地址,n 为组数（n = 1 ~ 8）。例如 K2M0 表示由 M0 ~ M7 组成的两个位元件组,M0

为数据的最低位(首位)。16 位操作数时 n = 1 ~ 4, n < 4 时高位为 0;32 位操作数时 n = 1 ~ 8, n < 8 时高位为 0。

建议在使用成组的位元件时, X 和 Y 的首地址的最低位为 0, 例如 X0, X10, Y20 等。对于 M 和 S, 首地址可以采用能被 8 整除的数, 也可以采用最低位为 0 的地址作首地址, 例如 M32 和 S50 等。

应用指令中的操作数可能取 K(十进制常数), H(十六进制常数), KnX, KnY, KnM, KnS, T, C, D, V 和 Z。

(2)字元件

一个字由 16 个二进制位组成, 字元件用来处理数据, 例如定时器和计数器的当前值寄存器和数据寄存器 D 都是字元件, 位元件 X, Y, M 和 S 等也可以组成字元件来进行数据处理。PLC 可以按以下的方式存取字数据:

1)二进制补码:

在 FX 系列 PLC 内部, 数据以二进制(BIN)补码的形式存储, 所有四则运算和加 1、减 1 运算都使用二进制数。二进制补码的最高位(第 15 位)为符号位, 正数的符号位为 0, 负数的符号位为 1, 最低位为第 0 位。第 n 位二进制数为 1 时, 该位对应的十进制数为 2^n。以 16 位二进制数 0000 0100 1000 0110 为例, 对应的十进制数为

$$2^{10} + 2^7 + 2^2 + 2^1 = 1\ 158$$

最大的 16 位二进制正数为 0111 1111 1111 1111, 对应的十进制数为 32 767。

将负数的各位逐位取反后加 1, 得到其绝对值。以负数 1111 1011 0111 1010 为例, 将它逐位取反后得 0000 0100 1000 0101, 加 1 后得 0000 0100 1000 0110, 对应的十进制数为 1 158, 所以 1111 1011 0111 1010 对应的十进制数为 −1 158。

表 6.1　不同进制的数的表示方法

十进制数	八进制数	十六进制数	二进制数	BCD 码	十进制数	八进制数	十六进制数	二进制数	BCD 码
0	0	0	00000	0000 0000	9	11	9	01001	0000 1001
1	1	1	00001	0000 0001	10	12	A	01010	0001 0000
2	2	2	00010	0000 0010	11	13	B	01011	0001 0001
3	3	3	00011	0000 0011	12	14	C	01100	0001 0010
4	4	4	00100	0000 0100	13	15	D	01101	0001 0011
5	5	5	00101	0000 0101	14	16	E	01110	0001 0100
6	6	6	00110	0000 0110	15	17	F	01111	0001 0101
7	7	7	00111	0000 0111	16	20	10	10000	0001 0110
8	10	8	01000	0000 1000	17	21	11	10001	0001 0111

2)十六进制数:

多位二进制数读写起来很不方便, 为了解决这个问题, 可以用十六进制数来表示多位二进制数。十六进制数使用 16 个数字符号, 即 0 ~ 9 和 A ~ F, A ~ F 分别对应于十进制数 10 ~ 15, 十六进制数采用逢 16 进 1 的运算规则。

4 位二进制数可以转换为 1 位十六进制数, 例如二进制数 1010 1110 0111 0101 可以转换为十六进制数 AE75。

3）BCD 码：

BCD（Binary Coded Decimal）码是按二进制编码的十进制数。每位十进制数用 4 位二进制数来表示，0~9 对应的二进制数为 0000~1001，各位 BCD 码（十进制数）之间采用逢十进 1 的运算规则。以 BCD 码 1001 0110 0111 0101 为例，对应的十进制数为 9 675，最高的 4 位二进制数 1001 实际上对应于 9 000。16 位 BCD 码对应于 4 位十进制数，允许的最大数字为 9 999，最小的数字为 0 000。从 PLC 外部的数字拨码开关输入的数据是 BCD 码，PLC 送给外部的七段显示器的数据一般也是 BCD 码。

（3）科学计数法与浮点数

科学计数法和浮点数可以用来表示整数或小数，包括很大的数和很小的数。

1）科学记数法：

在科学记数法中，数字占用相邻的两个数据寄存器字（例如 D0 和 D1），D0 中是尾数，D1 中是指数，数据格式为尾数 $\times 10^{\text{指数}}$。其尾数是 4 位 BCD 整数，范围为 0，1 000~9 999 和 -1 000~-9 999，指数的范围为 -41~+35。例如小数 24.567 用科学计数法表示为 2 456 × 10^{-2}。科学计数法格式不能直接用于运算，常用于监视接口中数据的显示。在 PLC 内部，尾数和指数都按 2 的补码处理，它们的最高位为符号位。

使用应用指令 EBCD 和 EBIN 可以实现科学计数法格式与浮点数格式之间的相互转换。

2）浮点数格式：

浮点数由相邻的两个数据寄存器字组成，例如 D11 和 D10，D10 中的数是低 16 位。在 32 位中，尾数占低 23 位（b0~b22 位，最低位为 b0 位），指数占 8 位（b23~b30 位），最高位（b31 位）为浮点数的符号位。

$$浮点数　=（尾数）\times 2^{\text{指数}}$$

因为尾数为 23 位，与科学计数法相比，浮点数的精度有很大的提高，其尾数相当于 6 位十进制数。浮点数的表示范围为 $\pm 1.175 \times 10^{-38} \sim \pm 3.403 \times 10^{38}$。

使用应用指令 FLT 和 INT，可以实现整数与浮点数之间的相互转换。

6.1.3　怎样学习应用指令

用于开关量控制的基本逻辑指令（包括与定时器、内部计数器有关的指令）属于 PLC 最基本的指令，应用指令一般是指这些指令之外的指令。FX 系列的应用指令多达 100 多条，令初学者眼花缭乱。

应用指令可以分为下面几种类型：

①较常用的指令。例如跳转、子程序调用和返回、数据的传送与比较、四则运算和字逻辑运算等。

②与基本数据操作有关的指令。例如数据的移位、循环移位和数据的转换等。

③与 PLC 的高级应用有关的指令。例如与中断、高速计数、位置控制、闭环控制和通信有关的指令，有的因涉及一些专门的知识，可能需要阅读有关的书籍或教材才能正确地理解和使用它们。

④方便指令与外部 I/O 设备指令。有的指令用于相当特殊的场合，例如旋转工作台指令，一般的使用者很难用到它们。

⑤有的用于实现人机对话，例如数字的输入和显示。使用这类指令时，往往需要用户自制

硬件电路板,不但费事,而且很难保证可靠性,功能也很有限。现在的文本显示器和小型触摸屏的价格已经相当便宜,这类指令的实用价值已经不大。本书对不常用的应用指令只作简单的介绍。

应用指令的使用涉及很多细节问题,例如指令中每个操作数可以指定的软元件、是否可以使用 32 位操作数和脉冲执行方式、适用的 PLC 型号、对标志位的影响、是否有变址功能等。在三菱电机自动化(上海)有限公司的网站 http://www.mitsubishielectric-automation.cn/可以下载 FX 系列的中文编程手册,在编程手册中可以查阅应用指令的详细信息。

PLC 的初学者不必对应用指令逐条深入学习,首先可以浏览一下应用指令的分类、名称和基本功能,知道有哪些应用指令可供使用。学习应用指令时,应重点了解指令的基本功能和有关的基本概念,最好带着问题和编程任务学习应用指令。应通过读例程、编程序和调试程序,逐渐加深对应用指令的理解,在实践中提高编程能力。

6.2　程序流向控制指令

6.2.1　条件跳转指令

指针 P(Point)用于条件跳转和子程序调用。在梯形图中,指针放在左侧母线的左边。FX$_{1S}$有 64 点指针(P0 ~ P63),FX$_{1N}$,FX$_{2N}$ 和 FX$_{2NC}$ 有 128 点指针(P0 ~ P127)。

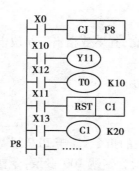

图 6.3　CJ 指令的使用

条件跳转指令 CJ(conditional jump,FNC00)用于跳过顺序程序中的某一部分,以控制程序的流程。当图 6.3 中的 X0 为 ON 时,程序跳到指针 P8 处;如果 X0 为 OFF,不执行跳转,程序按原顺序执行。跳转时,不执行被跳过的那部分指令。多条跳转指令可以使用相同的指针,使用跳转指令可以缩短扫描周期。

一般不要将指针放在对应的跳转指令之前,因为反复跳转的时间一旦超过监控定时器的设定时间,就会引起监控定时器出错。

一个指针只能出现一次,如果出现两次或两次以上,则会出错。用 M8000 的常开触点驱动的 CJ 指令,相当于无条件跳转指令,因为运行时 M8000 总是为 ON,跳转的条件总是满足的。

P63 是 END 所在的步序,在程序中不需要设置 P63。

设 Y,M 和 S 被 OUT,SET 和 RST 指令驱动,跳转期间即使驱动 Y,M 和 S 的电路状态改变了,它们仍保持跳转前的状态。例如图 6.3 中的 X0 为 ON 时,Y11 的状态不会随 X10 发生变化,因为此时根本没有执行这一行程序。

如果在跳转之前定时器和计数器的线圈开路,跳转期间即使 X12 和 X13 变为 ON,T0 和 C1 也不会工作。如果在跳转开始时定时器和计数器正在工作,在跳转期间它们将停止定时和计数,在 CJ 指令被复位(即 X0 变为 OFF,跳转条件变为不满足)后继续工作。

T192 ~ T199 和高速计数器 C235 ~ C255 如果在工作时跳转,则继续工作,输出触点也会动作。在跳转期间不执行应用指令,但是如果应用指令 PLSY(脉冲输出,FNC 57)和 PWM(脉冲宽度调制,FNC 58)在刚开始被 CJ 指令跳过时正在执行,跳转期间将继续工作。

如果从主令控制区的外部跳入其内部,不管它的主控触点是否接通,都把它当成接通来执行主令控制区内的程序。如果跳转指令和标号都在同一主令控制区内,主控触点没有接通时不执行跳转。

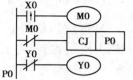

图 6.4 跳转指令的应用

若累计型定时器和计数器的 RST 指令在跳转区外,即使定时器和计数器的线圈被跳转,对它们的复位仍然有效。

【例 6.2】 用跳转指令设计用一个按钮 X0 控制 Y0 的电路,第一次按下按钮 Y0 变为 ON,第二次按下按钮 Y0 变为 OFF。

图 6.4 中的程序可以实现要求的功能。仅在 X0 的上升沿时 M0 为 1 状态,M0 的常闭触点断开,不满足跳转条件,执行与 Y0 有关的两条指令,将 Y0 的状态取反。

6.2.2 子程序调用与子程序返回指令

FX$_{1S}$ 的子程序调用指令 CALL(sub routine call, FNC01)的操作数为 P0 ~ P62,其他系列的操作数为 P0 ~ P127(不包括 P63),子程序返回指令 SRET (sub routine return, FNC02)无操作数。

仅在图 6.5 中的 X0 的上升沿执行"CALLP P11"指令,调用子程序 1,程序将跳到指针 P11 处。执行完子程序 1 中的 SRET 指令后,返回到"CALLP P11"指令的下一条指令。

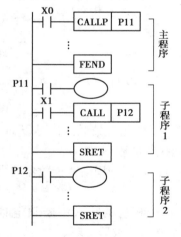

图 6.5 子程序的嵌套调用

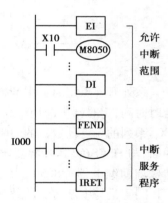

图 6.6 中断指令的使用

子程序应放在 FEND(主程序结束)指令之后,同一指针只能出现一次,CJ 指令中用过的指针不能用于 CALL 指令,不同位置的 CALL 指令可以调用同一指针的子程序。

在子程序中调用子程序称为嵌套调用,最多可以嵌套 5 级。在执行图 6.5 中的子程序 1 时,如果 X0 和 X1 同时为 ON,将执行"CALL P12"指令,程序跳到 P12 处,嵌套执行子程序 2。执行完子程序 2 中的 SRET 指令后,返回子程序 1 中"CALL P12"指令的下一条指令;执行第一条 SRET 指令后,返回主程序中"CALLP P11"指令的下一条指令。

因为子程序是间歇使用的,在子程序中使用的定时器应在 T192 ~ T199 和 T246 ~ T249 中选择。

6.2.3　中断指令与中断程序

FX 系列 PLC 的中断事件包括输入中断、定时中断和高速计数器中断。发生中断事件时，CPU 停止执行当前的工作，立即执行预先编写好的相应的中断程序，执行完后返回被中断的地方，继续执行正常的任务。这一过程不受 PLC 扫描工作方式的影响，因此使 PLC 能迅速响应中断事件。

中断返回指令 IRET（interruption return）、允许中断指令 EI（interruption enable）和禁止中断指令 DI（interruption disable）的应用指令编号分别为 FNC03 ~ FNC05，均无操作数。

PLC 通常处于禁止中断的状态，指令 EI 和 DI 之间的程序段为允许中断的区间，当程序执行到该区间时，如果中断源产生中断，CPU 将停止执行当前的程序，转去执行相应的中断子程序，执行到中断子程序中的 IRET 指令时，返回原断点，继续执行原来的程序。

中断程序从中断源对应的中断指针开始，到第一条 IRET 指令结束。中断程序应放在 FEND 指令之后，IRET 指令只能在中断程序中使用。

如果有多个中断信号依次出现，则优先级按出现的先后为序，出现越早的优先级越高。若同时出现多个中断信号，则中断指针号小的优先。

FX 系列有 6 个与 X0 ~ X5 对应的中断输入点，中断指针为 I□0□（见图 6.7），最低位为 0 时，表示下降沿中断；反之，为上升沿中断。最高位与 X0 ~ X5 的元件号相对应。

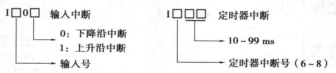

图 6.7　中断指针

FX$_{2N}$ 系列有 3 点定时器中断，对应的中断指针为 I6□□ ~ I8□□，最低两位是以 ms 为单位的定时时间，定时器中断用于高速处理或每隔一定的时间执行的程序。

FX$_{2N}$ 系列的 6 点计数器的中断指针为 I0□0（□ = 1 ~ 6），它们利用高速计数器的当前值产生中断，与 HSCS（高速计数器比较置位）指令配合使用。

特殊辅助继电器 M805△为 ON 时（△ = 0 ~ 8），禁止执行相应的输入中断和定时中断 I△□□（□□是与中断有关的数字）。M8059 ON 时，关闭所有的计数器中断。

执行一个中断子程序时，其他中断被禁止，在中断子程序中编入 EI 和 DI，可实现双重中断。如果中断信号在禁止中断区间出现，该中断信号被储存，并在 EI 指令之后响应该中断。不需要关中断时，只使用 EI 指令，可以不使用 DI 指令。

直接高速输入可以用于"捕获"窄脉冲信号。FX 系列 PLC 需要用 EI 指令来激活 X0 ~ X5 的脉冲捕获功能，捕获的脉冲状态分别存放在 M8170 ~ M8175 中。接收到脉冲后，相应的特殊辅助继电器 M 变为 ON，可以用捕获的脉冲来触发某些操作。

【例 6.3】　在 X2 的上升沿通过中断使 Y3 立即变为 ON，在 X3 的下降沿通过中断使 Y3 立即变为 OFF，编写出中断程序。

下面的指令表程序的开始部分为主程序，指令 FEND 表示主程序结束，FEND 指令之后是子程序或中断程序。中断程序以 IRET（中断返回）指令结束。

//主程序

EI		//允许中断
……		
FEND		//主程序结束
I201		//X2 上升沿中断程序
LD	M8000	
SET	Y3	//Y3 被置位
REF	Y0　　K8	//Y0 ~ Y7 被立即刷新
IRET		//中断程序结束
I300		//X3 下降沿中断程序
LD	M8000	
RST	Y3	//Y3 被复位
REF	Y0　　K8	//Y0 ~ Y7 被立即刷新
IRET		//中断程序结束
END		

【例 6.4】　用定时器中断设计彩灯控制程序,每 0.99 s 将 16 位彩灯循环右移一次。

在 PLC 上电时,用 M8002 的常开触点给彩灯置初值,将常数 H000F 送给 Y0 ~ Y17,使 Y0 ~ Y3 为 ON,其余的为 OFF。同时将中断次数计数器 D0 清 0,用 EI 指令允许中断。

定时器中断的最大定时时间(99 ms)小于彩灯移位的延时时间。中断指针为 I699,中断时间间隔为 99 ms。在中断指针 I699 开始的中断程序中,用 D0 作中断次数计数器,在中断程序中将 D0 加 1,然后用比较触点指令"LD ="判断 D0 是否等于 10。若相等(中断了 10 次)则将 Y0 ~ Y17 循环右移一位,同时将 D0 中的中断次数清零,彩灯移位的周期为 99 ms × 10 = 990 ms。用循环右移指令 ROR 实现 16 位彩灯的移位。

LD	M8002		//首次扫描
MOV	H000F	K4Y0	//置彩灯初值,低 4 位为 1,其余各位为 0
RST	D0		//复位中断次数计数器
EI			//允许中断
FEND			//主程序结束
I699			//99 ms 定时中断程序
LD	M8000		
INC	D0		//中断次数计数器加 1
LD =	K10	D0	//如果中断了 10 次
ROR	K4Y0	K1	//彩灯循环右移 1 位
RST	D0		//中断次数清零
IRET			//中断返回
END			

【例 6.5】　用输入中断程序和 0.1 ms 环形高速计数器 M8099 测量接在 X0 和 X1 端子上

105

的同一输入信号的脉冲宽度。

从同一输入端子输入的外部信号只能使用上升沿中断或下降沿中断,因此需要将被测信号同时接入 X0 和 X1,分别使用它们的上升沿中断和下降沿中断。

D8099 是一个环形计数器,内部计数脉冲的频率为 10 kHz。它的计数当前值从 0 增大到最大值 32 767 后再计一个脉冲,当前值变为 0,又开始下一轮计数。M8099 为 ON 时允许 D8099 计数,为 OFF 时禁止计数。在输入信号 X0 的上升沿执行的中断程序中起动 D8099 开始计数,在输入信号 X1 的下降沿中断程序读出以 0.1 ms 为单位的 D8099 的计数值。输入脉冲的宽度应小于 32 767 $\times$ 0.1 ms = 3.276 7 s,脉冲的边沿不能有抖动。

```
//主程序
EI
……
LD        M8000
OUT       M8099           //允许 D8099 工作
FEND


I001                      //X0 上升沿中断程序
LD        M8000
RST       D8099           //10 kHz 计数器清零
RST       Y0              //复位测量结束标志
IRET


I100                      //X1 下降沿中断程序
LD        M8000
MOV       D8099    D0     //测量值存入 D0
SET       Y0              //置位测量结束标志
IRET
END
```

6.2.4　其他指令

(1)主程序结束指令

主程序结束指令 FEND(first end, FNC06)无操作数,表示主程序结束和子程序或中断程序区的开始。执行到 FEND 指令时,PLC 进行输入输出处理、监控定时器刷新,完成后返回第 0 步。子程序和中断程序应放在 FEND 指令之后。CALL 指令调用的子程序必须用 SRET 指令结束,中断子程序必须以 IRET 指令结束。

使用多条 FEND 指令时,中断程序应放在最后的 FEND 指令和 END 指令之间。

(2)监控定时器指令

监控定时器指令 WDT(watch dog time,FNC07)无操作数。

监控定时器又称看门狗,在执行 FEND 和 END 指令时,监控定时器被刷新(复位),PLC 正常工作时的扫描周期小于它的定时时间。如果强烈的外部干扰使 PLC 偏离正常的程序执行路线,监控定时器不再被复位,定时时间到时,PLC 将停止运行,它上面的 ERROR 发光二极管亮。

监控定时器定时时间的默认值为 200 ms,可以通过修改 D8000 来设定它的定时时间。

当 PLC 的特殊 I/O 模块和通信模块的个数较多时,PLC 进入 RUN 模式时对这些模块的缓冲存储器的初始化时间较长,可能导致监控定时器动作。另外,如果执行大量的读/写特殊I/O 模块的 TO/FROM 指令,或向多个缓冲存储器传送数据时,也会导致监控定时器动作。在上述情况下,可以将 WDT 指令插入到适当的程序步中,以复位监控定时器。

如果 FOR-NEXT 循环程序的执行时间过长,可能超过监控定时器的定时时间,可以将 WDT 指令插入到循环程序中。

（3）循环指令

FOR 与 NEXT 之间的程序被反复执行,执行次数由 FOR 指令的源操作数设定。执行完后,执行 NEXT 后面的指令。

FOR 与 NEXT 指令总是成对使用的,FOR 指令应放在 NEXT 指令的前面,如果没有满足上述条件,或者 NEXT 指令放在 FEND 和 END 指令的后面,都会出错。

FOR（FNC08）指令用来表示循环区的起点,它的源操作数用来表示循环次数 $N(N = 1 \sim 32\ 767)$,可以取任意的数据格式。如果 N 为负数,当作 $N = 1$ 处理,循环可以嵌套 5 层。

NEXT（FNC09）是循环区终点指令,无操作数。

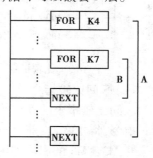

图 6.8 中的外层循环程序执行 4 次,每执行一次程序 A,就要执行 7 次程序 B,程序 B 一共要执行 28 次。利用循环中的 CJ 指令可跳出 FOR-NEXT 之间的循环体。

【例 6.6】 在 X1 的上升沿,将 D0 ~ D9 中的数据累加,结果保存在 D20 中,假设累加值不超过 16 位。

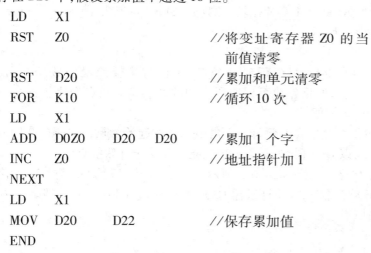

图 6.8 循环程序

```
LD      X1
RST     Z0                              //将变址寄存器 Z0 的当
                                          前值清零
RST     D20                             //累加和单元清零
FOR     K10                             //循环 10 次
LD      X1
ADD     D0Z0     D20     D20            //累加 1 个字
INC     Z0                              //地址指针加 1
NEXT
LD      X1
MOV     D20      D22                    //保存累加值
END
```

第一次循环时,Z0 = 0,D0Z0 为 D0;第二次循环时,Z0 = 1,D0Z0 为 D1。

6.3　比较、传送与数据变换指令

6.3.1　比较指令

比较指令包括 CMP(比较)和 ZCP(区间比较),比较结果用目标元件的状态来表示。源操作数[S1·]和[S2·]可以取任意的数据格式,目标操作数[D·]占用 3 点,可以取 Y,M 和 S。

(1)比较指令

比较指令 CMP(compare,FNC10)比较源操作数[S1·]和[S2·],比较的结果送到目标操作数[D·]中去。图 6.9 中的比较指令将十进制常数 100 与计数器 C10 的当前值比较,比较的结果对 M0~M2 的影响如图 6.9 所示。如果指定的元件种类或元件号超出允许范围时,将会出错。

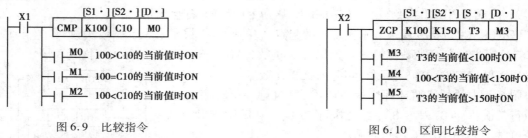

图 6.9　比较指令　　　　　　　　　　图 6.10　区间比较指令

(2)区间比较指令

区间比较指令的助记符为 ZCP(zone compare,FNC11)。图 6.10 中的 X2 为 ON 时,执行 ZCP 指令,将 T3 的当前值与常数 100 和 150 相比较,源数据[S1·]不能大于[S2·]。比较的结果对 M3~M5 的影响如图 6.10 所示。

(3)触点型比较指令

触点型比较指令(FUN224~246)相当于一个触点,执行时比较源操作数[S1·]和[S2·],满足比较条件则触点闭合,源操作数可以取所有的数据类型。触点型比较指令与比较指令的功能相同,使用更为简单方便。

以 LD 开始的触点型比较指令是接在左侧母线上的电路块的起始触点,以 AND 开始的触点型比较指令相当于串联触点,以 OR 开始的触点型比较指令相当于并联触点。

各种触点型比较指令的助记符和意义如表 6.2 所示。图 6.11 中 Y5 为 ON 与 D33 的值等于 20 时,Y10 被驱动。常数 6 849 小于 32 位计数器 C200 的当前值且 X0 为 ON,或者 D10 的值等于 300 时,M50 的线圈通电。

表 6.2　触点型比较指令

功能号	助记符	命令名称	功能号	助记符	命令名称
224	LD =	(S1)=(S2)时,运算开始的触点接通	236	AND < >	(S1)≠(S2)时,串联触点接通
225	LD >	(S1)>(S2)时,运算开始的触点接通	237	AND≤	(S1)≤(S2)时,串联触点接通
226	LD <	(S1)<(S2)时,运算开始的触点接通	238	AND≥	(S1)≥(S2)时,串联触点接通
228	LD < >	(S1)≠(S2)时,运算开始的触点接通	240	OR =	(S1)=(S2)时,并联触点接通
229	LD≤	(S1)≤(S2)时,运算开始的触点接通	241	OR >	(S1)>(S2)时,并联触点接通
230	LD≥	(S1)≥(S2)时,运算开始的触点接通	242	OR <	(S1)<(S2)时,并联触点接通
232	AND =	(S1)=(S2)时,串联触点接通	244	OR < >	(S1)≠(S2)时,并联触点接通
233	AND >	(S1)>(S2)时,串联触点接通	245	OR≤	(S1)≤(S2)时,并联触点接通
234	AND <	(S1)<(S2)时,串联触点接通	246	OR≥	(S1)≥(S2)时,并联触点接通

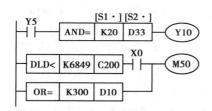

图 6.11　触点型比较指令

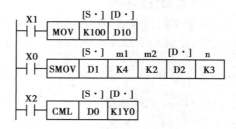

图 6.12　传送、移位传送与取反传送指令

6.3.2　传送指令

(1)传送指令

传送指令 MOV(move,FNC12)将源数据传送到指定目标,图 6.12 中的 X1 为 ON 时,常数 100 被传送到 D10,并自动转换为二进制数。

(2)移位传送指令

图 6.12 中的移位传送指令 SMOV(shift move,FNC13)将 D1 中的二进制源数据转换为 4 位 BCD 码,将其中的右起第 4 位(m1=4)开始的 2 位(m2=2)BCD 码(千位和百位),传送到目标操作数 D2 的右起第 3 位(n=3)和第 2 位中,并自动转换为二进制数。

(3)取反传送指令

取反传送指令 CML(complement,FNC14)将源元件中的数据逐位取反(1→0,0→1),并传送到指定目标。若源数据为常数 K,该数据会自动转换为二进制数,CML 用于 PLC 反逻辑输出时非常方便。图 6.12 所示的 CML 指令将 D0 的低 4 位取反后传送到 Y3~Y0 中。

(4)块传送指令

块传送指令 BMOV(block move,FNC15)将源操作数指定的元件开始的 n 个数据组成的数据块传送到指定的目标。如果元件号超出允许的范围,数据仅仅传送到允许的范围。

传送顺序是自动决定的,以防止源数据块与目标数据块重叠时源数据在传送过程中被改写。如果源元件与目标元件的类型相同,传送顺序如图 6.13 所示。

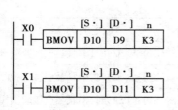
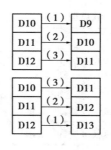

图 6.13　块传送

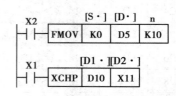

图 6.14　多点数据传送与数据交换

（5）**多点传送指令**

多点传送指令 FMOV（fill move,FNC16）用于将源元件中的数据传送到指定目标开始的 n 个元件中,n≤512。传送后,n 个元件中的数据完全相同。如果元件号超出允许的范围,数据仅仅送到允许的范围中。图 6.14 中的 X2 为 ON 时,将常数 0 传送到 D5～D14 这 10 个（n = 10）数据寄存器中。

（6）**数据交换指令**

数据交换指令 XCH（exchange,FNC17）交换两个目标元件中的数据,应采用脉冲执行方式,否则在每一个扫描周期都要交换一次。

6.3.3　数据变换指令

（1）**BCD 变换指令**

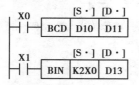

图 6.15　BCD 变换与 BIN 变换

BCD 变换指令（FNC18）将源元件中的二进制数转换为 BCD 码后送到目标元件中,如图 6.15 所示。如果指令执行的结果超过 0～9 999 的范围,将会出错。如果 DBCD 指令执行的结果超过 0～99 999 999 的范围,也会出错。

PLC 内部的算术运算用二进制数进行,可以用 BCD 指令将 PLC 中的二进制数转换为 BCD 码后输出到七段显示器。

（2）**BIN 变换指令**

BIN 变换指令（FNC19）将源元件中的 BCD 码转换为二进制数并送到目标元件中,如图 6.15所示。

可以用 BIN 指令将 BCD 数字拨码开关提供的设定值输入 PLC,如果源元件中的数据不是 BCD 码,将会出错。BCD 码的范围与 BCD 指令中的相同。

【**例 6.7**】　用两个拨码开关来设置定时器的时间,每个拨码开关用来输入一位 BCD 码,个位拨码开关接在 X0～X3,十位拨码开关接在 X4～X7,设定的时间以秒为单位。如果使用分辨率为 100 ms 的定时器,读取的二进制数应乘以 10。下面是实现这一功能的程序:

```
LDP    X11
BIN    K2X0    D0        //读取拨码开关的 BCD 码,转换为二进制数
MUL    K10     D0    D2  //乘以 10
LD     X10
OUT    T0      D2        //作为 100 ms 定时器 T0 的设定值
```

END

第 2 条指令将 X0 ~ X7 组成的 2 位 BCD 码转换为二进制数后,传送到数据寄存器 D0 中。

6.4　算术运算与字逻辑运算指令

6.4.1　算术运算指令

算术运算指令是整数运算用的指令。如果算术运算的运算结果为 0,零标志 M8020 置 1;运算结果超过 32 767(16 bit 运算)或 2 147 483 647(32 bit 运算),进位标志 M8022 置 1;运算结果小于 − 32 767(16 bit 运算)或 − 2 147 483 647(32 bit 运算),借位标志 M8023 置 1。

在 32 位运算中用到字编程元件时,被指定的字编程元件为低位字,下一个编程元件为高位字。为了避免错误,建议指定操作元件时采用偶数元件号。

若源元件和目标元件号相同,应采用脉冲执行的指令。

(1)加法指令

加法指令 ADD(addition,FNC20)将源元件中的二进制数相加,结果送到指定的目标元件。每个数据的最高位为符号位(0 为正,1 为负),加减运算为代数运算。图 6.16 中的 X0 为 ON 时,执行(D10) + (D12)→D14。

(2)减法指令

减法指令 SUB(subtraction,FNC21)将[S1・]指定的元件中的数减去[S2・]指定的元件中的数,结果送到[D・]指定的目标元件。在图 6.16 中 X1 的上升沿,执行(D1,D0) − 2358→(D1,D0)。

用脉冲执行的加、减指令来加/减 1,与脉冲执行的 INC(加 1)、DEC(减 1)指令的执行结果相同,其不同之处在于 INC 指令和 DEC 指令不影响零标志、借位标志和进位标志。

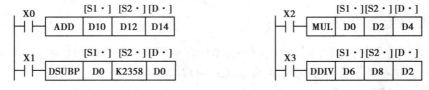

图 6.16　二进制算术运算指令

(3)乘法指令

16 位乘法指令 MUL(multiplication,FNC22)将源元件中的二进制数相乘,结果(32 位)送到指定的目标元件。图 6.16 中的 X2 为 ON 时,执行(D0) × (D2)→(D5, D4),即将 D0 和 D2 中的数相乘,乘积的低位字送到 D4,高位字送到 D5。每个数据的最高位为符号位(0 为正,1 为负)。目标位元件(例如 KnM)可以用 K1 ~ K8 来指定位数。如果用 K4 来指定位数,只能得到乘积的低 16 位。

32 位乘法运算指令 DMUL 用于字元件时,不能监控 64 位数据的内容。在这种情况下,建议采用浮点数运算。

(4)除法指令

除法指令 DIV(division,FNC23)用[S1·]指定被除数,[S2·]指定除数,商送到[D·]指定的目标元件,余数送到[D·]的下一个元件。图 6.16 中的 X3 为 ON 时,执行(D7, D6)÷(D9, D8),商送到(D3, D2),余数送到(D5, D4)。

若除数为 0 则出错,不执行该指令。若位元件被指定为目标元件,不能获得余数,商和余数的最高位为符号位。

(5)加 1 和减 1 指令

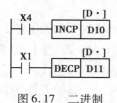

图 6.17 二进制
加 1、减 1 运算

加 1 指令 INC(increment)和减 1 指令 DEC(decrement)的应用指令编号分别为 FNC24 和 FNC25。图 6.17 中的 X4 每次由 OFF 变为 ON 时,由[D·]指定的元件中的数增加 1。如果不用脉冲指令,每一个扫描周期都要加 1。在 16 位运算中,32 767 再加 1 就变成 -32 768,但是标志不会动作。32 位运算时,+2 147 483 647 再加 1 就会变为 -2 147 483 648,但是标志不会动作。

【例 6.8】 例 8.2 中计算温度的公式为 $T = \dfrac{34 N}{40} - 400$,编写出实现温度计算的程序。假设温度转换值 N 存放在 D10 内。

FX 的 16 位乘法的乘积为 32 位的双字。N 为最大值 4 000 时,$34N = 136\,000$,超过了一个字能表示的最大正数(32 767),因此应采用双字除法。因为商不会大于 32 767,可以使用 16 位减法运算。

```
LDP      X0                        //在 X0 的上升沿
MUL      K34     D10     D12       //乘积在 D12 和 D13 内
DDIV     D12     K40     D14       //商在 D14 和 D15 内
SUB      D14     K400    D16       //减去 400
END
```

6.4.2　字逻辑运算指令

字逻辑运算指令包括 WAND(字逻辑与)、WOR(字逻辑或)、WXOR(字逻辑异或)和 NEG(求补)指令,它们的应用指令编号分别为 FNC26 ~ FNC29。

字逻辑与、字逻辑或、字逻辑异或(Exclusive Or)指令以位(bit)为单位作相应的运算。与、或运算的规则详见表 2.1。两个输入字的同一位不同(一个为 1,一个为 0)时,异或运算的运算结果的对应位为 1,反之为 0。

表 6.3　字逻辑运算举例

源操作数 S1	0101 1001 0011 1011
源操作数 S2	1111 0100 1011 0101
"与"的结果	0101 0000 0011 0001
"或"的结果	1111 1101 1011 1111
"异或"的结果	1010 1101 1000 1110

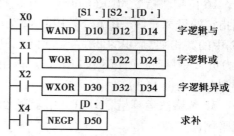

图 6.18　字逻辑运算指令

求补(NEG,Negation)指令将[D·]指定的数的每一位取反后该数再加 1,结果存于同一元件,求补指令实际上是绝对值不变的变号操作。

FX 系列 PLC 的负数用二进制补码的形式来表示,最高位为符号位,正数时该位为 0,负数时该位为 1,将负数求补后得到它的绝对值。

【例 6.9】　在 X0 的上升沿,将 Y0 ~ Y3 置为 0,将 Y4 和 Y5 置为 1,Y0 ~ Y17 中其他输出点的状态保持不变。

```
LDP      X0                            //在 X0 的上升沿
WAND     K4Y0    HFFF0    K4Y0    //将 Y0 ~ Y3 置为 0,HFFF0 的第 0 位 ~ 第 3 位为 0
WOR      K4Y0    H0030    K4Y0    //将 Y4 和 Y5 置为 1,H0030 的第 4 位和第 5 位为 1
END
```

【例 6.10】　判断一个字中有哪些位发生了变化。

两个相同的字异或运算后,运算结果的各位均为 0。假设 D5 和 D6 中是相邻两次采集的16 位数字量的值,对它们异或运算后的结果如果不是全 0,说明有的位的状态发生了变化。状态发生了变化的位的异或结果为 1。

```
LDP      X0                      //在 X0 的上升沿
WXOR     D5      D6      D10
LD < >   D10     K0              //如果异或运算的结果非零
SET      M0                      //将 M0 置位为 1
END
```

6.5　循环移位与移位指令

6.5.1　循环移位指令

(1)循环移位指令

右、左循环移位指令的指令助记符分别为 ROR(rotation right)和 ROL (rotation left),应用指令编号分别为 FNC30 和 FNC31,它们只有目标操作数。

执行这两条指令时,各位的数据向右(或向左)循环移动 n 位,最后一次移出来的那一位同时存入进位标志 M8022 中(见图 6.19 和图 6.20)。若在目标元件中指定位元件组的组数,则只有 K4(16 位指令)和 K8(32 位指令)有效,例如 K4Y10 和 K8M0。

图 6.19　右循环　　　　　　　　　　　图 6.20　左循环

【例6.11】 设计循环移位的16位节日彩灯的控制程序,移位的时间间隔为1 s,首次扫描时设置彩灯的初值。用X2改变移位的方向,X2为OFF时循环右移1位,为ON时循环左移1位。

下面是实现上述要求的程序,T0用来产生周期为1 s的移位脉冲序列。

LD	M8002		//首次扫描时
MOV	H050F	K4Y0	//为彩灯设置初始值
LDI	T0		
OUT	T0	K10	//产生周期为1 s的移位脉冲
LD	T0		//移位时间到
AND	X2		//且X2为ON
ROL	K4Y0	K1	//彩灯循环左移1位
LD	T0		//移位时间到
ANI	X2		//且X2为OFF
ROR	K4Y0	K1	//彩灯循环右移1位
END			

（2）带进位的循环移位指令

带进位的右、左循环移位指令的指令助记符分别为 RCR(rotation right with carry)和 RCL(rotation left with carry),它们的应用指令编号分别为 FNC32 和 FNC33。

执行这两条指令时,各位的数据与进位位 M8022 一起向右(或向左)循环移动 n 位(见图6.21 和图6.22)。若在目标元件中指定位元件组的组数,则只有 K4(16 位指令)和 K8(32 位指令)有效。

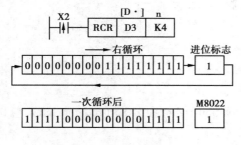

图6.21 带进位的右循环

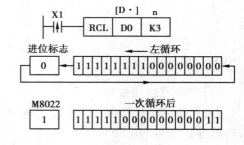

图6.22 带进位的左循环

6.5.2 移位指令

（1）位右移和位左移指令

位右移 SFTR(shift right)指令与位左移 SFTL(shift left)指令的应用指令编号分别为 FNC34 和 FNC35。它们使位元件的状态成组地向右或向左移动,由 n1 指定位元件组的长度,n2 指定移动的位数,对于 FX_{2N},$n2 \leqslant n1 \leqslant 1\ 024$。

图6.23 中的 X10 由 OFF 变为 ON 时,位右移指令按以下顺序移位:M2～M0 中的数溢出,M5～M3→M2～M0,M8～M6→M5～M3,X2～X0→M8～M6。

图6.24 中的 X11 由 OFF 变为 ON 时,位左移指令按以下顺序移位:M8～M6 中的数溢出,M5～M3→M8～M6,M2～M0→M5～M3,X2～X0→M2～M0。

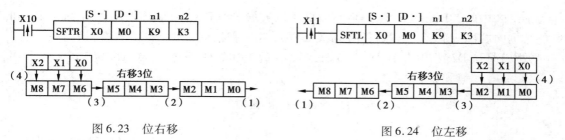

图 6.23　位右移

图 6.24　位左移

(2)字右移和字左移指令

字右移 WSFR（word sift right）指令、字左移 WSFL（word shift left）指令的编号分别为 FNC36 和 FNC37。它们以字为单位,将 n1 个字右移或左移 n2 个字(n2≤n1≤512)。

图 6.25 中的 X0 由 OFF 变为 ON 时,字右移指令按以下顺序移位:D2 ~ D0 中的数溢出, D5 ~ D3→D2 ~ D0,D8 ~ D6→D5 ~ D3,T2 ~ T0→D8 ~ D6。

图 6.26 中的 X10 由 OFF 变为 ON 时,字左移指令按以下顺序移位:D8 ~ D6 中的数溢出, D5 ~ D3→D8 ~ D6,D2 ~ D0→D5 ~ D3,T2 ~ T0→D2 ~ D0。

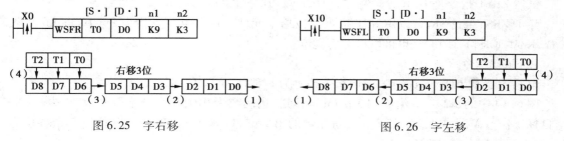

图 6.25　字右移

图 6.26　字左移

6.5.3　先入先出写入与读出指令

(1)先入先出写入指令

FIFO(first in first out,先入先出)写入指令 SFWR(shift register write)的应用指令编号为 FNC38。

图 6.27 中的 X0 由 OFF 变为 ON 时,源操作数 D0 中的数据写入 D2,而 D1 变成了指针, 其初值被置为 1(D1 必须先清零)。以后,如果 X0 再次由 OFF 变为 ON,D0 中新的数据写入 D3,D1 中的数变为 2,以此类推,源操作数 D0 中的数据依次写入数据寄存器。

数据由最右边的寄存器 D2 开始顺序存入,源数据写入的次数存入 D1。当 D1 中的数达 到 n - 1 后不再执行上述处理,进位标志 M8022 置 1。

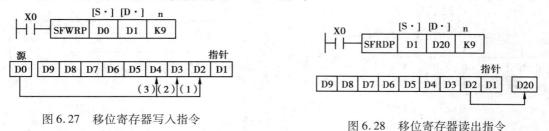

图 6.27　移位寄存器写入指令

图 6.28　移位寄存器读出指令

(2)先入先出读出指令

FIFO 读出指令 SFRD(shift register read)的应用指令编号为 FNC39。

图 6.28 中的 X0 由 OFF 变为 ON 时,D2 中的数据送到 D20,同时指针 D1 的值减 1,D3 到 D9 的数据向右移一个字。若执行连续指令 SFRD,每一扫描周期数据都要右移一个字。

数据总是从 D2 读出,指针 D1 为 0 时,不再执行上述处理,零标志 M8020 置 1。

6.6 数据处理指令

(1)区间复位指令

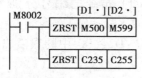

图 6.29 区间复位

区间复位指令 ZRST(zone reset,FNC40)将[D1·]和[D2·]指定的元件号范围内的同类元件成批复位(见图 6.29)。

[D1·]和[D2·]指定的应为同一类元件,[D1·]的元件号应小于[D2·]的元件号。如果[D1·]的元件号大于[D2·]的元件号,则只有[D1·]指定的元件被复位。

虽然 ZRST 指令是 16 位处理指令,[D1·],[D2·]也可以指定 32 位计数器。

除了 ZRST 指令外,可以用 RST 指令复位单个元件。用多点写入指令 FMOV 将 K0 写入 KnY,KnM,KnS,T,C 和 D,也可以将它们复位。

(2)解码指令

解码指令 DECO(decode)的应用指令编号为 FNC41,n = 1 ~ 8。

图 6.30 中的 X2 ~ X0 组成的 3 位(n = 3)二进制数为 010,相当于十进制数 3($2^1 = 2$),由目标操作数 M7 ~ M0 组成的 8 位二进制数的第 2 位 M2 被置 1(M0 为第 0 位),其余各位为 0。如果源数据全零,则 M0 置 1。

若[D·]指定的目标元件是字元件 T,C,D,应使 n≤4,目标元件的每一位都受控;若[D·]指定的目标元件是位元件 Y,M,S,应使 n≤8。n = 0 时,不做处理。

利用解码指令,可以用数据寄存器中的数值来控制位元件的 ON/OFF。

【例 6.12】 用编码指令和触摸屏上的指示灯显示错误信息。

假设错误诊断程序给出的 4 位错误代码在 D5 中,用来表示 16 个不会同时出现的错误,通过 PLC 的 M40 ~ M55,用触摸屏上的 16 个指示灯来显示这些错误。如果 D5 中的错误代码为 6,解码指令"DECO D5 K4M40 K4"将 M40 ~ M55 中的第 6 位(即 M46)置 1。

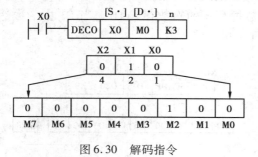

图 6.30 解码指令

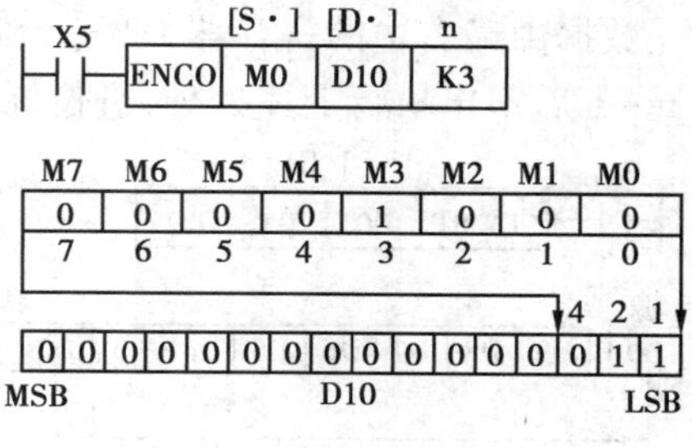

图 6.31 编码指令

(3)编码指令

编码指令 ENCO(encode)的应用指令编号为 FNC42。图 6.31 中的 n = 3,编码指令将源元件 M7 ~ M0 中为 1 的 M3 的位数 3 编码为二进制数 011,并送到目标元件 D10 的低 3 位。若指定的源元件中为 1 的位不止一个,只有最高位的 1 有效。若指定的源元件中所有位均为 0,则出错。

当[S·]指定的源操作数是字元件 T,C,D,V 和 Z 时,应使 n≤4;当[S·]指定的源操作数是位元件 X,Y,M 和 S 时,应使 n = 1 ~ 8,目标元件可以取 T,C,D,V 和 Z。

解码/编码指令在 n = 0 时不做处理。若在 DECO 指令中[D·]指定的元件和 ENCO 指令中[S·]指定的元件是位元件,在 n = 8 时,点数为 2^8 = 256。当执行条件 OFF 时,指令不执行,编码输出保持不变。

【例 6.13】　用解码指令和触摸屏上的信息显示单元来显示错误信息。

设某系统的 8 个错误对应于 M10 ~ M17(K2M10),地址越高的元件对应的错误的优先级越高。编码指令"ENCO K2M10 D2 K3"将 M10 ~ M17 中地址最高的为 1 状态的位在这 8 位中的位数写入 D2。设仅有 M13 为 1 状态,M13 在这 8 位中的位数为 3,指令执行完后写入 D2 中的数为错误代码 3。在触摸屏中,可以用 8 状态的信息显示单元来显示 8 条错误信息,用 D2 中的数字来控制显示那一条信息。

(4)求置 ON 位总数指令

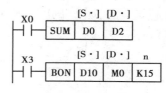

图 6.32　ON 位总数与 ON 位差别指令

位元件的值为"1"时称为 ON,求置 ON 位总数指令 SUM (FNC43,见图 6.32)用于统计源操作数 D0 中为 ON 的位的个数,并将它送入目标操作数 D2。若 D0 的各位均为"0",则零标志 M8020 置 1。如果使用 32 位指令,目标操作数的高位字为 0。

(5)ON 位判别指令

ON 位判别指令 BON(bit on check,FNC44)用来检测指定元件中的指定位是否为"1"。若图 6.32 中源操作数 D10 的第 15 位(n = 15)为 ON,则目标操作数 M0 变为 ON。即使 X3 变为 OFF,M0 的状态仍保持不变。

(6)报警器置位指令

报警器置位指令 ANS(annunciator set,FNC46)的源操作数为 T0 ~ T199,目标操作数为 S900 ~ S999,m = 1 ~ 32 767(以 100 ms 为单位)。

若图 6.33 中的 X0 为 ON 的时间超过 1 s(m = 10),状态 S900 置 1,若 X0 变为 OFF,定时器复位而 S900 保持为 ON。若 X0 在 1 s 内变为 OFF,定时器复位。

(7)报警器复位指令

报警器复位指令 ANR(annunciator reset,FNC47)无操作数。若图 6.33 中的 X1 变为 ON,S900 ~ S999 之间被置 1 的报警器复位,若超过 1 个报警器被置 1,则元件号最低的那一个报警器被复位。若 X1 再次 ON,下一地址的信号报警器被复位。

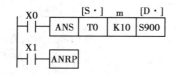

图 6.33　报警器置位与复位指令

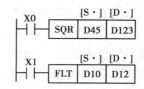

图 6.34　平方根与浮点数转换指令

(8)平均值指令

平均值指令 MEAN(FNC45)用来求 n 个源操作数的代数和被 n 除的商,余数略去(见图

117

6.1),n = 1 ~ 64。若元件超出指定的范围,n 的值会自动缩小,只求允许范围内元件的平均值。

(9)二进制平方根指令

平方根指令 SQR(square root,FNC48)的源操作数[S·]应大于零。图 6.34 中的 X0 变为 ON 时,将存放在 D45 中的数开平方,结果存放在 D123 内。运算结果舍去小数,只取整数。

(10)二进制整数→二进制浮点数转换指令

二进制整数→二进制浮点数转换指令 FLT(float,FNC49)的源操作数和目标操作数均为 D。图 6.34 中的 X1 变为 ON 时,该指令将存放在源操作数 D10 中的数据转换为浮点数,将它存放在目标寄存器 D13 和 D12 中。

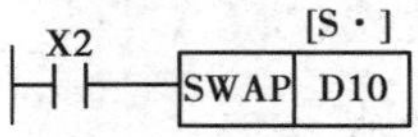

图 6.35　高低字节交换指令

(11)高低字节交换指令

高低字节交换指令 SWAP 的应用指令编号为 FNC147。

一个字由 8 位二进制数组成。16 位运算时,该指令交换源操作数的高字节和低字节;32 位运算时,如果指定的源操作数为 D20,先交换 D20 的高字节和低字节,再交换 D21 的高字节和低字节。

6.7　高速处理指令

6.7.1　与输入输出有关的指令

(1)输入输出刷新指令

输入输出刷新指令 REF(refresh,FNC50)的目标操作数是最低位为 0 的 X 和 Y 元件,例如 X10 和 Y20 等,n 应为 8 的整倍数。

FX 系列 PLC 使用 I/O 批处理的方法,即输入信号是在程序处理之前成批读入到输入映像寄存器的,而输出数据是在执行 END 指令后由输出映像寄存器通过输出锁存器送到输出端子的。REF 指令用于在某段程序处理时读入最新信息,或将操作结果立即输出。

若图 6.36 中的 X0 为 ON,X10 ~ X17 这 8 点输入(n = 8)被刷新。输入数字滤波器的响应延迟时间约 10 ms,若在 REF 指令执行之前 10 ms,X10 ~ X17 已经变为 ON,执行该指令时 X10 ~ X17 的映像寄存器变为 ON。

图 6.36 中的 X1 为 ON 时,Y0 ~ Y27 一共 24 点输出被刷新,输出映像寄存器的内容送到输出锁存器,在输出继电器的响应时间之后应该为 ON 的输出触点接通。

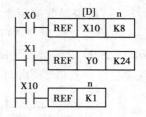

图 6.36　输入输出刷新

可以将 REF 指令放在 FOR-NEXT 循环中,或放在输入中断程序中。

(2)刷新和滤波时间常数调整指令

刷新和滤波时间常数调整指令 REFF(refresh and filter adjust,FNC51)用来刷新 X0 ~ X17,并指定它们的输入滤波时间常数 n(n = 0 ~ 60 ms)。图 6.36 中的 X10 为 ON 时,FX$_{2N}$ 中 X0 ~ X17 的输入映像寄存器被刷新,它们的滤波时间常数被设定为 1 ms(n = 1)。

为了防止输入噪声的影响,PLC 的输入端有 RC 滤波器,滤波时间常数约为 10 ms,无触点的电子固态开关没有抖动噪声,可以高速输入。对于这一类输入信号,PLC 输入端的 RC 滤波器影响了高速输入的速度。FX 系列 PLC 的 X0 ~ X17 输入端采用数字滤波器,滤波时间可以用 REFF 指令调整,调节范围为 0 ~ 60 ms,这些输入端也有 RC 滤波器,其滤波时间常数不小于 50 μs。

X0 ~ X7 用做高速计数输入、用于 FNC56 速度检测指令 SPD,或者用做中断输入时,输入滤波器的滤波时间自动设置为 50 μs。

(3) 矩阵输入指令

矩阵输入指令 MTR(matrix,FNC52)的源操作数是最低位为 0 的输入继电器,目标操作数[D1] 是最低位为 0 的输出继电器,目标操作数[D2] 是最低位为 0 的 Y,M 和 S,n = 2 ~ 8。它只有 16 位运算,MTR 指令只能使用一次。

利用 MTR 指令,可以用连续的 8 点输入与 n 点输出组成 n 行 8 列的输入矩阵(见图 6.37)。矩阵输入占用由[S] 指定的输入号开始的 8 个输入点,并占用由[D1] 指定的输出号开始的 n 个晶体管输出点。图 6.37 中的 3 个输出点(Y0 ~ Y2)反复顺序接通。Y0 为 ON 时读入第一行输入的状态,存于 M30 ~ M37;Y1 为 ON 时读入第二行的输入状态,存于 M40 ~ M47,余类推,如此反复执行(见图 6.38)。

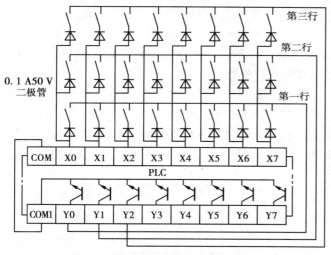

图 6.37 矩阵输入接线图

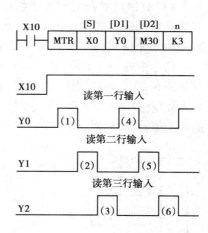

图 6.38 时序图

对于每一个输出,其 I/O 指令采用中断方式,立即执行,间隔时间为 20 ms,允许输入滤波器的延迟时间为 10 ms。

利用 MTR 指令,只用 8 个输入点和 8 个输出点,就可以输入 64 个输入点的状态。但是读一次 64 个输入点所需的时间为 20 ms × 8 = 160 ms,所以不适用于需要快速响应的系统。如果用 X0 ~ X17 做输入点,每行的输入时间可以缩短到约 10 ms,64 点的输入时间减少到约 80 ms。

6.7.2 高速计数器指令

高速计数器(C235 ~ C255)用来对外部输入的高速脉冲计数,高速计数器指令包括高速计数器比较置位指令 HSCS、高速计数器比较复位指令 HSCR 和高速计数器区间比较指令 HSZ。

前两条指令的源操作数[S1·]可以取所有的数据类型,[S2·]为 C235~C255,目标操作数可以取 Y,M 和 S。

(1)高速计数器比较置位指令

高速计数器比较置位指令 HSCS(set by high speed counter)的应用指令编号为 FNC53。

高速计数器的当前值达到预置值时,[D·]指定的输出用中断方式立即动作。图 6.39 中 C255 的设定值为 100([S1·] = 100),其当前值由 99 变为 100 或由 101 变为 100 时,Y10 立即置 1,不受扫描时间的影响。

DHSCS 指令的目标操作数[D·]可以指定为 I0□0(□=1~6)。[S2·]指定的高速计数器的当前值等于[S1·]指定的设定值时,执行[D·]指定的标号为 I0□0 的中断程序。

图 6.39 高速计数器比较置位与比较复位指令

(2)高速计数器比较复位指令

HSCR(reset by high speed counter)是高速计数器比较复位指令。图 6.39 中 C254 的当前值由 199 变为 200([S1] = 200),或由 201 变为 200 时,用中断方式使 Y20 立即复位。

(3)高速计数器区间比较指令

高速计数器区间比较指令 HSZ(zone compare for high speed counter,FNC55)为 32 位运算,有三种工作模式:标准模式、多段比较模式和频率控制模式。

指令中的[S·]可以取 C235~C255,目标操作数[D·]可以取 Y,M 或 S 三个连续的元件,例如图 6.40 中的目标操作数指定的是 Y10,Y11 和 Y12。图中的 X10 为 OFF 时,C251 和Y10~Y12 被复位。当 X10 为 ON 且 C251 的当前值 <1 000 时,Y10~Y12 中仅 Y10 为 ON;1 000≤C251 的当前值≤1 200 时,仅 Y11 为 ON;C251 的当前值 >1 200 时,仅 Y12 为 ON。计数、比较和外部

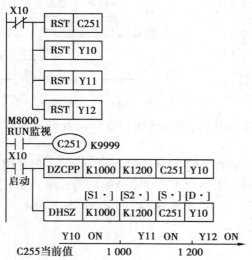

图 6.40 高速计数器的区间比较

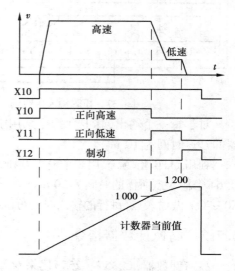

图 6.41 高速低速制动控制

输出均以中断方式进行,HSZ 指令仅在脉冲输入时才能执行,所以其最初的驱动可以用区间比较指令 ZCP 来控制。Y10,Y11 和 Y12 可以用来控制高速、低速和制动（见图 6.41）。

6.7.3 速度检测与脉冲输出指令

(1) 速度检测指令

速度检测指令 SPD(speed detect,FNC56) 的源操作数[S1·]为 X0 ~ X5,用来检测给定时间内从编码器输入的脉冲个数,并计算出速度。[S1·]用来指定计数脉冲输入点(X0 ~ X5),[S2·]用来指定计数时间(以 ms 为单位),[D·]用来指定计数结果的存放处,占用 3 个元件。

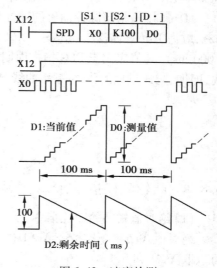

图 6.42 中用 D1 对 X0 输入的脉冲上升沿计数,100 ms 后计数结果送到 D0,D1 中的当前值复位,重新开始对脉冲计数。D2 中是剩余的时间。D0 的值与转速成正比:

$$n = 60 \times (D0) \times 10^3/t$$

式中 n 为转速,(D0) 为 D0 中的数,t 为[S2·]指定的计数时间(ms)。

SPD 指令中用到的输入不能用于其他高速处理。

(2) 脉冲输出指令

脉冲输出指令 PLSY(pulse output,FNC57) 的[D·]为 Y1 和 Y2,该指令只能使用一次。

图 6.42 速度检测

PLSY 指令用于产生指定数量和频率的脉冲。[S1·]用来指定脉冲频率(2 ~ 20 000 Hz),[S2·]用来指定产生的脉冲个数,16 位指令的脉冲数范围为 1 ~ 32 767,32 位指令的脉冲数范围为 1 ~ 2 147 483 647。若指定脉冲数为 0,则持续产生脉冲。[D·]用来指定脉冲输出元件的元件号,只能指定晶体管输出型 PLC 的 Y0 或 Y1。脉冲的占空比为 50%,以中断方式输出。图 6.43 若改为 DPLSY(32 位指令),脉冲数由(D0,D1)来指定。指定脉冲数输出完后,指令执行完成标志 M8029 置 1;X10 由 ON 变为 OFF 时,M8029 复位,脉冲输出停止;X10 再次变为 ON 时,脉冲重新开始输出。在发出脉冲串期间若 X10 变为 OFF,Y0 也变为 OFF。

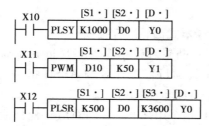

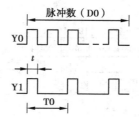

图 6.43 脉冲输出与脉宽调制指令

(3) 脉宽调制指令

脉宽调制指令 PWM(pulse width modulation,FNC58) 只能用于晶体管输出型 PLC 的 Y0 或

Y1,该指令只能使用一次。

PWM 指令用于产生指定脉冲宽度和周期的脉冲串。[S1·]用来指定脉冲宽度($t = 10 \sim 32\ 767$ ms),[S2·]用来指定脉冲周期(T0 = $1 \sim 32\ 767$ ms),[S1·]应小于[S2·],[D·]用来指定输出脉冲的元件号(Y0 或 Y1),输出的 ON/OFF 状态用中断方式控制。

图 6.43 中 D10 的值从 $0 \sim 50$ 变化时,Y0 输出的脉冲的占空比从 $0 \sim 1$ 变化。X11 变为 OFF 时,Y1 也 OFF。

(4)带加减速功能的脉冲输出指令

带加减速功能的脉冲输出指令 PLSR(pulse r,FNC59)只能用于晶体管输出型 PLC 的 Y0 或 Y1(见图 6.43)。该指令只能使用一次。

[D·]用来指定脉冲输出的元件号(Y0 或 Y1)。[S1·]用来指定最高频率($10 \sim 20\ 000$ Hz),应为 10 的整倍数。[S2·]用来指定总的输出脉冲。[S3·]用来设定加减速时间($0 \sim 5\ 000$ ms),其值应大于 PLC 扫描周期最大值(D8012)的 10 倍。加减速的变速次数固定为 10 次,即加、减速过程的脉冲-频率曲线分别为有 10 个阶梯的阶梯波。

6.8 方便指令

6.8.1 凸轮顺控指令

(1)绝对值式凸轮顺控指令

绝对值式凸轮顺控指令 ABSD(absolute drum,FNC62)的[S2·]为 C,目标操作数[D·]可以取 Y,M 和 S,$1 \leqslant n \leqslant 64$。

ABSD 指令用来产生一组对应于计数值变化的输出波形,输出点的个数由 n 指定。在图 6.44 的程序中,有 4 个输出点(n = 4)用 M0 ～ M3 来控制。对应于旋转工作台旋转一周期间,M0 ～ M3 的 ON/OFF 状态变化是受凸轮通过 X1 提供的角度位置脉冲(1°/脉冲)控制的。从 D300 开始的 8 个(2n = 8)数据寄存器用来存放 M0 ～ M3 的开通点(由 OFF→ON)和关断点(由 ON→OFF)的位置值。用 MOV 指令将开通点数据存入 D300 ～ M307 中的奇数单元,关断点数据存入偶数单元。例如 M0 的开通点和关断点分别受 D300 和 D301 的控制,M1 的开通点和关断点分别受 D302 和 D303 的控制,等等。若 X0 为 OFF,各输出点的状态不变。该指令只能使用一次。

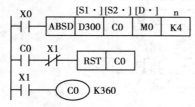

图 6.44 绝对值式凸轮顺控指令

(2)增量式凸轮顺控指令

增量式凸轮顺控指令 INCD(increment drum,FNC63)的源操作数和目标操作数与 ABSD 指令的相同,$1 \leqslant n \leqslant 64$,该指令只能使用一次。

INCD 指令用来产生一组对应于计数值变化的输出波形。在图 6.45 的程序中,有 4 个输出点(n = 4)用 M0 ～ M3 来控制,它们的 ON/OFF 状态受凸轮提供的脉冲个数控制。从 D300 开始的 4 个(n = 4)数据寄存器用来存放使 M0 ～ M3 处于 ON 状态的脉冲个数,可以用 MOV 指令将它们写入 D300 ～ D303,图 6.45 中 D300 ～ D303 的值分别为 20,30,10

和 40。

CO 的当前值依次达到 D300～D303 中的设定值时自动复位,然后又重新开始计数,段计数器 C1 用来计复位的次数,M0～M3 按 C1 的值依次动作。由 n 指定的最后一段完成后,完成标志 M8029 置 1,以后又重复上述过程。若 X0 为 OFF,C0 和 C1 复位(当前值清零),同时 M0～M3 变为 OFF,X0 再为 ON 后重新开始运行。

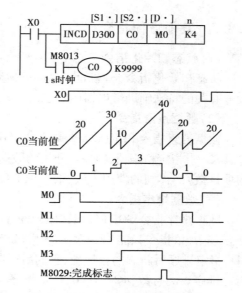

图 6.45　增量式凸轮顺控指令

6.8.2　定时器指令

(1)示教定时器指令

示教定时器指令 TTMR(teaching timer,FNC64)的目标操作数[D·]为 D,n = 0～2。使用 TTMR 指令可以用一只按钮调整定时器的设定时间。

图 6.46 中的示教定时器用 D301 记录按钮 X10 按下的时间(单位为 s),乘以系数 10^n 后作为定时器的预置值存入 D300。X10 为 OFF 时,D301 复位,D300 保持不变。

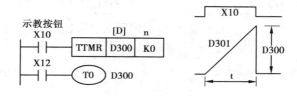

图 6.46　示教定时器

(2)特殊定时器指令

特殊定时器指令 STMR(special timer,FNC65)的源操作数[S·]为 T0～T199(100 ms 定时器),目标操作数[D·]可以取 Y,M 和 S,m = 1～32 767。

特殊定时器指令用来产生延时断开定时器、单脉冲定时器和闪动定时器。m 用来指定定时器的设定值,图 6.47 中 T10 的设定值为 10 s(m = 100)。图中 M0 是延时断开定时器,M1 是 X0 由 ON→OFF 的单脉冲定时器,M2 和 M3 是为闪动而设置的。

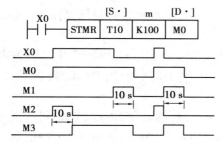

图 6.47　特殊定时器

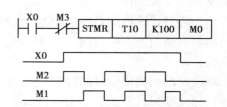

图 6.48　闪动定时器

图 6.48 中的 M1 和 M2 产生闪动输出。X0 为 OFF 时,M0,M1 和 M2 在设定的时间后变为 OFF,T10 同时复位。在别的程序中不要使用这里用到的定时器。

6.8.3 其他方便指令

（1）状态初始化指令

状态初始化指令 IST（initial state，FNC60）与 STL 指令一起使用，用于自动设置初始状态和设置有关的特殊辅助继电器的状态。

（2）数据搜索指令

数据搜索指令 SER（data search，FNC61）用于查找一个指定的数据，[S1·]指定表的首地址，[S2·]指定检索值，[D·]开始的数据区用来存放搜索结果，n 用来指定表的长度（即搜索的项目数）。详细的使用方法，请参见 FX 系列的编程手册。

（3）数据排序指令

数据排序指令 SORT（sort，FNC69）将数据按指定的内容重新排列，数据被排列后存放于一个新表中，该指令只能用一次。[S]指定表的首地址（即要排序的表的第一项内容的地址），[D]指定排序后新表的首地址，它们后面应有足够的空间来存放整张表的内容。m1 = 1 ~ 32，指定排序表的行数；m2 = 1 ~ 6，指定排序表的列数。n = 1 ~ m2，指定对表中哪一列的数据进行排序。图 6.49 中的 X2 由 OFF 变为 ON 时，SORT 指令将按 D15 指定的列号，根据该列数据从小到大的顺序，将各行重新排列，结果存入以 D200 为首地址的新表内。

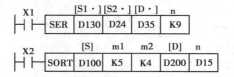

图 6.49　数据搜索与数据排序指令　　　　图 6.50　交替输出指令

（4）交替输出指令

交替输出指令 ALT（alternate，FNC66）的目标操作数[D·]可以取 Y，M 和 S。

每当图 6.50 中的 X0 由 OFF 变为 ON 时，Y0 的状态改变一次，若用连续 ALT 指令（指令中没有 P），在 X0 为 ON 时每个扫描周期 Y0 的状态都要改变一次。ALT 指令具有分频器的效果。使用交替输出指令，用 1 只按钮 X0 就可以控制外部负载 Y0 的起动和停止。

X6 为 ON 时，图 6.50 中的 T2 产生周期等于其设定值（0.5 s）的脉冲列信号，脉冲宽度为一个扫描周期，ALTP 指令对该脉冲列分频，Y1 输出周期为 1 s、占空比为 0.5 的方波脉冲。

（5）斜坡信号输出指令

斜坡信号输出指令 RAMP 的应用指令编号为 FNC67。它的源操作数和目标操作数[D·]为 D，n = 1 ~ 32 767。

预先将斜坡输出信号的初始值和最终值分别写入 D1 和 D2，X0 为 ON 时 D3 中的数据即从初始值逐渐地变为最终值，变化的全过程所需的时间为 n 个扫描周期，用 D4 保存已经扫描的次数。

将设定的扫描周期时间（稍长于实际扫描周期）写入 D8039，然后令 M8039 置 1，PLC 进入恒值扫描周期运行方式。如果扫描周期的设定值为 20 ms，图 6.51 中 D3 的值从 D1 的值变到 D2 的值所需的时间为 20 ms × 1 000 = 20 s。

若在斜坡输出过程中 X0 变为 OFF，则停止斜坡输出，D3 的值保持不变。此后若 X0 再次接通，D3 清零，斜坡输出重新从 D1 的值开始进行。输出达到 D2 的值时，标志 M8029 置 1。

若在 X0 为 ON 时进入 RUN 模式,且 D4 有断电保持功能,应在开始运行前清 D4。

若保持标志 M8026 为 ON 状态,斜坡输出为保持方式,其最终值可以保持(见图 6.51)。若保持标志为 OFF,斜坡输出为重复方式,D3 达到 D2 的值后恢复为 D1 的值,重复斜坡输出。

RAMP 指令与模拟量输出结合可以实现软起动和软停止。

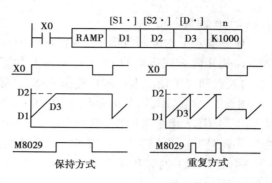

图 6.51　斜坡信号输出

(6)旋转工作台控制指令

旋转工作台控制指令 ROTC 的应用指令编号为 FNC68,用于使工作台上被指定的工件以最短的路径转到出口位置。具体的使用方法请参见 FX 系列的编程手册。

6.9　外部 I/O 设备指令

6.9.1　数据输入指令

(1)10 键输入指令

10 键输入指令 TKY(ten key,FNC70)只能使用一次。图 6.52 用 X0 做首元件,10 个键接在 X0～X11 上。假设以图 6.52 中(1),(2),(3),(4)的顺序按数字键,则[D1·]中存入数据 2130(见图 6.52)。若送入的数大于 9 999,高位数溢出并丢失,数据以二进制形式存于 D0。

按下 X2 对应的键后,M12 置 1 至另一键被按下,其他键亦一样,M10～M19 的动作对应于 X0～X11。任一键按下,键信号标志 M20 置 1,直到该键放开。两个或更多的键按下时,最先按下的键有效。X30 变为 OFF 时,D0 中的数据保持不变,M10～M20 全部变为 OFF。

使用 32 位指令 DTKY 时,如果输入的数据大于 99 999 999,高位数据溢出。

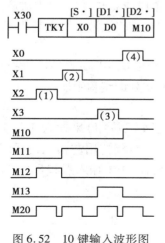

图 6.52　10 键输入波形图

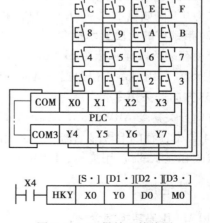

图 6.53　16 键输入接线图

（2）16 键输入指令

16 键输入十六进制数指令 HKY(hex decimal key,
FNC71)用矩阵方式排列的 16 个键来输入 BCD 数字和 6 个功能键 A ~ F 的状态,占用 PLC 的
4 个输入点和 4 个输出点。源操作数为 X,目标操作数[D1]为 Y。

图 6.53 中的 HKY 指令输入的数字 0 ~ 9 999 以二进制数的方式存放在 D0 中,大于 9 999
时溢出。DHKY 指令可以在 D0 和 D1 中存放数字 0 ~ 99 999 999。按下任意一个数字键时 M7
置 1(不保持)。功能键 A ~ F 与 M0 ~ M5 相对应,按下任意一个功能键时 M6 置 1(不保持)。

X4 变为 OFF 时,D0 保持不变,M0 ~ M7 全部 OFF。扫描全部 16 键需要 8 个扫描周期,该
指令只能使用一次。

按下 A 键,M0 置 1 并保持,再按下 D 键则 M0 置 0,M3 置 1 并保持,余类推。同时按下多
个键时,先按下的有效。将 M8167 置 ON,可以输入十六进制数 0 ~ FH。

HKY 指令与 PLC 的扫描定时器同步工作,键扫描完成需要 8 个扫描周期,为了防止键输
入的滤波延迟造成的存储错误,建议使用恒定扫描方式及定时器中断处理。

（3）数字开关指令

数字开关指令 DSW (digital switch)的应用指令编号为 FNC72,源操作数为 X,目标操作数
[D1·]为 Y,该指令可以使用两次。

DSW 指令用于读入一组或两组 4 位 BCD 码数字开关(或称拨码开关)的设置值。占用 4
个输出点,4 个或 8 个输入点。具体的使用方法请参见 FX 系列的编程手册。

6.9.2　数字译码输出指令

（1）七段译码指令

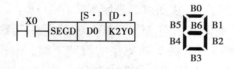

图 6.54　七段译码指令

七段译码指令 SEGD(seven segment decoder)的编
号为 FNC73。源操作数[S·]指定的元件的低 4 位
(只用低 4 位)对应的十六进制数被译码后,通过目标
元件驱动七段显示器。译码信号保存在[D·]指定的
元件中,[D·]的高 8 位不变。图 6.54 中七段显示器
的 B0 ~ B6 分别对应于[D·]的最低位(第 0 位)~ 第 6 位。某段应亮时,[D·]中对应的位为
1,反之为 0。例如显示数字"0"时,B0 ~ B5 均为 1,B6 为 0,[D·]的值为十六进制数 3FH。

（2）带锁存的七段显示指令

带锁存的 7 段显示指令 SEGL(seven segment with latch,FNC74)用 12 点输出来控制两组
七段显示器,每组显示 4 位数据。具体的使用方法请参见 FX 系列的编程手册。

（3）方向开关指令

方向开关指令 ARWS(arrow switch,FNC75)用方向开关(4 只按钮)来输入 4 位 BCD 数
据,用 4 位带锁存的七段显示器来显示当前输入的数据。输入数据时,用左移、右移开关来移
动要修改和显示的位,用加、减开关增减该位的数据。该指令占用 4 个输入点和 8 个输出点。

6.9.3　其他指令

（1）ASCII 码转换指令

ASCII 码转换指令 ASC (ASCII code,FNC76)适合于用外部显示单元来显示出错等信息。

源操作数是输入的最多 8 个字节的字母或数字。ASC 指令将字符变为 ASCII 码并存放在指定的元件中。

（2）ASCII 码打印指令

打印指令 PR（print，FNC77）用于 ASCII 码的打印输出，PR 指令和 ASC 指令配合使用，可以用外部显示单元显示出错信息等。

（3）读特殊功能模块指令

读特殊功能模块指令 FROM（FNC78）将编号为 m1 的特殊功能模块内编号为 m2 开始的 n 个缓冲存储器（BFM）的数据读入 PLC，并存入［D·］开始的 n 个数据寄存器中。m1 = 0 ~ 7，接在 FX 系列 PLC 基本单元右边扩展总线上的功能模块，从最靠基本单元的那个开始，其编号依次为 0 ~ 7。

m2 = 0 ~ 32 767，是特殊功能模块中缓冲存储器的首元件号。n = 1 ~ 32 767，是待传送数据的字数。32 位指令以双字为单位传送数据，指定的 BFM 为双字的低 16 位。

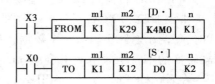

写特殊功能模块指令 TO（FNC79）的 m1，m2 和 n 的意义及取值范围与读特殊功能模块指令相同。

图 6.55　读/写特殊功能模块

图 6.55 中的 X0 为 ON 时，将 PLC 基本单元中从 D0 开始的 2 个字的数据写到编号为 1 的特殊功能模块中编号从 12 开始的 2 个缓冲存储器中。

M8028 为 ON 时，在 FROM 和 TO 指令执行过程中，禁止中断；在此期间发生的中断，在 FROM 和 TO 指令执行完后执行。

6.10　外部设备（SER）指令

外部设备（SER）指令（FNC80 ~ 89）包括与串行通信有关的指令、模拟量功能扩展板处理指令和 PID 运算指令。

6.10.1　与串行通信有关的指令

（1）串行通信指令

串行通信指令 RS（FNC80）是用于通信的功能扩展板发送和接收串行数据的指令。具体的使用方法将在 7.6 节中介绍。

（2）八进制位传送指令

八进制位传送指令 PRUN（FNC81）用于八进制数传送，图 6.56 中的 X30 为 ON 时，将 X0 ~ X17→M0 ~ M7 和 M10 ~ M17；X2 为 ON 时，将 M0 ~ M7→Y0 ~ Y7，M10 ~ M17→Y10 ~ Y17。

（3）HEX 转换为 ASCII 码的指令 ASCI

HEX 是十六进制数的缩写，ASCI 指令（FNC82）将［S·］中的 HEX 转换为 ASCII 码（见图 6.57）。M8161 为 OFF 时为 16 位模式，每 4 个 HEX 占一个数据寄存器，转换后每两个 ASCII 码占一个数据寄存器，转换的字符个数由 n 指定，n = 1 ~ 256。

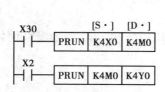

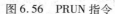

图 6.56　PRUN 指令

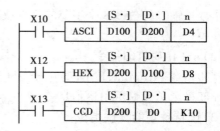

图 6.57　HEX 与 ASCII 转换指令

M8161 为 ON 时为 8 位模式,[S·] 中的 HEX 数据被转换为 ASCII 码,传送给 [D·] 的低 8 位,其高 8 位为 0。

(4) ASCII 转换为 HEX 的指令 HEX

指令 HEX(FNC83)将 [S·] 中的 ASCII 码转换为 4 位 HEX 数,传送给 [D·]。在 16 位模式时,每两个 ASCII 码占一个数据寄存器,每 4 个 ASCII 码转换后的 HEX 数占一个数据寄存器,转换的字符个数由 n 指定,n = 1 ~ 256。

在 8 位模式时,每个 ASCII 码占一个数据寄存器,转换后的十六进制数的存放方式与 16 位模式时相同。

(5) 校验码指令

校验码指令 CCD(check code,FNC84)将 [S·] 指定的 n 个字节的 8 位二进制数据求和并 "异或"(见图 6.57),和 BCD 码与异或的结果分别送到 [D·] 指定的 D0 和 D1。通信时,将求出的和与异或的结果随同数据发送出去,对方收到后对接收到的数据也做求和与异或运算,并判别接收到的和与异或的结果是否等于求出的,如果不等则说明数据传送出了错误。7.6 节给出了使用 CCD 指令的实例。

6.10.2　其他指令

(1) FX-8AV 模拟量功能扩展板读出指令

FX_{2N}-8AV-BD 是内置式 8 位 8 路模拟量功能扩展板,板上有 8 个小型电位器。读模拟量功能扩展板指令 VRRD(variable resistor read,FNC85)的源操作数是电位器的编号,取值范围为 0 ~ 7。

PLC 控制系统在运行过程中,常常需要修改一些系统的参数,最常见的是修改定时器的设定值。用 VRRD 指令读出的数据(0 ~ 255)与电位器的角度成正比。图 6.58 中的 X0 为 ON 时,读出 0 号模拟量的值([S·] = 0),送到 D0 后作为定时器 T0 的设定值。也可以用乘法指令将读出的数乘以某一系数后作为设定值。

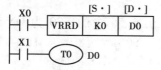

图 6.58　VRRD 指令

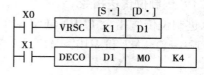

图 6.59　VRSC 指令

【例 6.14】　要求在输入信号 X0 的上升沿,用 FX_{1N} 的模拟电位器来设置定时器 T6 的设定值,定时范围为 5 ~ 20 s。

FX_{1N} 和 FX_{1S} 系列有两个内置的设置参数用的小电位器,"外部调节寄存器"D8030 和 D8031 的值(0 ~ 255)与小电位器的位置相对应。

要求从电位器读出的数字 0 ~ 255 对应于 5 ~ 20 s。对于 100 ms 的定时器 T6,0 ~ 255 对应于定时器的设定值 50 ~ 200。设从电位器读出的数字为 N,定时器的设定值为

$$\frac{N \times (200 - 50)}{255} + 50 = \frac{N \times 150}{255} + 50$$

下面是实现上述要求的指令表程序:

LDP	X0		
MUL	D8030	K150	D20
DDIV	D20	K255	D20
ADD	D20	K50	D22
LD	X1		
OUT	T0	D22	
END			

为保证运算的精度,应先乘后除。N 的最大值为 255,乘法运算的结果可能大于一个字能表示的最大正数 32 767,所以应使用 32 位除法指令 DDIV。除法运算的结果占用 D20 开始的 4 个数据寄存器。

(2)FX-8AV 模拟量功能扩展板开关设定指令

模拟量功能扩展板开关设定指令 VRSC(variable resistor scale,FNC86)将从模拟量功能扩展板的电位器读出的数四舍五入,整量化为 0 ~ 10 的整数值,存放在[D·]中,这时电位器相当于一个有 11 档的模拟开关。图 6.59 用模拟开关的输出值和解码指令 DECO 来控制 M0 ~ M10,用户可以根据模拟开关的刻度 0 ~ 10 来分别控制 M0 ~ M10 的 ON/OFF。该指令的源操作数和目标操作数与 VRRD 指令的相同。

(3)PID 指令

PID 指令(FNC88)用于模拟量闭环控制,其使用方法将在 8.2 节中详细介绍。

6.11　浮点数运算指令

6.11.1　二进制浮点数比较与转换指令

(1)二进制浮点数比较指令

二进制浮点数比较指令 ECMP(FNC110)的源操作数[S1·]和[S2·]可以取 K,H 和 D,目标操作数为 Y,M 和 S,占用 3 点,只有 32 位运算。

ECMP 指令用来比较源操作数[S1·]和[S2·],比较结果用目标操作数指定的元件的 ON/OFF 状态来表示(见图 6.60)。常数参与比较时,被自动转换为二进制浮点数。

(2)二进制浮点数区间比较指令

二进制浮点数区间比较指令 EZCP(FNC111)的源操作数可以取 K,H 和 D,目标操作数为 Y,M 和 S,占 3 点。只有 32 位运算,[S1·]应小于[S2·]。

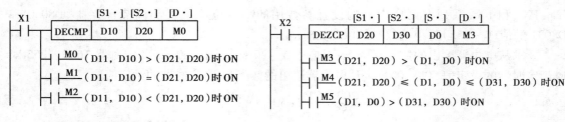

图 6.60　浮点数比较指令　　　　　图 6.61　浮点数区间比较指令

[S·]指定的浮点数与作为比较范围的源操作数[S1·]和[S2·]相比较,比较结果用目标操作数指定的元件的 ON/OFF 状态来表示(见图 6.61)。

(3)浮点数转换为十进制浮点数

二进制浮点数转换为十进制浮点数指令 DEBCD 的应用指令编号为 FNC118,源操作数[S·]和目标操作数[D·]均为 D。

该指令将源指定的单元内的二进制浮点数转换为十进制浮点数,并存入目标地址。图 6.62 中的 DEBCD 指令将 D20 和 D21 中的二进制浮点数转换为十进制浮点数后存入 D50 和 D51。在 PLC 内,浮点数运算全部用二进制浮点数的方式进行。由于人们不习惯二进制浮点数,可将它转换为十进制浮点数,再送给外部设备。

(4)十进制浮点数转换为二进制浮点数

十进制浮点数转换为二进制浮点数指令 DEBIN(FNC119)是 32 位指令,该指令将源操作数指定的单元内的十进制浮点数转换为二进制浮点数,并存入目标地址。

【例 6.15】　使用 DEBIN 指令可以将含有小数点的十进制数直接转换为二进制浮点数。下面的程序用来求 3.142 对应的二进制浮点数,运算结果在 D10 和 D11 中。

```
LDP       X2
MOV       K3142     D0
MOV       K-3       D1      //D0 和 D1 中为 3 142 × 10⁻³
DEBIN     D0        D10     //转换为二进制浮点数
END
```

(5)二进制浮点数转换为二进制整数

二进制浮点数转换为二进制整数指令 INT(FNC129)的源操作数[S·]和目标操作数[D·]均为 D,该指令将源指定的单元内的二进制浮点数舍去小数部分后转换为二进制整数,并存入目标地址。

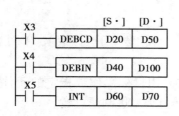

图 6.62　浮点数转换指令

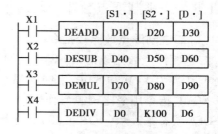

图 6.63　浮点数四则运算

6.11.2　二进制浮点数四则运算与函数运算指令

二进制浮点数四则运算指令(见图 6.63)的源操作数[S1·]和[S2·]可以取 K,H 和 D,目标操作数为 D,只有 32 位运算。运算影响标志位 M8020(零标志)、M8021(借位标志)和 M8022(进位标志)。常数参与运算时,被自动转换为二进制浮点数。源操作数和目标操作数如果是同一数据寄存器,应采用脉冲执行方式。

(1)二进制浮点数的加法指令

二进制浮点数加法指令 EADD(FNC120)将两个源操作数内的二进制浮点数相加,和存入目标操作数。浮点数运算的源操作数为常数时,自动转换为二进制浮点数。

(2)二进制浮点数的减法指令

二进制浮点数减法指令 ESUB(FNC121)将[S1·]指定的二进制浮点数减去[S2·]指定的二进制浮点数,差存入目标操作数。

(3)二进制浮点数的乘法指令

二进制浮点数乘法指令 EMUL(FNC122)将[S1·]和[S2·]指定的二进制浮点数相乘,积存入目标操作数。

(4)二进制浮点数的除法指令

二进制浮点数除法指令 EDIV(FNC123)将[S1·]指定的二进制浮点数除以[S2·]指定的二进制浮点数,商存入目标操作数。除数为零时出现运算错误,不执行指令。

【例 6.16】　圆的直径(整数值)在 D0 中。用浮点数运算求圆的周长,将结果转换为整数。

```
LDP      X0                    //在 X0 的上升沿
FLT      D0      D2            //直径转换为二进制浮点数
DEMUL    D2      K31416   D4   //乘以 31 416
DEDIV    D4      K10000   D6   //除以 10 000
INT      D6      D8            //转换为整数
END
```

指令中的整数常数被自动转换为二进制浮点数后参与运算。

(5)二进制浮点数开平方指令

二进制浮点数开平方指令 ESQR(FNC127)的源操作数[S·]为 K,H 和 D(见图 6.64),目标操作数[D·]为 D,只有 32 位运算。

执行该指令时,[S1·]指定的二进制浮点数被开方,运算结果(也是二进制浮点数)存入目标操作数。源操作数应为正数,若为负数则出错,运算错误标志 M8067 ON,不执行指令。

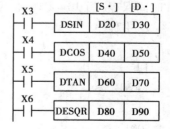

图 6.64　浮点数函数指令

(6)二进制浮点数三角函数运算指令

二进制浮点数三角函数运算指令包括 SIN(正弦)、COS(余弦)和 TAN(正切)指令,应用指令编号分别为 FUN130～132,源操作数[S·]和目标操作数[D·]为 D,只有 32 位运算。

这些指令用来求出源操作数指定的二进制浮点数的三角函数,角度单位为弧度(RAD),二进制浮点数的运算结果存入目标操作数指定的单元。源操作数应满足 0≤角度≤360°。弧

度值 = π × 角度值/180°。

6.12　时钟运算指令

(1)时钟数据比较指令

时钟数据比较指令 TCMP(time compare,FNC160)用来比较指定的时刻值与时钟数据的大小。时钟数据的时间存放在[S·]～[S·]+2 中,比较的结果用[D·]～[D·]+2 的 ON/OFF来表示。

D8013～D8015 分别存放 PLC 内实时钟的秒、分和时的值。

(2)时钟数据区间比较指令

时钟数据区间比较指令 TZCP(time zone compare,FNC161)将时钟数据与两个指定的时刻值相比较,比较的结果用[D·]～[D·]+2 的 ON/OFF 来表示。

(3)时钟数据加、减法指令

时钟数据加法指令 TADD(time addition,FNC162)和时钟数据减法指令 TSUB(Time Subtraction,FNC163)用于时钟数据的加减。加法运算的结果如果超过 24 h,进位标志 ON,其和减去 24 h 后存入目标地址。减法运算的结果如果小于零,借位标志 ON,其差值加上 24 h 后存入目标地址。

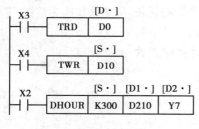

图 6.65　时钟读写指令

(4)时钟数据读出指令

时钟数据读出指令 TRD(time read,FNC166)用来读出内置的实时钟的数据,并存放在[D·]开始的 7 个字内,实时钟的时间数据存放在特殊数据寄存器 D8013～D8019 内,D8018～D8013 中分别存放年、月、日、时、分和秒,星期存放在 D8019 中。图 6.65 中的 X3 为 ON 时,D8018～D8013 中存放的 6 个时钟数据分别读入 D0～D5,D8019 中的星期值读入 D6。

【例 6.17】　出现事故时,X0 的上升沿产生中断,使输出 Y0 置位,同时将事故发生的日期和时间保存在 D10～D16 中。下面是主程序和中断程序。

```
//主程序
⋮
EI              //开中断
FEND            //主程序结束


I001            //X0 上升沿的中断程序
LD      M8000
SET     Y0      //将 Y0 置位
TRD     D10     //读实时时钟
IRET            //中断程序返回
END
```

（5）时钟数据写入指令

时钟数据写入指令 TWR（time write，FNC167）用来将时间设定值写入内置的实时钟，写入的数据预先放在[S・]开始的 7 个单元内。执行该指令时，内置的实时钟的时间立即变更，改为使用新的时间。对于图 6.65 中的 TWR 指令，D10～D15 分别存放年、月、日、时、分和秒，D16 存放星期。X4 为 ON 时，D10～D15 中的预置值分别写入 D8018～D8013，D16 中的数写入 D8019。

【例 6.18】　将 FX 系列的实时钟设置为 2006 年 10 月 22 日（星期一）5 时 30 分 25 秒。

LDP	X0		//在 X0 的上升沿
MOV	K6	D0	//输入 2006 年的后两位
MOV	K10	D1	//10 月
MOV	K22	D2	//22 日
MOV	K5	D3	//5 时
MOV	K30	D4	//30 分
MOV	K25	D5	//25 秒
MOV	K1	D6	//星期一
TWR	D0		//更新实时钟当前值
TRD	D10		//读出实时钟当前值
END			

按下实时钟读写按钮 X0，D0～D6 中的数据被写入实时钟，实时钟的数据被读入 D10～D16。

（6）小时定时器指令

在小时定时器指令 HOUR（FNC169）中，[S・]可以选所有的数据类型，它是使报警器输出[D2・]（可以选 X，Y，M，S）为 ON 所需的延时时间（h），[D1・]为当前的小时数，为了在 PLC 断电时也连续计时，应选有断电保持功能的数据寄存器。[D1・]+1 是以 s 为单位的小于 1 小时的当前值。

在[D1・]超过[S・]时，例如在 300 h 零 1 s 时，图 6.65 中的报警输出 Y7（[D2・]）变为 ON。Y7 为 ON 后，小时定时器仍继续运行。其值达到 16 位（HOUR 指令）或 32 位数（DHOUR 指令）的最大值时停止定时。如果需要再次工作，应清除[D1・]和[D1・]+1（16 位指令）或[D1・]～[D1・]+2（32 位指令）。

6.13　其他指令

（1）FX$_{1S}$和 FX$_{1N}$的定位控制指令

定位控制采用两种位置检测装置，即绝对位置编码器和增量式编码器。前者输出的是绝对位置的数字值，后者输出的脉冲个数与位置的增量成正比。定位控制用晶体管输出型的 Y0 或 Y1 输出脉冲列，通过三菱的伺服放大器来控制伺服电机。

读当前绝对值指令 DABS（absolute current value read，FNC155）用来读取绝对位置数据。图 6.66 中的 M0 为 ON 时，从 X0～X2 读取伺服装置来的输入信号，用 Y4～Y6 传送去伺服装

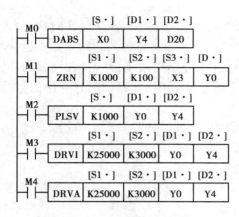

图 6.66　位置控制指令

置的控制信号。D20 和 D21 中是读取的绝对位置编码器的 32 位当前值。

原点回归指令 ZRN(zero return,FNC156)在开机或初始设置时使机器返回原点。图 6.66 中的 ZRN 指令设定的原点回归速度为 1 000 Hz,爬行速度为 100 Hz,近点信号从 X3 输入,脉冲从 Y0 输出。[D·]只能指定晶体管输出方式的 Y0 或 Y1(以下同)。

PLSV 是带方向输出的变速脉冲输出指令(FNC157),输出脉冲的频率可以在运行中修改。图 6.66 中 PLSV 指令设定的输出脉冲频率为 1 000 Hz,脉冲从 Y0 输出,旋转方向从 Y4 输出,正转时 Y4 为

ON。

增量式单速定位指令(FNC158)DRVI 用于增量式定位控制。图 6.66 中 DRVI 指令设定的输出脉冲数为 25 000,输出脉冲频率为 3 000 Hz,脉冲从 Y0 输出,旋转方向从 Y4 输出,正转时 Y4 为 ON。

绝对式单速定位指令(FNC159)DRVA 是使用零位和绝对位置测量的定位指令。图 6.66 中 DRVA 指令各变量的意义与 DRVI 指令的相同。

(2)格雷码变换指令

格雷码常用于绝对式光电码盘编码器,其特点是用二进制数表示的相邻的两个数的各位中,只有一位的值不同。

格雷码变换指令 GRY(gray code,FNC170) 将二进制数源数据转换为格雷码并存入目标地址。格雷码逆变换指令 GBIN(gray code to binary,FNC171) 将从格雷码编码器输入的数据转换为二进制数并存入目标地址。

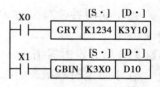

图 6.67　格雷码变换指令

(3)读、写 FX_{0N}-3A 指令

RD3A(FNC176)指令用于读取模拟量模块 FX_{0N}-3A 的值,WR3A(FNC177)指令用于将数据写入模拟量模块 FX_{0N}-3A。

6.14　FX3U 与 FX3UC 系列新增的指令

FX3U 和 FX3UC 与 FX2N 的指令兼容,本节仅介绍 FX3U 和 FX3UC 新增的指令。

FX3U 和 FX3UC 可以将字软元件中的位作为位数据使用,用十六进制数 0~9 和 A~F 表示位编号。例如 D0.3 表示数据寄存器 D0 的第 3 位(最低位为第 0 位),D0.C 表示数据寄存器 D0 的第 12 位。

E 表示浮点数常数,例如 E-1.234 +3 相当于十进制数 $1.234 \times 10^3 = 1\ 234$。

在程序中,可以直接指定特殊功能模块和特殊功能单元内部的缓冲存储器(BFM)的模块号 U(0~7)和 BFM 的编号 G(0~32 767)。例如 U3\G10 表示 3 号模块的第 10 个缓冲存储器

BFM#10。

（1）MEP 和 MEF 指令

基本指令中增加了 MEP 和 MEF 指令（见图 6.68），分别是运算结果上升沿脉冲指令和运算结果下降沿脉冲指令。在图 6.68 中的 MEP，MEF 指令左侧的电路刚接通或刚断开时，M10 被置位。

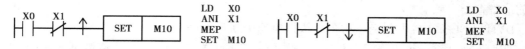

图 6.68　MEP 与 MEF 指令

MEP，MEF 指令是根据到该指令前面为止的运算结果而动作的，应在与 AND 指令相同的位置上使用。MEP，MEF 指令不能用于 LD，OR 触点的位置。

（2）串行通信 2 指令

串行通信 2 指令 RS2（FNC 87）与 RS（FNC 80）指令的区别在于报头（起始字符）和报尾（结束字符）可以取 1~4 个字符，在收发的数据上可以自动附加校验和。

（3）与变址寄存器有关的指令

ZPUSH（FNC 102）：变址寄存器成批保存指令。暂时保存变址寄存器 V0~V7 和 Z0~Z7 的当前值，可以多次保存。

ZPOP（FNC 103）：变址寄存器恢复指令。恢复保存的变址寄存器的值。

（4）新增的浮点数指令

EMOV（FNC 112）：二进制浮点数数据传送指令。

ESTR（FNC 116）：二进制浮点数数据转换为指定位数的字符串。

EVAL（FNC 117）：ASCII 码字符串转换为二进制浮点数指令。

EXP（FNC 124）：以 e 为底的二进制浮点数指数运算指令，e=2.718 28。

LOGE（FNC 125）：二进制浮点数自然对数运算指令，源操作数应为正数。

LOG10（FNC 126）：二进制浮点数常用对数运算指令，源操作数应为正数。

ENEG（FNC 128）：二进制浮点数的符号翻转后送回原来的软元件中。

二进制浮点数反三角函数运算指令包括 ASIN（反正弦）、ACOS（反余弦）和 ATAN（反正切）指令，应用指令编号分别为 FUN133~135。

RAD（FNC 136）：二进制浮点数角度转换为弧度指令。

DEG（FNC 137）：二进制浮点数弧度转换为角度指令。

（5）数据处理 2 指令

WSUM（FNC 140）：计算连续的 16 位或 32 位数据的累加值。

WTOB（FNC 141）：字节单位的数据分离指令。将 n 个字中的数据分离为 2n 个字节，分别存放在 2n 个字的低 8 位，高 8 位为 0。

BTOW（FNC 142）：字节单位的数据结合指令。将连续的 16 位数据字的低 8 位（低字节）组合在一起。例如将前两个字的低字节组合成一个字，源数据的高字节被忽略。

UNI（FNC 143）：16 位数据的 4 位结合指令。将连续的 16 位字数据的低 4 位结合在一起。例如将前 4 个字的低 4 位组合成一个字，源数据的高 12 位被忽略。

DIS（FNC 144）：16 位数据的 4 位分离指令。将一个 16 位的字数据分解为 4 位的数据，分别存放到 1~4 个 16 位字的低 4 位,高 12 位为 0。

SORT2(FNC 149):数据排序指令。以指定的列为基准,将数据行和数据列构成的表格重新进行升序或降序排列。

(6)新增的定位控制指令

DSZR(FNC 150):带 DOG 搜索的原点回归指令。执行原点回归,使机械位置与 PLC 内的当前值寄存器一致。

DVIT(FNC 151):中断定位指令。执行单速中断定长进给。

TBL(FNC 152):表格设定定位指令。用编程软件 GX Developer 预先将数据表格中设定的指令的动作,变为指定的 1 个表格的动作。

(7)新增的时钟运算指令

HTOS(FNC 164):时、分、秒数据的秒转换指令。将时、分、秒为单位的时间数据转换为以秒为单位的数据。

STOH(FNC 165):秒数据转换指令。将秒为单位的时间数据转换为以时、分、秒为单位的时间数据。

(8)新增的其他指令

COMRD(FNC 182):读出软元件的注释指令。读出用 GX Developer 写入的注释数据。

RND(FNC 184):产生随机数指令。产生 0~32 767 的随机数。

DUTY(FNC 186):产生定时脉冲指令。以扫描周期为单位,产生周期性的定时信号。可以分别指定 ON 和 OFF 的扫描周期。

CRC(FNC 188):CRC 运算指令。用于计算通信的循环冗余校验(CRC)的校验码。CRC 的生成多项式为 $X^{16} + X^{15} + X^2 + X^1$。

HCMOV(FNC 189):高速计数器传送指令。传送高速计数器或环形计数器的当前值。

(9)数据块处理指令

BK +(FCN 192),BK -(FCN 193):分别是数据块的二进制加、减法运算指令。

BKCMP = ,BKCMP > ,BKCMP < ,BKCMP < > ,BKCMP <= ,BKCMP >= 分别是数据块比较指令,对应的应用指令的编号分别为 FNC 194 ~ FNC 199。

(10)字符串控制指令

从指定的软元件开始,到代码 UNL(十六进制数 00H)为止的以字节为单位的数据被视为 1 个字符串变量。每个字保存两个字符,低位字节为 1 个字中的第一个字符。如果结束字符 00H 在一个字的低位字节,应使其高位字节也为 00H,否则不能识别字符串数据的结束。

用双引号表示字符串常数,例如"AB120"。1 个字符串最多可以指定 32 个字符。

STR(FNC 200):二进制数据转换为字符串(ASCII 码)。

VAL(FNC 201):字符串(ASCII 码)转换为二进制数据。

$ +(FNC 202):连接两个字符串。

LEN(FNC 203):检测指定的字符串的长度(字节数)。

RIGHT(FNC 204):从指定的字符串的右侧取出指定字符数的字符。

LEFT(FNC 205):从指定的字符串的左侧取出指定字符数的字符。

MIDR(FNC 206):取出指定的字符串中任意位置的子字符串。

MIDW(FNC 207):用指定的源字符串中的子字符串替换指定的目的字符串中任意位置的

子字符串。

　　INSTR(FNC 208):从指定的字符串中检索指定的子字符串。检索的结果(源字符串的起始字符开始的第几个字符)保存在目的寄存器中。

　　$MOV(FNC 209):将指定的软元件开始的字符串数据传送到指定的编号开始的软元件中。

(11)数据处理 3 指令

　　FDEL(FNC 210):删除数据表格中任意位置的 1 个数据。

　　FINS(FNC 211):在数据表格中的任意位置插入 1 个数据。

　　POP(FNC 212):读出使用先入后出控制的移位写入指令(SFWR)最后写入的数据。

　　SFR(FNC 213):使字软元件中的 16 位数据向右移动 n 位,移位后左边空出来的位添 0。

　　SFL(FNC 214):使字软元件中的 16 位数据向左移动 n 位,移位后右边空出来的位添 0。

(12)数据表处理指令

　　LIMIT(FNC 256):上下限限位控制指令。将输入值限制在设置的上、下限范围内(见图 6.69)。

　　BAND(FNC 257):死区控制指令。输入值在指定的死区范围内时,输出值为 0(见图 6.70)。

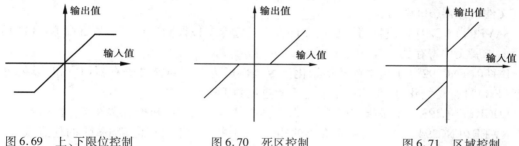

图 6.69　上、下限位控制　　　　图 6.70　死区控制　　　　图 6.71　区域控制

　　ZONE(FNC 258):区域控制指令。输入值为正时,输出值等于输入值加正的偏差值;输入值为负时,输出值等于输入值加负的偏差值(见图 6.71)。

　　SCL(FNC 259):定坐标指令。根据数据表格中指定的 X,Y 轴坐标确定的折线特性和输入值(X 坐标),求出输出值(Y 坐标)。

　　DABIN(FNC 260):10 进制 ASCII 码转换为二进制数。

　　BINDA(FNC 261):二进制数转换为 10 进制 ASCII 码。

　　SCL2(FNC 269):定坐标 2 指令。与定坐标指令 SCL 的功能相同,区别在于两条指令的数据表格中坐标数据保存的格式不一样。

(13)外部设备通信(变频器通信)指令

变频器通信指令使用三菱变频器一侧的计算机链接运行功能。

　　IVCK(FNC 270):变频器运行监视指令。PLC 读出变频器的运行状态。

　　IVDR(FNC271):变频器运行控制指令。PLC 写入变频器运行所需的控制值。

　　IVRD(FNC 272):PLC 读出变频器的参数。

　　IVWR(FNC273):PLC 写入变频器的参数。

　　IVBWR(FNC274):PLC 成批写入变频器的参数。

（14）数据传送 3 指令

RBFM（FNC 278）：BFM 分割读出指令。分几个运算周期，从特殊功能模块/单元中读取连续的缓冲存储区（BFM）中的数据。

WBFM（FNC 279）：BFM 分割写入指令。分几个运算周期，将数据写入特殊功能模块/单元中连续的缓冲存储区。

（15）高速处理 2 指令

HSCT（FNC 280）：高速计数器表比较指令。将预先制作好的数据表格与高速计数器的当前值比较，可以对最多 16 点输出复位或置位。

（16）扩展文件寄存器（R）控制指令

文件寄存器（R0 ~ R32767）是用于扩展数据寄存器（D）的软元件，在内置的 RAM 中，用电池实现断电保持。文件寄存器（R）的使用方法与数据寄存器（D）相同，可以用指令直接访问文件寄存器（R）。

使用存储器盒（闪存）时，文件寄存器（R）的内容可以保存在扩展文件寄存器（ER0 ~ ER32767）中。2 048 点文件寄存器或扩展文件寄存器称为 1 段。下面是扩展文件寄存器指令：

LOADR（FNC290）：读出扩展文件寄存器指令。将 1 点扩展文件寄存器（ER）的当前值读出到文件寄存器（R）中。

SAVER（FNC291）：成批写入扩展文件寄存器指令。以段为单位将文件寄存器（R）中的数据写入扩展文件寄存器（ER）中。

INITR（FNC292）：扩展寄存器初始化指令。以段为单位对文件寄存器（R）和扩展文件寄存器（ER）进行初始化，即将当前值变为十六进制数 FFFFH。

LOGR（FNC293）：记录指定的数据，保存到文件寄存器（R）和扩展文件寄存器（ER）。

RWER（FNC294）：扩展文件寄存器的删除、写入指令，将 PLC 内置 RAM 的任意点数的扩展寄存器（R）的当前值写入到相同编号的存储器盒（闪存）的扩展文件寄存器中。

INITER（FNC295）：扩展文件寄存器初始化指令。以段为单位对存储器盒中的扩展文件寄存器（ER）进行初始化。

习　题

6.1　填空

（1）执行指令"CJ P0"的条件满足时，将跳转到＿＿＿＿＿。

（2）操作数 K4X10 表示＿＿＿＿组位元件，它由 X ＿＿＿＿ ~ X ＿＿＿＿组成。

（3）图 6.72 中的应用指令在 X1 ＿＿＿＿时，将＿＿＿＿中的＿＿＿＿位数据传送到＿＿＿＿中。

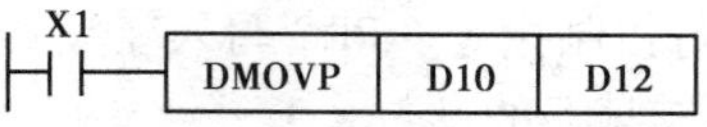

图 6.72　题图 6.1（3）

（4）Z0 = 12 时，D13Z0 相当于 D ＿＿＿＿。

6.2　当 X0 为 ON 时,将计数器 C3 的当前值转换为 BCD 码后送到输出元件 K4Y0 中,设计出梯形图程序。

6.3　用 ALT(交替输出)指令设计一个子程序,当 X1 为 ON 时,每 1s 改变一次 Y0 的状态,每 2 s 改变一次 Y1 的状态,在主程序中调用该子程序。

6.4　当 X2 为 ON 时,用定时器中断,每 1 s 将 Y0～Y7 组成的位元件组 K2Y0 加 1,设计主程序和中断子程序。

6.5　接在 Y0～Y17 上的 16 个彩灯每 1 s 左移 1 位。在 PLC 刚开始运行时,或在 X20 的上升沿,用 X0～X17 设置彩灯的初值,设计出梯形图程序。

6.6　用 X21 控制题 6.5 中彩灯的移动方向,设计出梯形图程序。

6.7　A/D 转换先后得到的 8 个 12 位二进制数据存放在 D0～D7 中,A/D 转换得到的数值 0～4 000 对应温度值 0～1 000 ℃,用 MEAN 指令求 A/D 转换的平均值,并将它转换为对应的温度值,存放在 D20 中,设计出梯形图程序。

6.8　用时钟指令控制路灯的定时接通和断开,20:00 时开灯,06:00 时关灯,设计出梯形图程序。

6.9　在 X1 的上升沿,读取"外部调节寄存器"D8030 中用小电位器调节的数据,用于 T0 设定值的修改,定时范围为 35～200 s。X2 为 ON 时,T0 开始定时,设计出梯形图程序。

6.10　在 X0 的上升沿,将 D10～D49 中的 40 个数据逐个异或,求出它们的异或校验码,设计出指令表程序。

6.11　D10 中是以 0.1° 为单位的整数值,将它转换为以弧度为单位的浮点数。

第 **7** 章
PLC 的通信与工业自动化通信网络

7.1 概 述

近年来,工厂自动化得到了迅速的发展,不同厂家生产的可编程设备(例如工业控制计算机、PLC、变频器、机器人、柔性制造系统等)可以连接在一个网络上,相互之间进行数据通信,形成一个复杂的多级分布式网络控制系统。以电力系统为例,我国的大中型变电站和发电厂已经基本上实现了全站或全厂的综合自动化,通过网络控制,有的还实现了远程操作和无人值班。因此,有必要了解有关 PLC 通信和工厂自动化通信网络方面的知识。

工厂自动化通信网络一般属于局域网(local area network,简称 LAN),它是一种在有限区域内(例如几公里)用廉价媒介提供宽频带数据通信的网络。

7.1.1 计算机的通信方式

(1)并行通信与串行通信

并行数据通信是以字节或字为单位的数据传输方式,除了 8 根或 16 根数据线、一根公共线外,还需要数据通信联络用的控制线。并行通信的传输速度快,但是传输线的根数多,成本高,一般用于近距离的数据传输,例如打印机与计算机之间的数据传输。工业控制一般使用串行数据通信。

串行数据通信是以二进制的位(bit)为单位的数据传输方式,每次只传输一位。除了公共线之外,在一个数据传输方向上只需要一两根线,它们既作为数据线又作为通信联络控制线,数据和联络信号在这根线上按位进行传输。串行通信需要的信号线少,最少只需要两三根线,但是数据传输的效率较低,适用于距离较远的场合。计算机和 PLC 都备有通用的串行通信接口,工业控制中一般使用串行通信。

(2)异步通信与同步通信

在串行通信中,接收方和发送方的传输速率应相同。但是实际的发送速率与接收速率之间总是有一些微小的差别,如果不采取一定的措施,在连续传输大量的信息时,将会因积累误差造成错位,使接收方收到错误的信息。为了解决这一问题,需要使发送过程和接收过程同步。按同步方式的不同,可以将串行通信分为异步通信和同步通信。

异步通信的信息格式如图7.1所示,发送的数据字符由一个起始位、7 个或 8 个数据位、1 个奇偶校验位(可以没有)和停止位(1 位或两位)组成。通信的双方需要对所采用的信息格式和数据的传输速率作相同的约定。接收方检测到停止位和起始位之间的下降沿后,将它作为接收的起始点,在每一位的中点接收信息。由于一个字符中包含的位数不多,即使发送方和接收方的收发频率略有不同,也不会因为两台设备之间的时钟周期的积累误差而导致错位。异步通信传输附加的非有效信息较多,传输效率较低,PLC 一般使用异步通信。

图7.1　异步通信的信息格式

同步通信以字节为单位,一个字节由 8 位二进制数组成,每次传输 1~2 个同步字符、若干个数据字节和校验字符。同步字符起联络作用,用它来通知接收方开始接收数据。在同步通信中,发送方和接收方需要保持完全的同步,这意味着发送方和接收方应使用同一个时钟脉冲。可以通过调制解调方式在数据流中提取出同步信号,使接收方得到与发送方完全相同的接收时钟信号。

由于同步通信方式不必在传输每个数据字符时添加起始位、停止位和奇偶校验位,只需要在数据块(往往很长)之前加一两个同步字符,所以传输效率高,但是对硬件的要求较高,一般用于高速通信。

(3)单工通信与双工通信方式

单工通信方式只能沿单一方向发送和接收数据。双工通信方式的信息可沿两个方向传输,每一个站既可以发送数据,也可以接收数据。双工通信方式又分为全双工和半双工两种方式。

1)全双工通信方式:

全双工通信方式数据的发送和接收分别由两根或两组不同的数据线传输,通信的双方都能在同一时刻接收和发送信息(见图7.2)。

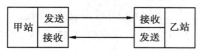

图7.2　全双工方式

图7.3　半双工方式

2)半双工通信方式:

半双工通信方式用同一组线接收和发送数据,通信的双方在同一时刻只能发送数据或接收数据(见图7.3)。

(4)传输速率

在串行通信中,传输速率的单位是波特,即每秒传输的二进制位数,其符号为 bit/s。常用的标准波特为 300~38 400 bit/s 等(成倍增加)。不同的串行通信网络的传输速率差别极大,有的只有数百 bit/s,高速串行通信网络的传输速率可达 1 Gbit/s。

7.1.2 串行通信接口标准

（1）RS-232C

RS-232C 是美国 EIC（电子工业联合会）在 1969 年公布的通信协议，至今仍在计算机和 PLC 中广泛使用。

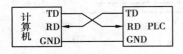

图 7.4 RS-232 的信号连接

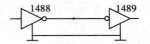

图 7.5 单端驱动单端接收

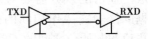

图 7.6 平衡驱动差分接收

RS-232C 采用负逻辑，用 -5 V ~ -15 V 表示逻辑状态 1，用 $+5$ V ~ $+15$ V 表示逻辑状态 0。RS-232C 的最大通信距离为 15 m，最高传输速度速率为 20 kbit/s，只能进行一对一的通信。RS-232C 使用 9 针或 25 针的 D 型连接器，PLC 一般使用 9 针的连接器，距离较近时只需要 3 根线（见图 7.4，GND 为信号地）。RS-232C 使用单端驱动、单端接收的电路（见图 7.5），容易受到公共地线上的电位差和外部引入的干扰信号的影响。

（2）RS-422A 与 RS485

美国的 EIC 于 1977 年制订了串行通信标准 RS-499，对 RS-232C 的电气特性作了改进，RS-422A 是 RS-499 的子集。RS-422A 采用平衡驱动、差分接收电路（见图 7.6），从根本上取消了信号地线。平衡驱动器相当于两个单端驱动器，其输入信号相同，两个输出信号互为反相，图中的小圆圈表示反相。外部输入的干扰信号是以共模方式出现的，两根传输线上的共模干扰信号相同，因为接收器是差分输入，共模信号可以互相抵消。只要接收器有足够的抗共模干扰能力，就能从干扰信号中识别出驱动器输出的有用信号，从而克服外部干扰的影响。

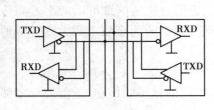

图 7.7 RS-485 网络

RS-422A 在最大传输速率（10 Mbit/s）时，允许的最大通信距离为 12 m。传输速率为 100 kbit/s 时，最大通信距离为 1 200 m，一台驱动器可以连接 10 台接收器。

（3）RS-485

RS-485 是 RS-422A 的变形，RS-422A 是全双工，两对平衡差分信号线分别用于发送和接收。RS-485 为半双工，只有一对平衡差分信号线，不能同时发送和接收。

使用 RS-485 通信接口和双绞线可组成串行通信网络（见图 7.7），构成分布式系统，系统中最多可以有 32 个站，新的接口器件已允许连接 128 个站。

7.2 计算机通信的国际标准

7.2.1 开放系统互联模型

如果没有一套通用的计算机网络通信标准，要实现不同厂家生产的智能设备之间的通信，将会付出昂贵的代价。

国际标准化组织 ISO 提出了开放系统互联模型 OSI，作为通信网络国际标准化的参考模

型,它详细描述了通信功能的 7 个层次(见图
7.8)。

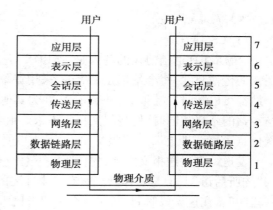

图 7.8　开放系统互联模型

(1)物理层

物理层的下面是物理介质,例如双绞线、同轴电缆等。物理层为用户提供建立、保持和断开物理连接的功能,RS-232C,RS-422A/RS-485 等就是物理层标准的例子。

(2)数据链路层

数据以帧为单位传输,每一帧包含一定数量的数据和必要的控制信息,例如同步信息、地址信息、差错控制和流量控制信息。数据链路层负责在两个相邻节点间的链路上,实现差错控制、数据成帧和同步控制等。

(3)网络层

网络层的主要功能是报文包的分段、报文包阻塞的处理和通信子网内路径的选择。

(4)传输层

传输层的信息传输单位是报文(message),它的主要功能是流量控制、差错控制和连接支持,传输层向上一层提供一个可靠的端到端(end-to-end)的数据传输服务。

(5)会话层

会话层的功能是支持通信管理和实现最终用户应用进程之间的同步,按正确的顺序收发数据,进行各种对话。

(6)表示层

表示层用于应用层信息内容的形式变换,例如数据加密/解密、信息压缩/解压和数据兼容,把应用层提供的信息变成能够共同理解的形式。

(7)应用层

应用层作为 OSI 的最高层,为用户的应用服务提供信息交换,为应用接口提供操作标准。

7.2.2　IEEE 802 标准

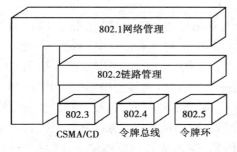

图 7.9　IEEE 802 通信标准结构

IEEE(电工与电子工程师学会)的 802 委员会,于 1982 年颁布了一系列计算机局域网分层通信协议标准草案,总称为 IEEE 802 标准。它把 OSI 参考模型的底部两层分解为逻辑链路控制层(LLC)、介质访问层(MAC)和物理传输层。前两层对应于 OSI 模型中的数据链路层,数据链路层是一条链路(link)两端的两台设备进行通信时所共同遵守的规则和约定。

图 7.9 是 IEEE 802 通信标准的结构示意图。802.1 涉及网络的结构和管理,802.2 为逻辑链路控制,IEEE 802 的介质访问控制层对应于三种已建立的标准,即带冲突检测的载波侦听多路访问(CSMA/CD)协议、令牌总线(token bus)

和令牌环(token ring)。

(1)CSMA/CD

CSMA/CD 通信协议的基础是 XEROX 等公司研制的以太网(ethernet),各站共享一条广播式的传输总线,每个站都是平等的,采用竞争方式发送信息到传输线上。也就是说,任何一个站都可以随时广播报文(message),并为其他各站接收。当某个站识别到报文上的接收站名与本站的站名相同时,便将报文接收下来。由于没有专门的控制站,两个或多个站可能同时发送信息,发生"冲突",造成报文作废,因此必须采取措施来防止冲突。

发送站在发送报文之前,先监听一下总线是否空闲,如果空闲,则发送报文到总线上,称之为"先听后讲"。但是这样做仍然有发生冲突的可能,因为从组织报文到报文在总线上传输有一段时间,在这一段时间内,另一个站通过监听也可能会认为总线空闲,也发送报文到总线上,这样就会因为两个站同时发送而发生冲突。

为了防止冲突,可以采取两种措施:一种是发送报文开始的一段时间,仍然监听总线,采用边发送边接收的办法,把接收到的信息和自己发送的信息相比较,若相同则继续发送,称之为"边听边讲";若不相同则说明产生冲突,立即停止发送报文,并发送一段简短的冲突标志(阻塞码序列)。通常把这种"先听后讲"和"边听边讲"相结合的方法称为 CSMA/CD 技术,CSMA/CD 的控制策略是竞争发送、广播式传输、载体监听、冲突检测、冲突后退和再试发送。

另一种措施是准备发送报文的站先监听一段时间(大约是总线传输延时的 2 倍),如果在这段时间内总线一直空闲,则开始作发送准备,准备完毕,真正要将报文发送到总线上之前,再对总线作一次短暂的检测,若仍为空闲,则正式开始发送;若不空闲,则延时一段时间后再重复上述的二次检测过程。

在以太网发展的初期,通信速率较低。如果网络中的设备较多,信息交换比较频繁,可能会经常出现竞争和冲突,影响信息传输的实时性。随着以太网传输速率的提高(100 M ~ 1 000 M bit/s),这一问题已经基本解决。由于采取了一系列措施,工业以太网较好地解决了实时性问题。例如西门子的 PROFINET 的实时通信功能的响应时间约为 10 ms,其同步实时功能用于高性能的同步运动控制,响应时间小于 1 ms,抖动小于 1 μs。

现在以太网在工业控制中得到了广泛的应用,大型工业控制系统中最上层的网络几乎全部采用以太网。以太网将会越来越多地用于工业控制网络中的底层网络。

(2)令牌总线

IEEE 802 标准中的工厂媒质访问技术是令牌总线,其编号为 802.4。它吸收了 GM(通用汽车公司)支持的 MAP(Manufacturing Automation Protocol,即制造自动化协议)系统的内容。

在令牌总线中,介质访问控制是通过传递一种称为令牌的特殊标志来实现的。按照逻辑顺序,令牌从一个装置传递到另一个装置,传递到最后一个装置后,再传递给第一个装置,如此周而复始,形成一个逻辑环。令牌有空、忙两个状态,令牌网开始运行时,由指定站产生一个空令牌沿逻辑环传输。任何一个要发送信息的站都要等到令牌传给自己,判断为空令牌时才发送信息。发送站首先把令牌置成忙,并写入要传输的信息、发送站名和接收站名,然后将载有信息的令牌送入环网传输。令牌沿环网循环一周后返回发送站时,信息已被接收站拷贝,发送站将令牌置为空,送上环网继续传输,以供其他站使用。

如果在传输过程中令牌丢失,由监控站向网中注入一个新的令牌。

令牌传递式总线能在很重的负荷下提供实时同步操作,传输效率高,适于频繁、较短的数据传输,因此它最适合于需要进行实时通信的工业控制网络系统。

(3)令牌环

令牌环媒质访问方案是 IBM 开发的,它在 IEEE 802 标准中的编号为 802.5,它有些类似于令牌总线。在令牌环上,最多只能有一个令牌绕环运动,不允许两个站同时发送数据。令牌环从本质上看是一种集中控制式的环,环上必须有一个中心控制站负责网的工作状态的检测和管理。

7.2.3　现场总线及其国际标准

IEC(国际电工委员会)对现场总线(fieldbus)的定义描述如下:"安装在制造和过程区域的现场装置与控制室内的自动控制装置之间的数字式、串行、多点通信的数据总线称为现场总线"。它是当前工业自动化的热点之一。现场总线以开放的、独立的、全数字化的双向多变量通信代替 0~10 mA 或 4~20 mA 现场电动仪表信号。现场总线 I/O 集检测、数据处理、通信为一体,可以代替变送器、调节器、记录仪等模拟仪表,它不需要框架、机柜,可以直接安装在现场导轨槽上。现场总线 I/O 的接线极为简单,只需要一根电缆,从主机开始,沿数据链从一个现场总线 I/O 连接到下一个现场总线 I/O。使用现场总线后,可以节约自控系统的配线、安装、调试和维护等方面的费用,现场总线 I/O 与 PLC 可以组成廉价的 DCS 系统。

使用现场总线后,操作员可以在中央控制室实现远程监控,对现场设备进行参数调整,还可以通过现场设备的自诊断功能预测故障和寻找故障点。

由于历史的原因,现在有多种现场总线标准并存,IEC 的现场总线国际标准(IEC 61158)是迄今为止制订时间最长、意见分歧最大的国际标准之一。它的制订时间已超过 12 年,先后经过 9 次投票,在 1999 年底获得通过。经过多方的争执和妥协,最后容纳了 8 种互不兼容的协议;2003 年 4 月,IEC 61158 第 3 版正式成为国际标准,又新增了两种协议,这 10 种协议在 IEC 61158 中分别为 10 种现场总线类型:

类型 1:TS 61158 现场总线。

类型 2:Control Net(美国 Rockwell 公司支持)和 Ethernet/IP。

类型 3:Profibus(德国西门子公司支持)。

类型 4:P-Net(丹麦 Process Data 公司支持)。

类型 5:FF 的 HSE(原 FF 的 H2,高速以太网,美国 Fisher Rosemount 公司支持)。

类型 6:Swift Net(美国波音公司支持)。

类型 7:WorldFIP(法国 Alstom 公司支持)。

类型 8:Interbus(德国 Phoenix contact 公司支持)。

类型 9:FF H 现场总线(现场总线基金会制订)。

类型 10:PROFInet(德国西门子公司支持)。

我国拥有自主知识产权的 EPA(Ethernet for Plant Automation)已被列入现场总线国际标准 IEC 61158 第四版中的第 14 类型。

IEC 62026 是供低压开关设备与控制设备使用的控制器电气接口标准,于 2000 年 6 月通过。它包括:

①IEC 62026-1:一般要求。

②IEC 62026-2:执行器传感器接口 AS-i(actuator sensor interface)。

③IEC 62026-3：设备网络 DN（device network）。

④IEC 62026-4：Lonworks（local operating networks）总线的通信协议 LonTalk。

⑤IEC 62026-5：智能分布式系统 SDS（smart distributed system）。

⑤IEC 62026-6：串行多路控制总线 SMCB（serial multiplexed control bus）。

7.3　FX 系列 PLC 的通信功能与通信模块

FX 系列 PLC 具有很强的通信功能，通信模块用来完成与别的 PLC、其他智能控制设备或主计算机之间的通信。远程 I/O 系统也必须配备相应的通信接口模块。FX 系列有多种多样的通信用功能扩展板、适配器和通信模块。

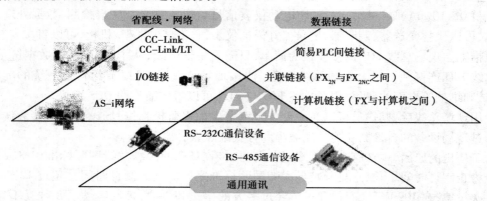

图 7.10　FX_{2N} 的通信功能示意图

7.3.1　数据链接与无协议通信

数据链接是用于 FX 系列 PLC 之间、PLC 与计算机之间、PLC 与远程 I/O 之间的通信协议。无协议通信方式用于 PLC 与带 RS-232C 接口的设备之间的通信。

（1）并联链接

并联链接使用 RS-485 通信适配器或功能扩展板，实现两台 FX 系列 PLC 之间的信息自动交换（见图 7.11），一台 PLC 作为主站，另一台作为从站。用户只需设置与通信有关的参数，两台 PLC 之间就可以自动地传输数据。FX_{1S} 最多链接 50 个辅助继电器和 10 个数据寄存器，其他子系列的 PLC 可以链接 100 个辅助继电器和 10 个数据寄存器的数据。

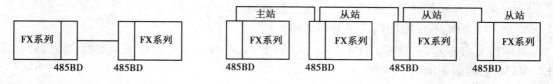

图 7.11　并联链接　　　　　　　　　　　图 7.12　PLC 间简易链接网络

（2）PLC 间简易链接

PLC 间简易链接又称为 N:N 链接，它使用 RS-485 通信适配器或功能扩展板，实现最多 8 台 FX 系列 PLC 之间的信息自动交换（见图 7.12）。一台 PLC 是主站，其余的为从站，数据是自动传输的。各台 PLC 之间共享的数据范围有下列三种模式：

模式 0 共享每台 PLC 的 4 个数据寄存器,系统中有 FX_{1S} 时只能使用模式 0。通信时间与站点数有关,为 18 ms(2 个站) ~ 65 ms(8 个站)。

模式 1 共享每台 PLC 的 32 点辅助继电器和 4 个数据寄存器。通信时间为 22 ms(2 个站) ~ 82 ms(8 个站)。

模式 2 共享每台 PLC 的 64 点辅助继电器和 8 个数据寄存器。通信时间为 34 ms(2 个站) ~ 131 ms(8 个站)。

(3) 计算机链接

计算机与 PLC 之间的通信是最常见的通信之一。计算机链接(computer link)通信方式与 Modbus 通信协议中的 ASCII 模式比较相似,采用专用通信协议,由计算机发出读、写 PLC 中的数据的命令帧,PLC 收到后自动生成和返回响应帧,但是计算机的程序仍需用户编写。

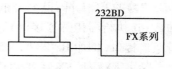

图 7.13　计算机链接通信

如果上位计算机使用组态软件,后者可以提供常见 PLC 的通信驱动程序,用户只需在组态软件中作一些简单的设置,PLC 侧和计算机侧都不需要用户设计通信程序。

计算机链接可以用于一台计算机与一台配有 RS-232C 通信接口的 PLC 通信(见图7.13);计算机也可以通过 RS-485 通信网络,与最多 16 台 PLC 通信(见图 7.14),但 RS-485 网络与计算机的 RS-232C 通信接口之间需要使用 FX-485PC-IF 转换器。

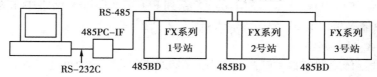

图 7.14　计算机与多台 PLC 链接通信

(4) I/O 链接

某些系统(例如码头和大型货场)的被控对象分布范围很广,如果采用单台集中控制方式,将使用大量很长的 I/O 线,使系统成本增加,施工工作量增大,系统抗干扰能力降低,这类系统适合于采用远程 I/O 控制方式。在 CPU 单元附近的 I/O 称为本地 I/O,远离 CPU 单元的 I/O 称为远程 I/O,远程 I/O 与 CPU 单元之间的信息交换只需要很少几根通信线。远程 I/O 分散安装在被控设备附近,它们之间的连线较短,但是使用远程 I/O 时需要增设通信接口模块。远程 I/O 与 CPU 单元之间的信息交换是自动进行的,用户程序在读写远程 I/O 中的数据时,就像读写本地 I/O 一样方便。

FX_{2N} 系列 PLC 可以通过 FX_{2N}-16LNK-M MELSEC I/O 链接主站模块,用双绞线直接连接 16 个远程 I/O 站,网络总长为 200 m,最多支持 128 点,I/O 点刷新时间约 5.4 ms,传输速率 38 400 bit/s,用于除 FX_{1S} 以外的 FX 系列 PLC。

(5) 无协议通信

无协议通信方式可以实现 PLC 与各种有 RS-232C 接口的设备(例如计算机、条形码阅读器和打印机)之间的通信,该通信方式用 RS 指令来实现。这种通信方式最为灵活,PLC 与 RS-232C设备之间可以使用用户自定义的通信规约,但是 PLC 的编程工作量较大,对编程人员的要求较高。

7.3.2 开放式通信网络

PLC 与各种智能设备可以组成通信网络,以实现信息的交换,各 PLC 或远程 I/O 模块各自放置在生产现场进行分散控制,然后用网络连接起来,构成集中管理的分布式网络系统。通过以太网,控制网络还可以与 MIS(管理信息系统)融合,形成管理控制一体化网络。

大型控制系统(例如发电站综合自动化系统)一般采用 3 层网络结构,最高层是以太网;第 2 层是 PLC 厂家提供的通信网络或现场总线,例如西门子的 Profibus,Rockwell 的 ControlNet,三菱的 CC Link,欧姆龙的 Controller Link 等;底层是现场总线,例如 CAN 总线、DeviceNet 和 AS-i(执行器传感器接口)等。较小型的系统可能只使用底层的通信网络,更小的系统用串行通信接口(例如 RS-232C,RS-422 和 RS-485)实现 PLC 与计算机和其他设备之间的通信。

除了 FX_{1S} 外,FX 系列 PLC 可以接入 CC Link 和 AS-i 网络。

(1)CC-Link 通信网络

CC-Link 的最高传输速率为 10 Mbit/s,最长距离 1 200 m(与传输速率有关)。模块采用光电隔离,占用 8 个输入输出点。

安装了 CC-Link 系统主站模块 FX_{2N}-32CCL-M 后,FX_{1N} 和 FX_{2N} PLC 在 CC-Link 网络中可以做主站,7 个远程 I/O 站和 8 个远程 I/O 设备可以连接到主站上。网络中还可以连接三菱和其他厂家的符合 CC-Link 通信标准的产品,例如变频器、AC 伺服装置、传感器和变送器等。

使用 CC-Link 接口模块 FX_{2N}-32CCL 的 FX 系列 PLC 在 CC-Link 网络中作为远程设备站使用。一个站点中最多可以有 32 个远程输入点和 32 个远程输出点。

(2)现场总线 AS-i 网络

AS-i(执行器/传感器接口)已被纳入 IEC 62026 标准,响应时间小于 5 ms,使用未屏蔽的双绞线,由总线提供电源。AS-i 用两芯电缆连接现场的传感器和执行器,当前世界上主要的传感器和执行器生产厂家、自动控制设备厂家都支持 AS-i。

三菱的 FX_{2N}-32ASI-M 是 AS-i 网络的主站模块,最长通信距离 100 m,使用两个中继器可以扩展到 300 m。波特率为 167 kbit/s,该模块最多可以接 31 个从站,可以用于除 FX_{1S} 以外的 FX 系列 PLC,占用 8 个输入/输出点。

7.3.3 串行通信接口模块

FX 系列的 RS 指令用于 PLC 与上位计算机或其他 RS-232C 设备的无协议通信。

串行通信接口模块用于 PLC 之间、PLC 与计算机或别的带串口的设备之间的通信,例如与打印机、机器人控制器、扫描仪和条形码阅读器等的通信。

(1)RS-232C 通信用功能扩展板与通信模块

RS-232C 的传输距离为 15 m,最大传输速率为 19 200 bit/s。FX 系列 PLC 可以通过专用协议或无协议方式与各种 RS-232C 设备通信,可以连接外部编程工具或图形操作终端(GOT)。

FX_{1N}-232-BD 和 FX_{2N}-232-BD 通信用功能扩展板的价格便宜(每块仅 300 元左右),可以安装在 FX 系列 PLC 的内部,通信双方没有光电隔离。

FX_{2N}-232IF 是 RS-232C 通信接口模块,有光电隔离,可以用于 FX_{2N} 和 FX_{2NC}。通信中可以

指定两个或更多的起始字符和结束字符,数据长度大于接收缓冲区的长度也可以连续接收。FX$_{2N}$-232ADP 是 RS-232C 适配器,可以用于各种 FX 系列 PLC。

FX$_{2N}$-232AWC 和 FX$_{2N}$-232AW 是带光电隔离的 RS-232C 和 RS-422 转换接口,以便于计算机和其他外围设备连接到 FX 系列的编程器接口上。

(2)FX$_{1N}$-422-BD/FX$_{2N}$-422-BD **通信用功能扩展板**

它们用于 RS-422 通信,可以用作编程工具的连接端口,无光电隔离,使用编程工具的通信协议。

(3)RS-485 **通信用适配器与通信用功能扩展板**

FX$_{1N}$-485-BD/FX$_{2N}$-485-BD 是 RS-485 通信用的功能扩展板,前者为半双工,后者为全双工。传输距离为 50 m,最大传输速率为 19 200 bit/s,N:N 网络可达 38 400 bit/s。

FX$_{1N}$-485ADP 是 RS-485 光电隔离型通信适配器,最大传输速率为 19 200 bit/s,N:N 链接网络可达 38 400 bit/s,传输距离为 500 m,可以用于各种系列的 FX 系列 PLC。

FX-485PC-IF 是 RS-232C 和 RS-485 转换接口,有光电隔离,用于计算机与 FX 系列 PLC 通信,一台计算机最多可以与 16 台 PLC 通信。

7.4　计算机链接通信协议

FX 系列的计算机链接(computer link)通信协议用于一台计算机与 1～16 台 PLC 的通信,由计算机发出读写 PLC 中的数据的命令报文,PLC 收到后返回响应报文。计算机链接协议与 Modbus 通信协议中的 ASCII 模式有很多相似之处。

7.4.1　串行通信的参数设置

(1)串行通信格式

在计算机链接通信和无协议通信时,首先需要用一个 16 位的特殊数据寄存器 D8120 来设置通信格式,D8120 的设置方法见表 7.1,表中的 b0 为最低位,b15 为最高位。设置好后,需要关闭 PLC 电源,然后重新接通电源,才能使设置生效。

表 7.1　串行通信格式

b15	b14	b13	b12～b10	b9	b8	b7～b4	b3	b2,b1	b0
传输控制	协议	校验和	控制线	结束符	起始符	传输速率	停止位	奇偶校验	数据长度

b0 = 0 时数据长度为 7 位,b0 = 1 时为 8 位。

b2,b1 = 00 时无奇偶校验位,不校验;b2,b1 = 01 为奇校验;b2,b1 = 11 为偶校验。

b3 = 0 时 1 个停止位,b3 = 1 时 2 个停止位。

b7～b4 = 0011～1001:传输速率分别为 300,600,1 200,2 400,4 800,9 600 和 19 200 bit/s。

b8 = 0 时无起始字符,b8 = 1 时起始字符在 D8124 中,起始字符的默认值为 STX(02H,H 表示十六进制数)。

b9 = 0 时无结束字符,b9 = 1 时结束字符在 D8125 中,结束字符的默认值为 ETX(03H)。

控制线 b12 ~ b10 的意义见表 7.2。

表 7.2 控制线 b12 ~ b10 的意义

b12 ~ b10	无协议通信	计算机链接
000	未用控制线,RS-232C 接口	RS-485(422)接口
001	终端方式,RS-232C 接口	—
010	互锁方式,RS-232C 接口	RS-232C 接口
011	正常方式 1,RS-232C,RS-485(422)接口	—
101	正常方式 2,RS-232C 接口(仅对 FX 和 FX$_{2C}$)	—

b13 =1 时自动加上校验和,b13 =0 时无校验和。

b14 =1 时为专用通信协议,b14 =0 时为无协议通信。

b15 =1 时为控制协议格式 4,b15 =0 时为控制协议格式 1。两种格式的差别仅在于在报文结束时,格式 4 有回车(CR)和换行符(LF),它们的值分别为 0DH 和 0AH。

需要注意的是,在计算机链接方式下,b8,b9 这两位一定要设置为 0。在无协议通信方式下 b13 ~ b15 这 3 位一定要设置为 0。

【例 7.1】 对通信格式的要求如下:数据长度为 8 位,无奇偶校验,1 位停止位,传输速率 9 600 bit/s,控制线 b10 ~ b12 =000(RS-485 接口),自动加上校验和,专用协议通信,传输控制协议格式 4。对照表 7.1,可以确定 D8120 的二进制值为 1110 0000 1000 0001,对应的十六进制数为 E081H。

(2)通信用的特殊辅助继电器与特殊数据寄存器

通信过程中可能用到的特殊辅助继电器与特殊数据寄存器如表 7.3 所示。

表 7.3 特殊辅助继电器与特殊数据寄存器

特殊辅助继电器	功能描述	特殊数据寄存器	功能描述
M8121	数据发送延时(RS 命令)	D8120	通信格式(RS 命令、计算机链接)
M8122	数据发送标志(RS 命令)	D8121	站号设置(计算机链接)
M8123	接收结束标志(RS 命令)	D8122	未发送数据数(RS 命令)
M8124	载波检测标志(RS 命令)	D8123	接收的数据数(RS 命令)
M8126	全局标志(计算机链接)	D8124	起始字符(初始值为 STX,RS 命令)
M8127	请求式握手标志(计算机链接)	D8125	结束字符(初始值为 ETX,RS 命令)
M8128	请求式出错标志(计算机链接)	D8127	请求式起始元件号寄存器(计算机链接)
M8129	请求式字/字节转换(计算机链接)超时判断标志(RS 命令)	D8128	请求式数据长度寄存器(计算机链接)
M8161	8/16 位转换标志(RS)命令	D8129	数据网络的超时定时器设定值(RS 命令和计算机链接,单位为 10 ms,为 0 时表示 100 ms)

7.4.2　计算机链接通信协议的基本格式

(1)数据传输的基本格式

数据传输的基本格式如图 7.15 所示。通过特殊数据寄存器 D8120 的 b15 位,可以选择计算机链接协议的两种格式(格式 1 和格式 4),只有在选择控制协议格式 4 时,PLC 才在报文末尾加上控制代码 CR/LF(回车、换行符)。只有当数据寄存器 D8120 的 b13 位置为 1 时,PLC 才会在报文中加上校验和代码。

控制代码	PLC站号	PLC标识号	命令	报文等待时间	数据字符	校验和代码	控制代码CR/LF

图 7.15　数据传输的基本格式

计算机链接的命令帧和响应帧均由 ASCII 码组成,使用 ASCII 码的优点是控制代码(包括结束字符)不会和需要传输的数据的 ASCII 码混淆。如果直接传输十六进制数据,可能会将数据误认为是报文帧的结束字符。一个字节的十六进制数对应两个 ASCII 码(即两个字节),因此 ASCII 码的传输效率较低。

(2)控制代码

表 7.4 中所列的是控制代码。PLC 接收到单独的控制代码 EOT(发送结束)和 CL(清除)时,将初始化传输过程,此时 PLC 不会作出响应。

表 7.4　控制代码

信号	代码	功能描述	信号	代码	功能描述
STX	02H	文本开始	LF	0AH	换行
ETX	03H	文本结束	CL	0CH	清除
EOT	04H	发送结束	CR	0DH	回车
ENQ	05H	请求	NAK	15H	不能确认
ACK	06H	确认			

(3)工作站号

工作站号决定计算机访问哪一台 PLC,同一网络中各 PLC 的站号不能重复,否则将会出错。并不要求网络中各站的站号是连续的数字。

在 FX 系列中,用特殊数据寄存器 D8121 来设定站号,设定范围为 00H ~ 0FH。下面的命令将 PLC 设为第 0 号站:

```
LD       M8002
MOV      H0        D8121
```

(4)PLC 标识号

FX 系列 PLC 的标识号用十六进制数 FF 对应的两个 ASCII 字符 46H,46H 来表示。

(5)计算机链接的命令

计算机链接中的命令(见表 7.5)用来指定操作的类型,例如读和写等,用两个 ASCII 字符来表示。

表 7.5　计算机链接中的命令

命令	描　　述	FX_{0N}，FX_{1S}	FX_{2N}，FX_{2NC}，FX_{1N}
BR	以点为单位读位元件(X，Y，M，S，T，C)组	54 点	256 点
WR	以 16 点为单位读位元件组或字元件组	13 字,208 点	32 字,512 点
BW	以点为单位写位元件(Y，M，S，T，C)组	46 点	160 点
WW	以 16 点为单位写位元件组	10 字/160 点	10 字/160 点
	写字元件组(D,T,C)	11 点	64 点
BT	对多个位元件分别置位/复位(强制 ON/OFF)	10 点	20 点
WT	以 16 点为单位对位元件置位/复位(强制 ON/OFF)	6 字/96 点	10 字/160 点
	以字元件为单位,向 D,T,C 写入数据	6 字	10 字
RR	远程控制 PLC 起动		
RS	远程控制 PLC 停机	—	—
PC	读 PLC 的型号代码		
GW	置位/复位所有链接的 PLC 的全局标志	1 点	1 点
—	PLC 发送请求式报文,无命令,只能用于 1 对 1 系统	最多 13 字	最多 64 字
TT	返回式测试功能,字符从计算机发出,又直接返回到计算机	25 个字符	254 个字符

(6)报文等待时间

一些计算机在接收和发送状态之间转换时,需要一定的延迟时间。报文等待时间是用来决定当 PLC 接收到从计算机发送过来的数据后,需要等待的最少时间,然后才能向计算机发送数据。报文等待时间以 10 ms 为单位,可以在 0～150 ms 之间设置,用 ASCII 码表示,即报文等待时间可以在十六进制数 0～F 之间选择。

在 1:N 系统中使用 485PC-IF 转换器时,一般设置为 70 ms 或更长。若网络中 PLC 的扫描时间大于等于 70 ms,应设为最大扫描时间或更长。PLC 发送完数据到接收计算机返回的确认报文之间的等待时间,必须大于 PLC 的两个扫描周期。

(7)数据字符

数据字符即所需发送的数据信息,其字符个数由实际情况决定。例如读命令中的数据字符包括需要读取的数据信息的存储器首地址和要读取的数据的位数或字数。PLC 返回的报文的数据区中则是要读取的数据。

(8)校验和代码

校验和代码用来校验接收到的信息中的数据是否正确。将报文的第一个控制代码与校验和代码之间所有字符的十六进制数形式的 ASCII 码求和,把和的最低两位十六进制数作为校验和代码,并且以 ASCII 码的形式放在报文的末尾。当 D8120 的 b13 位为 1 时,PLC 发送响应报文时自动地在报文的末尾加上校验和代码。接收方收到校验和后,根据接收到的字符计算出校验和代码,并与接收到的校验和代码比较,可以检查出接收到的数据是否出错。

D8120 的 b13 位为 0 时,发送的报文不附加校验和,接收方也不检查校验和。

【例7.2】 计算表7.6所示的命令报文的校验和代码。命令为"BR"(读位元件组),报文等待时间为 30 ms,控制协议为格式1。

表7.6 校验和计算举例

名称	控制代码	站号	标识号	命令	等待时间	起始元件号	元件个数	校验和
字符	ENQ	0 0	F F	B R	3	X 0 0 2 4	0 4	3 5
ASCII	05H	30H 30H	46H 46H	42H 52H	33H	58H 30H 30H 32H 34H	30H 34H	33H 35H

将控制代码 ENQ 与校验和之间的 ASCII 码数据相加:

30H+30H+46H+46H+42H+52H+33H+58H+30H+30H+32H+34H+30H+34H=335H

取和的低两位 35H,将它转换为 ASCII 码 33H 和 35H 后作为校验和代码。"33H"是数字 3 的 ASCII 码。

(9)控制代码 CR/LF

特殊数据寄存器 D8120 的 b15 位被设置为 1 时,选择控制协议格式4,PLC 会在它发出的报文的最后面自动加上回车和换行符,即控制代码 CR/LF,对应的十六进制数为 0DH 和 0AH。

7.4.3 计算机与 PLC 之间的链接数据流

计算机和 PLC 之间的数据流有三种形式:计算机从 PLC 中读数据、计算机向 PLC 写数据和 PLC 向计算机写数据。

(1)计算机读 PLC 的数据

下面以控制协议格式4为例,介绍计算机读取 PLC 数据的数据传输格式(见图7.16)。若选择控制协议格式1,不加最后的 CR(回车)和 LF(换行)代码。

图7.16 中的数据传输分为 A,B,C 三部分。A 和 C 部分是计算机发送数据到 PLC;B 部分是 PLC 发送数据给计算机。

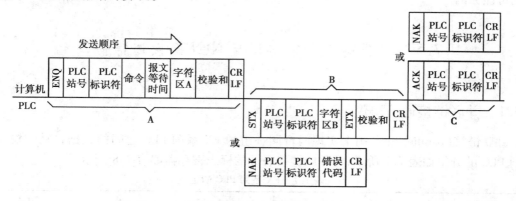

图7.16 计算机读取 PLC 数据的数据传输格式

①A 区是计算机向 PLC 发送的读数据命令报文,以控制代码 ENQ(请求)开始,后面是计算机要发送的数据,数据按从左至右的顺序发送。

②PLC 接收到计算机的命令后,向计算机发送计算机要求读取的数据,该报文以控制代码 STX 开始(图7.16 中的 B 部分);

计算机向 PLC 发送读数据的命令有错误时(例如命令格式不正确或 PLC 站号不符等),或在通信过程中产生错误,PLC 将向计算机发送有错误代码的报文,即图 7.16 中的 B 部分以 NAK 开始的报文,通过错误代码告诉计算机产生通信错误可能的原因。

③计算机接收到从 PLC 中读取的数据后,向 PLC 发送确认报文,该报文以 ACK 开始(图 7.16 中的 C 部分),表示数据已收到。

计算机接收到 PLC 发来的有错误的报文时,向 PLC 发送无法确认的报文,即图 7.16 中的 C 部分以 NAK 开始的报文。

(2)计算机向 PLC 写数据的数据传输格式

计算机向 PLC 写数据的数据传输格式只包括 A,B 两部分。

①计算机首先向 PLC 发送写数据命令报文(图 7.17 中的 A 部分)

②PLC 收到计算机的命令后,执行相应的操作,然后向计算机发送图 7.17 中的 B 部分以 ACK 开头的报文,表示写操作已执行。

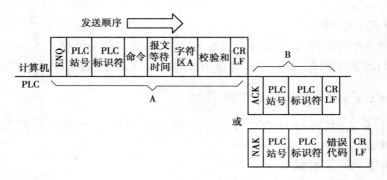

图 7.17　计算机向 PLC 写数据的数据传输格式

与读数据命令相同,若计算机发送的写命令有错误或者在通信过程中出现了错误,PLC 将向计算机发送图 7.17 的 B 部分中以 NAK 开头的报文,通过错误代码告诉计算机产生通信错误的可能原因。

7.5　并联链接通信协议与 N:N 链接通信协议

7.5.1　并联链接通信协议

并联链接(parallel link)用来实现两台同一组的 FX 系列 PLC 之间的数据自动传输。FX 系列 PLC 的分组如表 7.7 所示,与并联链接有关的标志寄存器如表 7.8 所示。

表 7.7　FX 系列 PLC 的组

组号	组 1	组 2	组 3	组 4	组 5
PLC 系列	FX$_{2N}$,FX$_{2NC}$	FX$_{1N}$	FX$_{1S}$	FX$_{0N}$	FX,FX$_{2C}$

表 7.8　与并联链接有关的标志寄存器和特殊数据寄存器

元件名	操　作
M8070	为 ON 时,PLC 作为并联链接的主站
M8071	为 ON 时,PLC 作为并联链接的从站
M8072	PLC 运行在并联链接时,为 ON
M8073	在并联链接时,M8070 和 M8071 中任何一个设置出错时为 ON
M8162	为 OFF 时,为标准模式;为 ON 时,为快速模式
D8070	并联链接的监视时间;默认值为 500 ms

　　并联链接有标准模式(normal mode)和快速模式(high speed mode)两种工作模式,通过特殊辅助继电器 M8162 来设置(见表 7.9)。主、从站之间通过周期性的自动通信,由表 7.9 中的辅助继电器和数据寄存器来实现数据共享。

表 7.9　并联链接两种模式的比较

模　式	通信设备	FX$_{2N}$,FX$_{2NC}$,FX$_{1N}$	FX$_{1S}$,FX$_{0N}$	通信时间/ms
标准模式 (M8162 为 OFF)	主站→从站	M800~M899(100 点) D490~D499(10 点)	M400~M449(50 点) D230~D239(10 点)	70(ms) + 主站扫描时间 + 从站扫描时间
	从站→主站	M900~M999(100 点) D500~D509(10 点)	M450~M499(50 点) D240~D249(10 点)	
快速模式 (M8162 为 ON)	主站→从站	D490,D491(2 点)	D230,D231(2 点)	20(ms) + 主站扫描时间 + 从站扫描时间
	从站→主站	D500,D501(2 点)	D240,D241(2 点)	

【例 7.3】　两台 FX$_{1N}$ 系列 PLC 通过并联链接交换数据,通过程序来实现下述功能:
主站的 X0~X7,通过 M800~M807 控制从站的 Y0~Y7;
从站的 X0~X7,通过 M900~M907 控制主站的 Y0~Y7;
主站 D1 的值大于等于 500 时,从站中的 Y14 为 ON;
从站中 D20 的值用来做主站的 T1 的设定值。
1)主站程序:

```
LD      M8000           //M8000 一直为 ON
OUT     M8070           //设置为主站
MOV     K2X0    K2M800  //主站的 X0~X7 的状态发送给从站的 Y0~Y7
MOV     K2M900  K2Y0    //从站的 X0~X7 控制主站的 Y0~Y7
MOV     D1      D490    //主站的 D1 发送给从站
LD      X10
OUT     T1      D500    //从站中的 D20 为主站的 T1 提供设定值
END
```

2)从站程序:

```
LD      M8000
```

OUT	M8071		//设置为从站
MOV	K2M800	K2Y0	//主站的 X0～X7 控制从站的 Y0～Y7
MOV	K2X0	K2M900	//从站的 X0～X7 的状态发送给主站的 Y0～Y7
AND >	D490	K500	//主站的 D1＞500 时
OUT	Y14		//从站中的 Y14 为 ON
MOV	D20	D500	//从站中的 D20 发送给主站
END			

并联链接快速模式的编程与正常模式基本上相同,其区别仅在于应将 M8162 置为 ON(设为快速模式)。在快速模式时,主站和从站的程序中都需要用一直为 ON 的 M8000 的常开触点接通 M8162 的线圈。

7.5.2　N∶N 链接通信协议

N∶N 链接又称为 PLC 间简易链接,用于最多 8 台 FX 系列 PLC 之间的自动数据交换,其中一台为主机,其余的为从机。

在每台 PLC 的辅助继电器和数据寄存器中分别有一片系统指定的共享数据区,网络中的各台 PLC 通过共享数据区交换数据。

对于某一台 PLC 来说,分配给它的共享数据区的数据自动地传输到别的站的相同区域,分配给其他 PLC 的共享数据区中的数据是别的站自动传输来的。对于某一台 PLC 的用户程序来说,在使用别的站自动传来的数据时,感觉就像读写自己内部的数据区一样方便。共享数据区中的数据与别的 PLC 中的对应数据在时间上有一定的延迟,数据传输的周期与网络中的站数和传输的数据量有关(18～131 ms)。

表 7.10　N∶N 链接网络共享的辅助继电器和数据寄存器

站号	模式 0		模式 1		模式 2	
	位元件	4 点字元件	32 点位元件	4 点字元件	64 点位元件	8 点字元件
0	—	D0～D3	M1000～M1031	D0～D3	M1000～M1063	D0～D7
1		D10～D13	M1064～M1095	D10～D13	M1064～M1127	D10～D17
2		D20～D23	M1128～M1159	D20～D23	M1128～M1191	D20～D27
3	—	D30～D33	M1192～M1223	D30～D33	M1192～M1255	D30～D37
4		D40～D43	M1256～M1287	D40～D43	M1256～M1319	D40～D47
5		D50～D53	M1320～M1351	D50～D53	M1320～M1383	D50～D57
6		D60～D63	M1384～M1415	D60～D63	M1384～M1447	D60～D67
7		D70～D73	M1448～M1479	D70～D73	M1448～M1511	D70～D77

表 7.10 中的辅助继电器和数据寄存器是供各站的 PLC 共享的。以模式 1 为例,如果要用 0 号站的 X0 控制 2 号站的 Y0,可以用 0 号站的 X0 来控制它的 M1000。通过通信,各从站中的 M1000 的状态与主站的 M1000 相同。用 2 号站的 M1000 来控制它的 Y0,相当于用 0 号站的 X0 来控制 2 号站的 Y0。

N:N 链接通信协议的详细使用方法可以参阅参考文献[10]。

7.6　无协议通信方式与 RS 通信指令

FX 系列的 RS 指令用于 PLC 与上位计算机、条形码阅读器或其他 RS-232C 设备的无协议数据通信。这种通信方式最为灵活,适应能力强,PLC 与 RS-232C 设备之间可以使用用户自定义的通信规约,但是 PLC 的编程工作量较大,对编程人员的要求较高。

7.6.1　RS 串行通信指令

RS 串行通信指令(见图 7.18)是通信功能扩展板发送和接收串行数据的指令,指令中的[S·]和 m 用来指定发送数据的地址和字节数(不包括起始字符与结束字符),[D·]和 n 用来指定接收数据的地址和可以接收的最大数据字节数。m 和 n 为常数和数据寄存器 D(1 ~ 255,FX_{2N} 为 1 ~ 4 096)。

一般用初始化脉冲 M8002 驱动的 MOV 指令将数据的传输格式(例如数据位数、奇偶校验位、停止位、传输速率、是否有调制解调等)写入特殊数据寄存器 D8120 中。系统不需要发送数据时,应将发送数据字节数设置为 0;系统不需要接收数据时,应将最大接收数据字节数设置为 0。

图 7.18　RS 指令

无协议通信方式有两种数据处理格式:当 M8161 设置为"OFF"时,为 16 位数据处理模式;反之,为 8 位数据处理模式。两种处理模式的差别在于是否使用 16 位数据寄存器的高 8 位。16 位数据处理模式下,先发送或接收数据寄存器的低 8 位,然后是高 8 位;8 位数据模式时,只发送或接收数据寄存器的低 8 位,未使用高 8 位。

7.6.2　RS 指令编程举例

计算机与 PLC 之间采用 RS-232C 串行通信方式,PLC 上安装 FX-232-BD 通信用功能扩展板。使用 RS 指令的数据通信格式设置如下:16 位数据模式、无控制线方式、有起始字符与结束字符、波特率为 9 600 bit/s、1 位停止位、无奇偶校验、数据长度为 8 位。下面是 PLC 的通信程序:

```
LDI     M8000
OUT     M8161              //M8161 为 OFF,设置为 16 位数据模式
LD      M8002              //首次扫描时
MOV     H0381   D8120      //设置通信参数
MOV     K0      D8129      //超时判定时间设为 100 ms
ZRST    D0300   D0304      //复位接收数据存储区
MOV     H0023   D8124      //起始字符为"#"
MOV     H0024   D8125      //结束字符为" $ "
LD      X1                 //通信期间 X1 应为 ON
```

```
RS          D200      K8      D500    K10   //串行通信指令
LDP         X2                              //在 X2 的上升沿
MOV         H1234     D200                  //准备要发送的数据
MOV         H5678     D201
CCD         D200      D202    K4            //生成校验码,送 D202 和 D203
SET         M8122                           //置位发送请求标志,发送完后 M8122 被自动复位
LD          M8123                           //接收完成时 M8123 被自动置位
BMOV        D500      D300    K4            //保存接收到的数据
RST         M8123                           //复位"接收完成"标志
END
```

程序中,M8161 一直为 OFF,串行通信为 16 位格式,两个字节的数据存储在一个数据寄存器中,M8161 供 ASC,HEX 和 CCD 指令共用。开始执行用户程序时,M8002 接通一个扫描周期,将通信设定值十六进制数 0381H 传送给 D8120,并初始化超时判定时间值、起始字符和结束字符。

超时判定时间等于 D8129 的值乘上 10 ms。当 D8129 设定为 0 时,超时判定时间为 100 ms。接收的数据中途中断时,如果在 D8129 设定的时间(以 10 ms 为单位)内没有重新起动接收,则认为超时,超时判定标志 M8129 置位,接收结束。M8129 不能自动复位,需要用户程序将其复位。使用 M8129 可以在没有结束符的情况下判断字数不定的数据的接收是否结束。

RS 指令的驱动输入 X1 为 ON 时,执行 RS 指令,PLC 处于接收等待状态。它接收到数据时,自动地将它们存储在 RS 指令指定的从 D500 开始的存储区内,同时"接收完成"标志 M8123 ON。用户程序用 M8123 的常开触点将接收到的数据和校验字传送到从 D300 开始的专用数据存储区,然后将 M8123 复位,又回到接收等待状态。

在 X2 的上升沿,将要发送的数据传送给 RS 指令中指定的发送缓冲区中的 D200 和 D201。

校验码指令 CCD 对数据区 D200 和 D201 中的 4 个字节数据作求和运算,十六位运算结果送 D202。同时,对它们作"异或"运算,一个字节的运算结果送 D203 的低字节(高字节为 0)。

最后,用 SET 指令将"发送请求"标志 M8122 置为 ON,开始发送起始字符 23H 以及 4 个字节的数据、4 个字节的校验码和结束字符 24H。发送完成后,M8122 被自动复位。若正在接收数据,要等接收完后再发送。

D202 中求和的结果为 0114H,D203 中异或的结果为 0008H,PLC 的发送帧中的起始字符 23H 和结束字符 24H 是自动加在报文的最前面和最后面的。计算机接收到的十六进制字符串为

$$23\ 34\ 12\ 78\ 56\ 14\ 01\ 08\ 00\ 24$$

发送时,先发送一个字的低字节。

假设计算机发送相同的报文给 PLC,PLC 收到后并不保存起始字符和结束字符,接收缓冲区 D500～D503 中的数据与 D200～D203 中的相同。

发送过程中,D8122 用来存放未发送完的字节数。接收时,用 D8123 存放接收到的字节数。接收完成后,D8123 中的数据保持不变,用户程序将 M8123 复位时 D8123 同时被清零。在传输过程中若发生错误,M8063 为 ON,错误信息在 D8063 中。

习　题

7.1　异步通信为什么需要设置起始位和停止位？

7.2　什么是偶校验？

7.3　什么是半双工通信方式？

7.4　简述 RS-232C 和 RS-485 在通信速率、通信距离和可连接的站数等方面的区别。

7.5　简述以太网防止各站争用总线采取的控制策略。

7.6　简述令牌总线防止各站争用总线采取的控制策略。

7.7　计算机链接用 ASCII 码格式传输数据有什么优缺点？

7.8　计算机链接中的校验和有什么作用？怎样计算校验和？

7.9　简述用计算机链接协议读取 PLC 的数据时，双方的数据传输过程。

7.10　简述用计算机链接协议向 PLC 写入数据时，双方的数据传输过程。

7.11　使用并联链接的两台 PLC 是怎样交换数据的？

7.12　无协议通信方式有什么特点？

第 **8** 章

模拟量模块应用与 PID 闭环控制

8.1 模拟量模块的使用方法

8.1.1 模拟量输入模块简介

以 4 通道模拟量输入模块 FX$_{2N}$-4AD 为例,它可以同时接收并处理 4 个模拟量输入信号,最大分辨率为 12 位,转换后的数字量范围为 − 2 048 ~ 2 047。输入信号有三种可选量程: − 10 ~ + 10 V,4 ~ 20 mA 和 − 20 ~ 20 mA,转换后的数字量的预置值分别为 − 2 000 ~ 2 000,0 ~ 1000 和 − 1000 ~ 1000。

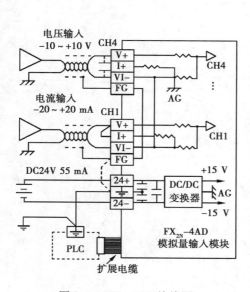

图 8.1 FX$_{2N}$-4AD 接线图

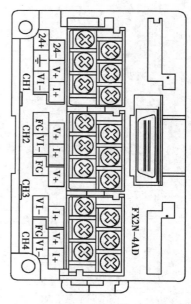

图 8.2 FX$_{2N}$-4AD 端子图

模块的 DC 24V 电源接在"24 + "和"24 − "端(见图 8.1),用双绞线屏蔽电缆接收模拟量输入信号,电缆应远离电力线和其他可能产生电磁感应噪声的导线。

直流信号接在"V +"和"VI -"端,电流输入时需将 V + 和 I + 端短接。应将模块的接地端子和 PLC 基本单元的接地端子连接到一起后接地。如果有较强的干扰信号,应将"FG"端子接地。如果外部输入线路上有电压纹波或电磁感应噪声,可以在电压输入端接一个 0.1 ~ 0.47 μF/25 V 的小电容。

8.1.2　模拟量输入模块的读写

(1)特殊功能模块的读写指令

图 8.3 中的 FROM 是 FX 系列的读特殊功能模块指令,TO 是写特殊功能模块指令。当图中的 X3 为 ON 时,将编号为 m1(0 ~ 7)的特殊功能模块内编号为 m2(0 ~ 32 767)开始的 n 个缓冲存储器(BFM)的数据读入 PLC,并存入[D·]开始的 n 个数据寄存器中。

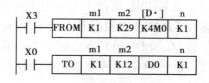

图 8.3　特殊功能模块的读/写指令

接在 FX 系列 PLC 基本单元右边扩展总线上的功能模块,从紧靠基本单元的那个开始,其编号依次为 0 ~ 7。n 是待传送数据的字数,n = 1 ~ 32(16 位操作)或 1 ~ 16(32 位操作)。

图 8.3 中的 X0 为 ON 时,将 PLC 基本单元中从[S·]指定的元件开始的 n 个字的数据,写到编号为 m1 的特殊功能模块中编号 m2 开始的 n 个缓冲存储器中。

(2)平均值滤波

由于模拟量输入模块的转换速度较高,可能采集到缓慢变化的模拟量信号中的干扰噪声,这些噪声往往以窄脉冲的方式出现。为了减轻噪声信号的影响,可以对连续若干次采集到的值取平均值(即平均值滤波),用平均值来代替当前采集到的数据。PLC 的模拟量输入模块一般都有平均值滤波的功能。

取平均值会降低 PLC 对外部输入信号的响应速度。例如 FX_{2N}-4AD 在高速转换方式时,每一通道的转换时间为 6 ms,4 通道为 24 ms。设平均值滤波的周期数为 8,从模块中读取的平均值实际上是前 8 次(即前 192 ms 内)输出值的平均值。在使用 PID 指令对模拟量进行闭环控制时,如果平均值的次数设置得过大,将使模拟量输入模块的反应迟缓,会影响到闭环系统的动态稳定性,给闭环控制带来困难。

(3)模拟量输入模块输出数据的读出

FX_{2N}-4AD 模拟量输入模块有 4 个输入通道,其缓冲存储器功能如下:

BFM#0 中的 4 位十六进制数用来设置通道 1 ~ 通道 4 的量程,最低位对应于通道 1。每一位十六进制数分别为 0 ~ 2 时,对应通道的量程分别为 - 10 ~ + 10 V,4 ~ 20 mA 和 - 20 ~ + 20 mA;为 3 时,关闭通道。

BFM #1 ~ 4 分别是通道 1 ~ 4 求转换数据平均值时的采样周期数(1 ~ 4 096),默认值为 8。如果取 1,为高速运行(未取平均值)。

BFM #5 ~ 8 分别是通道 1 ~ 4 的转换数据的平均值。

BFM #9 ~ 12 分别是通道 1 ~ 4 的转换数据的当前值。

BFM #15 为 0 时,为正常转换速度(15 ms/通道);为 1 时,为高速转换(6 ms/通道)。

BFM #20 被设置为 1 时模块被激活,模块内的设置值被复位为默认值。用它可以快速消除不希望的增益和偏置值,BFM#20 的默认值为 0。

BFM #29 为错误状态信息。当 b0 = 1 时,有错误;b1 = 1 时,有偏置或增益错误;b2 = 1 时,有电源故障;b3 = 1 时,有硬件错误;b10 = 1 时,数字输出值超出范围;b11 = 1 时,平均值滤波的周期数超出允许范围(1 ~ 4 096);以上各位为 0 时,表示正常,其余各位没有定义。

BFM #21 的(b1,b0)设为(1,0)时,禁止调节偏移量和增益,此时 BFM #29 的 b12 = 1;

BFM #21 的(b1,b0)设为(0,1)时,允许调节偏移量和增益,此时 BFM #29 的 b12 = 0。

BFM #30 存储 FX$_{2N}$-4AD 模块的标识码 K2010。可以用 FROM 指令读出。

在下例中,通道 1 和通道 2 被设置为 −10 ~ +10V 的电压输入,通道 3,4 被禁止。模拟量输入模块安装在紧靠基本单元的地方,其模块编号为 0 号。平均值滤波的周期数为 4,数据寄存器 D0 和 D1 用来存放通道 1 和通道 2 的数字量输出的平均值。

指令 TOP 中的 P 表示脉冲执行,即只是在输入信号由 OFF 变为 ON 的上升沿时执行一次 TO 指令。

```
LD      M8002                           //首次扫描时
FROM    K0      K30     D4      K1      //读出 BFM #30 中的标识码
LD =    K2010   D4                      //如果是 FX₂ₙ-4AD
TOP     K0      K0      H3300   K1      //H3300→BFM #0,设置通道 1,2 的量程
TOP     K0      K1      K4      K2      //设置通道 1,2 平均值滤波的周期数为 4
FROM    K0      K29     K4M10   K1      //将模块运行状态从 BFM #29 读入 M10 ~ M25
LDI     M10                             //如果模块运行没有错误
ANI     M20                             //且数字量输出正常
FROM    K0      K5      D0      K2      //通道 1,2 的平均采样值存入 D0 和 D1
```

8.1.3 模拟量输入模块的校准

有的 PLC 采用硬件校准法,有的 PLC 采用软件校准法。校准时,应准备高精度的测量仪表和稳定的输入信号源,平均值滤波的采样次数应取较大的值。

FX$_{2N}$-4AD 模拟量输入模块用程序代替电位器来校准偏移量和增益。定义通道的数字量输出为零时,模拟输入量的值为偏移量;通道的数字量输出为 1 000 时,对应的模拟输入量为增益值。

BFM #23 和 BFM #24 分别用于存放指定通道的偏移量和增益,电压输入的单位为 mV,电流输入的单位为 μA,默认值分别为 0 和 5 000。

BFM #21 的最低两位为二进制数 01 时,允许调节增益和偏移量,为二进制数 10 时,禁止调节增益和偏移量。

BFM #22 的低 8 位用于 1 ~ 4 号通道的偏移量和增益调节,例如最低两位为二进制数 11(十进制数 3)时,允许调节 1 号通道的增益和偏移量。

各通道的增益和偏移量可以分别独立调节;也可以一起调节,使它们具有相同的增益和偏移量。由于分辨率单位的原因,实际可以响应的调节单位为 5 mV 或 20 μA。

偏移量的设置范围为 −5 ~ +5 V 或 −20 ~ +20 mA,增益的设置范围为 1 ~ 15 V 或 4 ~ 32 mA。

下例中将 FX$_{2N}$-4AD 的 1 号通道(CH1)的偏移量设为 0 V,增益设为 2.5 V。假设 FX$_{2N}$-4AD 模块安装在紧靠基本单元的地方,其模块编号为 0 号。

```
LD    X10
SET   M0                          //调节开始
LD    M0
TOP   K0    K0    H0      K1      //设置各通道的量程为 -10 ~ +10 V
TOP   K0    K21   K1      K1      //1→BFM #21,允许调节增益和偏移量
TOP   K0    K22   K0      K1      //0→BFM #22,复位调节位
OUT   T0    K4                    //延时 0.4 s
LD    T0
TOP   K0    K23   K0      K1      //0→BFM #23,令偏移量为 0
TOP   K0    K24   K2500   K1      //2 500→BFM #24,令增益为 2.5 V
TOP   K0    K22   H3      K1      //3→BFM #22,调节通道 1
OUT   T1    K4                    //延时 0.4 s
LD    T1
RST   M0                          //调节结束
TOP   K0    K21   K2      K1      //(1,0)→BFM #21,禁止调节增益和偏移量
```

8.1.4　模拟量输入值的转换

将模拟量输入模块输出的数字量转换为实际的物理量时,应综合考虑变送器的输入/输出量程和模拟量输入模块的量程,找出被测物理量与 A/D 转换后的数据之间的比例关系。

【例 8.1】　某温度变送器的量程为 0 ~ 300 ℃,输出信号为 DC 0 ~ 10 V,FX$_{2N}$-2AD 将 DC 0 ~ 10 V 的信号转换为数字量 0 ~ 4 000,设转换后得到的数字为 N,试求以 0.1 ℃ 为单位的温度值。

解:0 ~ 3 000(0.1 ℃ 为单位的温度值)对应于转换后的数字量 0 ~ 4 000,转换公式为

$$T = 3\ 000\ N/4\ 000 = 3 \times N/4 \quad (0.1\ ℃)$$

上式的运算可以采用定点数运算,注意在乘除运算时应先乘后除,否则会损失原始数据的精度。

【例 8.2】　某温度变送器的输入信号范围为 -40 ~ 300 ℃,输出信号范围为 4 ~ 20 mA,FX$_{2N}$-2AD 将 4 ~ 20 mA 的电流转换为 0 ~ 4 000 的数字量,设转换后得到的数字为 N,求以 0.1 ℃ 为单位的温度值。

4 ~ 20 mA 的模拟量对应于数字量 0 ~ 4 000,即温度值 -400 ~ 3 000(单位为 0.1 ℃)对应于数字量 0 ~ 4 000,根据比例关系,得出温度 T 的计算公式为

$$\frac{T - (-400)}{N} = \frac{3\ 000 - (-400)}{4\ 000}$$

$$T = \frac{3\ 400 \times N}{4\ 000} - 400 = \frac{34 \times N}{40} - 400 \quad (0.1\ ℃)$$

【例 8.3】　某发电机的电压互感器的变比为 10 kV/100 V(线电压),电流互感器的变比为 1 000 A/5 A,功率变送器的额定输入电压和额定输入电流分别为 AC 100 V 和 5 A,额定输

出电压为 DC ± 10 V,某模拟量输入模块将 DC ± 10 V 输入信号转换为 ± 2 000 的数字。设转换后得到的数字为 N,求以 kW 为单位的有功功率值。

解:在设计功率变送器时已经考虑了功率因数对功率计算的影响,因此在推导转换公式时,可以按功率因数为 1 来处理。根据互感器额定值计算的原边有功功率额定值为

$$\sqrt{3} \times 10\ 000\ \text{V} \times 1\ 000\ \text{A} = 17\ 321\ 000\ \text{W} = 17\ 321\ \text{kW}$$

由以上关系不难推算出互感器原边的有功功率与转换后的数字之间的关系为 17 321/2 000 kW / 字。设转换后的数字为 N,如果以 kW 为单位显示功率 P,采用定点数运算时的计算公式为

$$P = N \times 17\ 321/2\ 000\ \text{kW}$$

8.1.5 模拟量输出模块的应用

(1)模拟量输出模块的接线

FX$_{2N}$-2DA 模块将 12 位数字信号转换为模拟量电压或电流输出。它有 2 个模拟输出通道,3 种输出量程:0 ~ 10 V DC,0 ~ 5 V DC 和 4 ~ 20 mA DC,D/A 转换时间为 4 ms/通道。

模拟输出端通过双绞线屏蔽电缆与负载相连。使用电压输出时,负载的一端接在"VOUT"端,另一端接在短接后的"IOUT"和"COM"端。电流型负载接在"IOUT"和"COM"端子上(见图 8.4)。

如果输出电压中有电压纹波或者有干扰噪声,可以在图中位置"*1"处接一个 0.1 ~ 0.47 μF 25 V 的电容。图中位置"*2"和"*3"处的接线端子中的"O"是通道的编号 1 或 2。

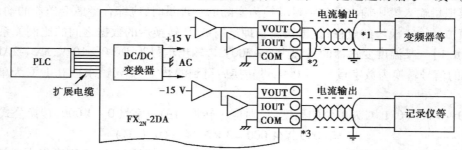

图 8.4 FX$_{2N}$-2DA 接线图

(2)模拟量输出模块的调节

FX$_{2N}$-2DA 的增益可以设置为任意值,为了充分利用 12 位的数字值,建议输入数字范围为 0 ~ 4 000。以 4 ~ 20 mA 电流输出为例,对应的数字量为 0 ~ 4 000。可以在数字量为 4 000 时,调节增益电位器(见图 8.5),使输出电流为 20 mA。然后令数字量为 0,调节偏移电位器,使输出电流为 4 mA。

应反复交替调整增益值和偏移值,直到满足上述的数字量和输出值的关系。可以取一个比较小的值来代替量程的下限值,例如在输出量程为 0 ~ 10 V 时,可以取数字量为 40,输出电压 100 mV 作为低端的调节点。

FX$_{2N}$-2DA 模块在出厂时,调整为输入数字值 0 ~ 4 000 对应于输出电压 0 ~ 10 V。

FX$_{2N}$-2DA 模块共有 32 个缓冲存储器(BFM),但是只使用了下面两个:

①BFM #16 的低 8 位(b7 ~ b0)用于写入输出数据的当前值,高 8 位保留。

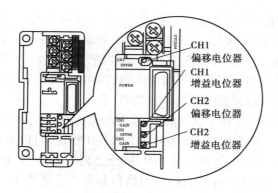

图 8.5　增益与偏移的调节

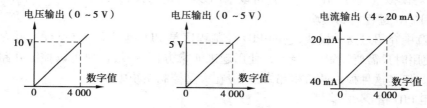

图 8.6　模拟量与数字量的对应关系

②BFM #17 的 b0 位从"1"变为"0"时,通道 2 的 D/A 转换开始;b1 位从"1"变为"0"时,通道 1 的 D/A 转换开始;b2 位从"1"变为"0"时,D/A 转换的低 8 位数据被锁存,其余各位没有意义。

假设 FX$_{2N}$-2DA 模块被连接到 FX$_{2N}$系列 PLC 的 1 号特殊模块位置,要写入通道 1 的数据存放在数据寄存器 D10 中。输入 X0 接通时,起动通道 1 的 D/A 转换,转换程序如下:

```
LD      X0
MOV     D10     K4      M10            //将 D10 中的数字量传送到 M10 ~ M25
TOP     K1      K16     K2M10   K1     //将 D10 的低 8 位数据(M10 ~ M17)写入 BFM
                                         #16
TOP     K1      K17     H0004   K1     //BFM#17 的 b2 位置 1
TOP     K1      K17     H0000   K1     //BFM#17 的 b2 位从 1→0 时,锁存低 8 位数据
TOP     K1      K16     K1M18   K1     //写入高 4 位数据(M18 ~ M21)
TOP     K1      K17     H0002   K1     //BFM#17 的 b1 位置 1
TOP     K1      K17     H0000   K1     //BFM#17 的 b1 位从 1→0 时,通道 1 执行 D/A
                                         转换
```

8.2　PLC 在模拟量闭环控制中的应用

8.2.1　概述

在工业生产中,一般用闭环控制方式来控制温度、压力、流量这一类连续变化的模拟量,无

165

论是使用模拟调节器的模拟控制系统还是使用计算机（包括 PLC）的数字控制系统，PID 控制（即比例-积分-微分控制）都得到了广泛的应用，这是因为 PID 控制具有以下优点：

①自动控制理论中的分析和设计方法主要是建立在控制系统的简化的线性数学模型的基础上的，实际上很难求出大多数工业控制对象准确的数学模型。如果使用 PID 控制器，不需要被控对象的数学模型也可以得到比较满意的控制效果。

②PID 调节器的结构典型，程序设计简单，参数调整方便。

③有较强的灵活性和适应性。根据被控对象的具体情况，可以采用各种 PID 控制的变种和改进的控制方式，例如 PI，PD、带死区的 PID、积分分离式 PID、变速积分 PID 等。随着智能控制技术的发展，PID 控制与模糊控制、神经网络控制等现代控制方法相结合，可以实现 PID 调节器的参数自整定，使 PID 调节器具有经久不衰的生命力。

用 PLC 对模拟量进行 PID 控制时，可以采用以下几种方法：

(1) 使用 PID 过程控制模块

在第 2 章中介绍过这种模块，它的 PID 控制程序是 PLC 生产厂家设计的，并存放在模块中，用户在使用时只需要设置一些参数，使用起来非常方便，一块模块可以控制几路甚至几十路闭环回路。但是这种模块的价格昂贵，一般在大型控制系统中使用。

(2) 使用 PID 指令

现在有很多 PLC 都有供 PID 控制用的应用指令，例如 FX_{2N} 的 PID 指令。它们实际上是用于 PID 控制的子程序，与模拟量输入/输出模块一起使用，可以得到类似于使用 PID 过程控制模块的效果，但是价格便宜得多。

(3) 用自编的程序实现 PID 闭环控制

有的 PLC 没有 PID 过程控制模块和 PID 控制用的应用指令，有时虽然可以使用 PID 控制指令，但是希望采用其他的 PID 控制算法；有的 PLC 的 PID 指令使用的次数有一定的限制。在上述情况下，可能需要用户自己编制 PID 控制程序。

8.2.2　PID 调节器的数字化

典型的 PID 模拟控制系统如图 8.7 所示。图中 $sv(t)$ 是输入量（给定值），$pv(t)$ 为反馈量，$c(t)$ 为输出量，PID 调节器的输入输出关系式为

$$mv(t) = K_P\Big[ev(t) + \frac{1}{T_I}\int ev(t)\,\mathrm{d}t + T_D\frac{\mathrm{d}ev(t)}{\mathrm{d}t}\Big] \tag{8.1}$$

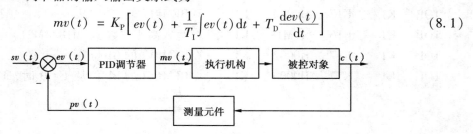

图 8.7　模拟量闭环控制系统方框图

式中误差信号 $ev(t) = sv(t) - pv(t)$，$mv(t)$ 是调节器的输出信号，K_P 是调节器的比例系数，T_I 和 T_D 分别是积分时间常数和微分时间常数。

式 8.1 中等号右边的 3 项分别是输出量中的比例（P）部分、积分（I）部分和微分（D）部分，它们分别与误差、误差的积分和微分成正比。如果取其中的一项或两项，可以组成 P，PD

或 PI 调节器。需要较好的动态品质和较高的稳态精度时,可以选用 PI 控制方式;控制对象的惯性滞后较大时,应选择 PID 控制方式。

PLC 模拟量闭环控制系统如图 8.8 所示。图中的 SV_n 等下标中的 n 表示是第 n 次采样时的数字量,$pv(t)$,$mv(t)$ 和 $c(t)$ 为模拟量。

用 PLC 实现 PID 控制时,PID 调节器实际上是以指令形式出现的一段程序。PID 指令是周期性执行的,执行的周期称为采样周期(T_s)。

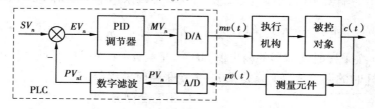

图 8.8 计算机闭环控制系统方框图

(1)一阶惯性数字滤波

反馈信号(或称测量值)$pv(t)$ 中可能混杂有干扰噪声,可以用 RC 低通滤波器(如图 8.9(a)所示)来滤除,RC 电路的传递函数为

$$\frac{1}{RCs + 1} = \frac{1}{T_f s + 1}$$

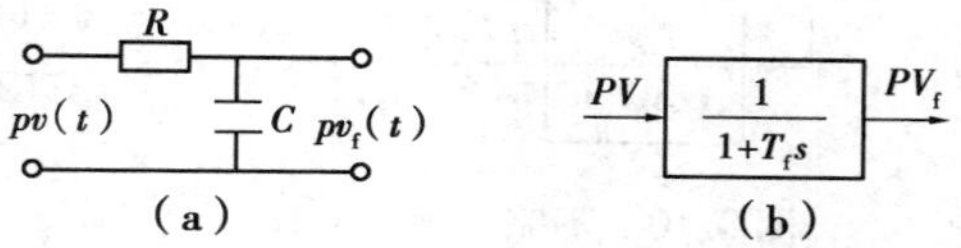

图 8.9 一阶惯性滤波

具有这种传递函数的环节在自动控制理论中称为一阶惯性环节,式中的 $T_f = RC$,是滤波器的时间常数。

A/D 转换器采集到的数据 PV 中的干扰信号也可以用软件实现的数字惯性滤波器来滤掉。图 8.9(b)中的 PV_f 是测量值 PV 经数字滤波后的值,由图可知

$$\frac{PV_f(s)}{PV(s)} = \frac{1}{T_f s + 1}$$

上式对应的微分方程为

$$T_f \frac{dPV_f(t)}{dt} + PV_f(t) = PV(t)$$

用差分方程来近似上式,得

$$T_f \frac{PV_{nf} - PV_{nf-1}}{T_s} + PV_{nf} = PV_n$$

式中的 T_s 为采样周期。上式经整理后得

$$PV_{nf} = PV_n + L(PV_{nf-1} - PV_n)$$

式中的 PV_n 是第 n 次采样时的反馈值(测量值),PV_{nf} 是第 n 次采样时数字滤波器的输出量,PV_{nf-1} 是第 $n-1$ 次采样时滤波器的输出值。T_f 是滤波器的时间常数。$L = T_f / (T_f + T_s)$,其取值范围为 $0 \sim 99\%$,L 越大,滤波效果越好;但是 L 过大会使系统的响应迟缓,动态性能变坏。

(2)PID 调节器的近似运算

由图 8.8 可知,第 n 次采样时的误差(即 PID 调节器的输入量)$EV_n = SV_n - PV_{nf}$。假设系统开始运行的时刻为 $t = 0$,用矩形积分近似精确积分,用差分近似精确微分,将式(8.1)离散化,第 n 次采样时调节器的输出为

$$MV_n = K_P\left[EV_n + \frac{T_s}{T_I}\sum_{j=1}^{n} EV_j + \frac{T_D}{T_s}(EV_n - EV_{n-1}) \right] \qquad (8.2)$$

式中 EV_{n-1} 是第 $n-1$ 次采样时的误差值。

式(8.2)的调节器输出值 MV_n 与电动调节阀的阀门开度(即阀芯的位置)相对应,通常将它称为 PID 的位置式算法。如果执行机构采用步进电动机,或者采用伺服电动机驱动的给定电位器,要求调节器输出 MV_n 的增量为 ΔMV_n,这时可以采用下面的增量式 PID 算法:

$$\Delta MV_n = MV_n - MV_{n-1} = K_P\left[(EV_n - EV_{n-1}) + \frac{T_s}{T_I}EV_n + \frac{T_D}{T_s}(EV_n - 2EV_{n-1} + EV_{n-2}) \right] \quad (8.3)$$

式中 MV_n 是第 n 次采样时调节器的输出值,MV_{n-1} 是第 $n-1$ 次采样时调节器的输出值;EV_{n-1} 是第 $n-1$ 次采样时的误差值,EV_{n-2} 是第 $n-2$ 次采样时的误差值。

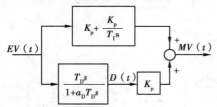

图 8.10 不完全微分 PID

(3)不完全微分 PID

微分的引入可以改善系统的动态性能,但是也容易引入高频干扰,为此在微分部分增加一阶惯性滤波,其传递函数为 $1/(\alpha_D T_D s + 1)$,滤波时间常数为 $\alpha_D T_D$,不完全微分 PID 的传递函数为

$$\frac{MV(s)}{EV(s)} = K_P\left(1 + \frac{1}{T_I s} + \frac{T_D s}{\alpha_D T_D s + 1}\right)$$

第 n 次采样时微分部分的输出量的增量(不包括 K_P)为

$$D_n = \frac{T_D}{T_s + \alpha_D T_D}(EV_n - 2EV_{n-1} + EV_{n-2}) + \frac{\alpha_D T_D}{T_s + \alpha_D T_D}D_{n-1} \qquad (8.4)$$

调节器输出 MV_n 的增量

$$\Delta MV_n = MV_n - MV_{n-1} = K_P\left[(EV_n - EV_{n-1}) + \frac{T_s}{T_I}EV_n + D_n \right] \qquad (8.5)$$

(4)反馈量微分 PID 算法

计算机控制系统的给定值 SV 一般用键盘来修改,这样会导致给定值发生阶跃变化。因为误差 $EV_n = SV - PV_{nf}$,SV 的突变将会使 EV_n 突变,不利于系统的稳定运行。为了解决这一问题,可以只对反馈量 PV_{nf} 微分。不考虑给定值的变化时(即令 SV 为常数),有

$$\frac{\mathrm{d}EV_n}{\mathrm{d}t} = \frac{\mathrm{d}(SV - PV_{nf})}{\mathrm{d}t} = -\frac{\mathrm{d}PV_{nf}}{\mathrm{d}t}$$

将上式离散化后代入式(8.5),得

$$D_n = \frac{T_D}{T_s + \alpha_D T_D}(2PV_{nf-1} - PV_{nf} - PV_{nf-2}) + \frac{\alpha_D T_D}{T_s + \alpha_D T_D}D_{n-1} \qquad (8.6)$$

(5)正动作与反动作

正动作时,定义误差为 $EV_n = PV_{nf} - SV$;反动作时,定义 $EV_n = SV - PV_{nf}$。

测量值 PV_{nf} 大于设定值 SV 时,应选择正动作。例如没有空调时,房间的温度将高于设定值,此时应选择较低的设定值。

测量值 PV_{nf} 小于设定值 SV 时,应选择反动作。加热炉是一个典型的例子,加热元件通电前,炉子的温度低于设定值,接通加热元件后,炉子的温度上升。

8.2.3 PID 指令

PID 回路运算指令的应用指令编号为 FNC88,源操作数[S1],[S2]和[S3]和目标操作数[D]均为 D。[S1]和[S2]分别用来存放给定值 SV 和当前测量到的反馈值 PV,源操作数[S3]占用从[S3]开始的 25 个数据寄存器,用来存放控制参数的值,运算结果 MV 存放在[D]中。

PID 指令用于模拟量闭环控制,在 PID 控制开始之前,应使用 MOV 指令将参数设定值预先写入数据寄存器中。如果使用有断电保持功能的数据寄存器,不需要重复写入。如果目标操作数[D]有断电保持功能,应使用初始化脉冲 M8002 的常开触点将它复位。

PID 指令可以在定时中断、子程序、步进梯形指令区和转移指令中使用,但是在执行 PID 指令之前应使用脉冲执行的 MOVP 指令将[S3]+7 清零(见图 8.11)。

控制参数的设定和 PID 运算中的数据出现错误时,"运算错误"标志 M8067 为 ON,错误代码存放在 D8067 中。

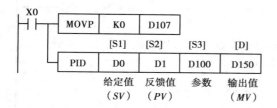

图 8.11 PLC 指令

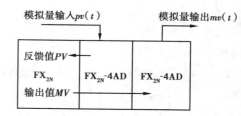

图 8.12 PID 控制系统举例

PID 指令可以同时多次使用,但是用于运算的数据寄存器的元件号不能重复。图 8.12 是使用 PLC 的 PID 指令的控制系统示意图,系统当前的反馈模拟量 $pv(t)$ 被模拟量输入模块 FX_{2N}-4AD 转换为数字量 PV,经滤波和 PID 运算后,将 PID 调节器的输出量 MV 送给模拟量输出模块 FX_{2N}-4DA,它输出的模拟量 $mv(t)$ 送给执行机构(例如电动调节阀)。

PID 指令使用的是位置式输出的增量式 PID 算法(见式 8.5),控制算法中使用了反馈量的一阶惯性数字滤波、不完全微分和反馈量微分等措施,使该指令比普通的 PID 算法具有更好的控制效果。计算公式如下:

$$PV_{nf} = PV_n + L(PV_{nf-1} - PV_n), L = T_f/(T_f + T_s)$$

$$EV_n = PV_{nf} - SV(正动作) 或 EV_n = SV - PV_{nf}(反动作)$$

$$\Delta MV = K_P\left[(EV_n - EV_{n-1}) + \frac{T_s}{T_I}EV_n + D_n\right]$$

$$D_n = \frac{T_D}{T_s + \alpha_D T_D}(2PV_{nf-1} - PV_{nf} - PV_{nf-2}) + \frac{\alpha_D T_D}{T_s + \alpha_D T_D}D_{n-1}$$

$$MV_n = \sum \Delta MV$$

微分增益 α_D 是不完全微分的滤波时间常数与微分时间 T_D 的比值。

[S3]+1 中的第 1,2,4,5 位分别用来设置是否允许输入变化量、输出变化量报警,是否执行自整定和有无输出值上下限设定。

PID 参数表中的[S3]+7 ~ [S3]+19 被 PID 指令占用,[S3]+20 ~ [S3]+23 用于输入、输出变化量增加、减少的报警设定值,[S3]+24 的 0 ~ 3 位用于设置报警输出。

表 8.1　PID 运算的变量

符号	意　义	符号	意　义
SV	设定目标值	EV_n	本次采样时的误差
PV_n	本次采样的反馈值	EV_{n-1}	1 个周期前的误差
MV_n	本次的调节器输出值	ΔMV_n	本次与上一次采样时调节器输出量的差值
PV_{nf}	本次采样时滤波后的反馈值	D_n	本次采样时输出量的微分部分
PV_{nf-1}	1 个周期前滤波后的反馈值	D_{n-1}	1 个周期前输出量的微分部分
PV_{nf-2}	2 个周期前滤波后的反馈值		

表 8.2　PID 指令的参数

符号	地　址	意　义	单位与范围
T_s	［S3］	采样周期	1 ~ 32 767 ms
ACT	［S3］+1	动作方向	第 0 位为 0 时,为正动作;反之,为反动作
L	［S3］+2	输入滤波常数	0 ~ 99 %
K_P	［S3］+3	比例增益	1 ~ 32 767 %
T_I	［S3］+4	积分时间	0 ~ 32 767 ×100 ms
T_D	［S3］+5	微分增益	0 ~ 100 %
α_D	［S3］+6	微分时间	0 ~ 32 767 ×10 ms

8.2.4　PID 参数的整定方法

PID 调节器有 4 个主要的参数 T_s,K_P,T_I 和 T_D 需要整定,无论哪一个参数选择得不合适都会影响控制效果。在整定参数时,首先应把握住 PID 参数与系统动态、静态性能之间的关系。

(1)PID 参数与系统动静态性能的关系

在 P,I,D 这三种控制作用中,比例部分与误差信号在时间上是一致的,只要误差一出现,比例部分就能及时地产生与误差成正比的调节作用,具有调节及时的特点。比例系数 K_P 越大,比例调节作用越强,系统的稳态精度越高;但是对于大多数系统,K_P 过大会使系统的输出量振荡加剧,稳定性降低。

调节器中的积分作用与当前误差的大小和误差的历史情况都有关,只要误差不为零,调节器的输出就会因积分作用而不断变化,并且一直要到误差消失,系统处于稳定状态时,积分部分才不再变化。因此,积分部分可以消除稳态误差,提高控制精度。但是积分作用的动作缓慢,可能给系统的动态稳定性带来不良影响,很少单独使用。

积分时间常数 T_I 增大时,积分作用减弱,系统的动态性能(稳定性)可能有所改善,但是消除稳态误差的速度减慢。

根据误差变化的速度(即误差的微分),微分部分提前给出较大的调节作用。微分部分反映了系统变化的趋势,它较比例调节更为及时,所以微分部分具有超前和预测的特点。微分时

间常数 T_D 增大时,可以使超调量减小,动态性能得到改善,但是抑制高频干扰的能力下降。如果 T_D 过大,系统输出量中可能出现频率较高的振荡分量。

闭环系统的超调量较大时,可以减小比例系数 K_P 或增大积分时间常数 T_I,也可以将 PI 控制器改为 PID 控制器,并逐渐增大微分时间常数 T_D。系统没有超调量,反应过于迟钝时,可以反方向改变上述的参数。消除稳态误差的速度过慢时,可以适当减小积分时间常数 T_I。

选取采样周期 T_s 时,应使它远远小于系统阶跃响应的纯滞后时间或上升时间 T_s。为使采样值能及时反映模拟量的变化,T_s 越小越好。但是 T_s 太小会增加 CPU 的运算工作量,相邻两次采样的差值几乎没有什么变化,所以也不宜将 T_s 取得过小。表 8.3 给出了采样周期的经验数据。

表 8.3　采样周期的经验数据

被控制量	流量	压力	温度	液位	成分
采样周期/s	1~5	3~10	15~20	6~8	15~20

(2)扩充响应曲线法

在调节 PID 的参数时,首先需要确定参数的初始值,如果预定的参数初始值与理想的参数值相差甚远(例如相差几个数量级),将给以后的调试带来很大的困难。因此,如何选择一组较好的 PID 参数初始值是 PID 参数整定中的关键问题。

下面介绍工程中应用较广的扩充响应曲线法,用这种方法可以初步确定前述的 4 个参数。具体方法如下:

①断开系统的反馈,令 PID 调节器为 $K_P = 1$ 的比例调节器,在系统输入端加一个阶跃给定信号,测量并画出广义被控对象(包括执行机构)的开环阶跃响应曲线。绝大多数被控对象的响应曲线如图 8.13 所示,图中的 $c(\infty)$ 是系统输出量的稳态值。

②在曲线上最大斜率处作切线,求得被控对象的纯滞后时间 τ 和上升时间常数 T_1。

③求出系统的控制度。所谓控制度,是指计算机直接数字控制(简称 DDC)与模拟调节器的控制效果之比。控制效果一般用误差平方的积分值函数来表示,即

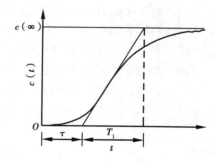

图 8.13　被控对象的阶跃响应曲线

$$\text{控制度} = \frac{\left[\int_0^\infty e^2(t)\,dt\right]_{DDC}}{\left[\int_0^\infty e^2(t)\,dt\right]_{模拟}}$$

当控制度为 1.05 时,认为二者控制效果相当。

④根据求出的 τ,T_1 和控制度的值,查表 8.4 即可求得 PID 调节器的 K_P,T_I,T_D 和 T_s。采样周期 T_s 也可以用经验公式或参考表 8.3 选取。

用以上方法确定的 4 个参数只能作为参考值,为了获得良好的控制效果,还需要进行闭环调试,根据闭环阶跃响应的特征,反复修改控制参数,使系统达到相对最佳的控制效果。

控制度一般很难求出,可以在表 8.4 中选取不同控制度的几组参数,分别检验控制的

效果。

表8.4 扩充响应曲线法参数整定表

控制度	控制方式	K_P	T_I	T_D	T_s
1.05	PI	$0.84T_1/\tau$	3.4τ	—	0.1τ
	PID	$1.15T_1/\tau$	2.0τ	0.45τ	0.05τ
1.2	PI	$0.78T_1/\tau$	3.6τ	—	0.2τ
	PID	$1.0\,T_1/\tau$	1.9τ	0.55τ	0.16τ
1.5	PI	$0.68\,T_1/\tau$	3.9τ	—	0.5τ
	PID	$0.85\,T_1/\tau$	1.62τ	0.65τ	0.34τ
2.0	PI	$0.57\,T_1/\tau$	4.2τ	—	0.8τ
	PID	$0.6\,T_1/\tau$	1.5τ	0.82τ	0.6τ

习　题

8.1　为什么要对模拟信号的采样值进行平均值滤波？怎样选择滤波的参数？

8.2　频率变送器的量程为45～55 Hz,输出信号为4～20 mA,某模拟量输入模块输入信号的量程为4～20 mA,转换后的数字量为0～4 000,设转换后得到的数字为N。试求以 Hz 为单位的频率值,并设计出程序。

8.3　PID 控制为什么会得到广泛的使用？

8.4　PID 中的积分部分有什么作用,怎样调节积分时间常数T_I？

8.5　什么情况下需要使用增量式算法 PID？

8.6　反馈量微分 PID 算法有什么优点？

8.7　如果闭环响应的超调量过大,应调节哪些参数？

8.8　怎样确定 PID 调节器参数的初始值？

第**9**章
PLC 在工业应用中的若干问题

9.1 PLC 的型号选择与硬件配置的确定

9.1.1 PLC 的适用范围与型号选择

PLC 是一种计算机化的高科技产品,价格较高,在选用它之前,首先应考虑是否有必要使用 PLC。

如果被控系统很简单,I/O 点数很少,控制要求也不复杂,则没有必要使用 PLC。下列情况应考虑使用 PLC：

①系统的 I/O 点数很多,控制要求复杂,如果用继电器控制,需要大量的中间继电器、时间继电器、计数器等器件。

②系统对可靠性的要求特别高,继电器控制不能满足要求。

③由于工艺流程和产品品种的变化,需要经常改变控制电路的结构和修改控制参数。

对于新设计的较复杂的机械设备,与继电器控制系统相比,使用 PLC 可以节省大量的元器件,减少控制柜内部的硬接线和安装工作量,可以采用小得多的控制柜或控制箱,减少占地面积,经济上往往是合算的。

在选择 PLC 的型号时,应考虑以下的问题：

(1)控制系统对 PLC 指令系统的要求

对于小型单台仅需要开关量控制的设备,一般的小型 PLC 便可以满足要求,如果选用有增强型应用指令的 PLC,例如 FX_{2N} 系列 PLC,就显得有些大材小用。但是随着科学技术的发展,PLC 的指令系统也将不断发展,功能强大的指令系统也将在较小的不那么贵的 PLC 中越来越多地出现。

(2)估计对用户存储器容量的要求

在初步估算时,对于开关量控制系统,将 I/O 点数乘以 8,就是所需的存储器的字数。

在只有模拟量输入、没有模拟量输出的系统中,一般要对模拟量信号做数据传送、数字滤波和比较运算等操作。在既有模拟量输入又有模拟量输出的系统中,一般要对模拟量做闭环控制,涉及的运算相当复杂,占用用户存储器的字数比只有模拟量输入时要多一些。下面给出在一般情况下使用的经验公式:

1)只有模拟量输入时:

$$模拟量所需存储器字数 = 模拟量路数 \times 120$$

2)既有模拟量输入又有模拟量输出时:

$$模拟量所需存储器字数 = 模拟量路数 \times 250$$

当模拟量路数较少时,应将系数适当增大;反之,则应将系数适当减小。程序设计者的编程水平对所编程序的长度和程序运行的时间可能有很大的影响。一般来说,在考虑存储器容量时,初学者应多留一些余量,有经验者可以少留一些。

在自动测量、自动存储和对系统补偿修正等场合,对存储器的需求量是很大的,有时甚至要求 PLC 有几十 K 字的存储容量。PLC 的用户存储器容量在绝大多数情况下都能满足要求。

(3)估计系统对 PLC 响应时间的要求

对于大多数应用场合来说,PLC 的响应时间并不是主要的问题,因为现代的 PLC 用足够高的速度处理大量的 I/O 数据和解算梯形图逻辑。然而在某些场合则要求考虑 PLC 的响应时间。响应时间是指将相应的外部输入转换为给定的输出的总时间,它包括以下部分:输入滤波器的延迟时间、I/O 服务延迟时间、逻辑解算时间和输出滤波器的延迟时间。由于扫描工作方式引起的延迟可达 2~3 个扫描周期。

为了减少 PLC 的 I/O 响应延迟时间,可以选用扫描速度高的 PLC,使用像 FX 系列的高速 I/O 处理这一类应用指令和中断功能。

PLC 厂家一般给出了输入电路和输出电路的迟延时间,以及执行基本逻辑指令的平均速度(以 ms/K 字为单位),有的厂家还给出了执行每一条指令需要的时间。编程软件可以给用户提供运行时扫描周期的值。

(4)PLC 物理结构的选择

根据物理结构,可以将 PLC 分为整体式和模块式,整体式 PLC 每一 I/O 点的平均价格比模块式的便宜,小型控制系统一般采用整体式 PLC。但是模块式 PLC 的功能扩展方便灵活,I/O 点数的多少、输入点数与输出点数的比例、I/O 模块的种类和块数、特殊 I/O 模块的使用等方面的选择余地都比整体式 PLC 大得多,维修时更换模块、判断故障范围也很方便,因此较复杂的、要求较高和规模较大的系统一般选用模块式 PLC。

(5)对 PLC 功能的特殊要求

对于 PID 闭环控制、快速响应、高速计数和运动控制等特殊要求,可以选用有相应特殊 I/O模块的 PLC。

有模拟量检测和控制功能的 PLC 价格较高,对精度要求不高的恒值调节系统,可以用电接点温度表和电接点压力表之类的传感器,将被控物理量控制在要求的范围内。

(6)对 PLC 通信联网功能的要求

如果要求将 PLC 纳入工厂控制网络,需要考虑 PLC 的通信联网功能,例如可以配置什么样的通信接口,最多可以配置多少个接口,可以使用什么样的通信协议,通信的速率与最大通信距离等。备有串行通信接口的 PLC 可以连接人机界面(触摸屏)、变频器、其他 PLC 和上位计算机等。

（7）**系统对可靠性的要求**

对可靠性要求极高的系统，应考虑是否采用冗余控制系统或热备用系统。

在选择 PLC 型号时，不应盲目追求过高的性能指标，在 I/O 点数和存储器容量方面应留有一定的裕量，I/O 点数一般应留 10% 的裕量。

（8）**编程器与存储器的选择**

以前小型 PLC 一般选用体积小的手持式编程器，现在的发展趋势是使用在个人计算机上运行的编程软件。笔记本电脑价格的降低，解决了现场调试的携带问题。

某些型号的 PLC 仍然用 RAM 和锂电池来保持用户程序。为了防止因干扰和锂电池电压下降等原因破坏 RAM 中的用户程序，可以选用有断电保持功能的 EEPROM 存储卡。

9.1.2　控制系统的结构与控制方式选择

PLC 控制系统可以采用以下几种物理结构和控制方式：

（1）**单机控制系统**

这种控制系统用一台 PLC 控制一台设备，当被控设备的 I/O 点数较少，与别的设备之间没有什么联系时，适于采用这种控制方式。

（2）**集中控制系统**

集中控制系统用一台 PLC 控制几台设备，这些设备的地理位置相距不远，相互之间有一定的联系。与单机控制相比，用一台 PLC 控制多台设备往往会降低总的投资。但是其中一台设备若出现故障，可能会影响其他设备的运行。

如果几台设备相距很远，集中控制方式将使用很多很长的 I/O 线，使系统成本增加，施工工作量增大。这种情况下，可以选用远程 I/O。

（3）**远程 I/O 控制系统**

某些系统（例如仓库、料场等）被控对象的 I/O 装置分布范围很广，可以采用远程 I/O 控制方式（见图 9.1）。在 CPU 单元附近的 I/O 单元称为本地 I/O，远离 CPU 单元的 I/O 单元称为远程 I/O。远程 I/O 与 CPU 单元之间信息的交换只需要很少几根电缆线，远程 I/O 分散安装在被控对象的 I/O 装置附近，它们之间的连线很短。但是使用远程 I/O 时，需要设置通信用的接口模块。

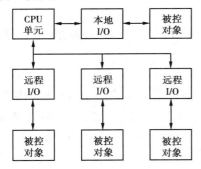

图 9.1　远程 I/O 控制系统

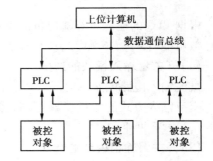

图 9.2　集散控制系统

（4）**集散控制系统**

集散控制系统中，每一台 PLC 只控制一台被控制设备，通过数据通信总线，上位计算机

（可以是工业控制计算机或中高档 PLC）对系统集中管理，PLC 与 PLC 之间也可以互相通信（见图 9.2）。

集散控制系统多用于由多台机械组成的生产线控制，当某台 PLC 停止运行时，不会影响其他 PLC 的工作。与集中控制系统相比较，它使用的 PLC 较多，系统硬件费用会有所增加，但是这种系统在维护、调试、扩大系统规模等方面都比较灵活。

（5）网络控制系统

这种控制系统用于大规模自动控制，例如工厂自动化、大量的数据处理和企业综合管理等。系统中的计算机、PLC、数控机床、机器人等组成一个庞大的通信网络，网络一般分为若干层，最上面一层通常使用以太网，易于实现控制网络与管理网络的一体化。

（6）冗余控制系统

某些过程控制系统必须连续不断地运行，例如化学、石油、冶金、核电站等工业部门中的某些系统，要求控制装置有极高的可靠性。如果控制系统出现故障，由此引起的停产或设备的损坏将造成极大的经济损失。仅仅通过提高控制系统的硬件可靠性来满足上述工业部门对可靠性的要求是不可能的，因为 PLC 本身的可靠性的提高有一定的限度，并且可靠性的提高会使成本急剧增长。使用冗余（redundancy）系统能够有效地解决上述问题。

在冗余控制系统中，整个 PLC 控制系统（或系统中最重要的部分，例如 CPU 模块）由两套完全相同的"双胞胎"组成。两块 CPU 模块使用相同的用户程序并行工作，其中一块是主 CPU，另一块是备用 CPU，后者的输出是被禁止的。当主 CPU 失效时，马上投入备用 CPU，这一切换过程是用所谓冗余处理单元 RPU（redundant processing unit）控制的，I/O 系统的切换也是用 RPU 完成的。在系统正常运行时，由主 CPU 控制系统的工作，备用 CPU 的 I/O 映像表和寄存器通过 RPU 被主 CPU 同步地刷新；接到主 CPU 的故障信息后，RPU 在 1～3 个扫描周期内将控制功能切换到备用 CPU。

（7）混合控制系统

以上介绍了几种系统结构，实际的控制系统可能是以上几种方案的结合，例如集散控制系统与远程 I/O 相结合、部分冗余与网络控制相结合等，应根据被控对象的具体情况选择适当的方案。

9.1.3 开关量 I/O 模块的选择

根据 PLC 的输入量和输出量的点数和性质，可以确定 I/O 模块的型号和数量。每一模块的点数可能有 4,8,16 和 32,点数多的，每点平均价格低一些。

（1）开关量输入模块的选择

直流输入电路的延迟时间较短，可以直接与接近开关、光电开关等电子输入装置连接。

交流输入方式的触点接触可靠，适合于在有油雾、粉尘的恶劣环境下使用。输入电压有110 V,220 V 两种。

（2）开关量输出模块的选择

选择时，应考虑负载电压的种类和大小、系统对延迟时间的要求、负载状态变化是否频繁等，还应注意同一输出模块对电阻性负载、电感性负载和白炽灯的驱动能力的差异。继电器输出模块的使用电压范围广，导通压降小，承受瞬时过电压和过电流的能力较强，但是动作速度较慢，寿命（动作次数）有一定的限制。如果系统输出量的变化不是很频繁，建议优先选用继电器型的。

晶体管型与双向晶闸管型模块分别用于直流负载和交流负载,它们的可靠性高,反应速度快,输出元件的寿命与动作次数的关系不大,但是过载能力稍差。

有的模块对每组的总输出电流也有限制,例如 0.5 A/点、0.8 A/4 点,允许的输出电流随环境温度升高而降低(有的 PLC 给出了有关的曲线),这些在设计时都应加以考虑。

9.2　PLC 控制系统的设计调试步骤

9.2.1　深入了解被控制系统

PLC 控制系统的设计调试过程如图 9.3 所示。首先应深入了解被控系统,这一步是系统设计的基础。设计前应深入现场进行调查研究,搜集资料,并与工艺、机械方面的技术人员和现场操作人员密切配合,共同解决设计中出现的问题,如果是改造旧设备,还应仔细阅读原有的电气图纸和技术资料。在这一阶段,应详细了解被控对象的全部功能,包括机械部件的动作顺序、动作条件和必要的保护与联锁,设备内部的机械、液压、气动、仪表、电气系统之间的关系,系统有哪些工作方式(例如手动、自动、半自动等),PLC 与其他智能设备(例如别的 PLC、计算机、变频调速器、工业电视、机器人)之间的关系,PLC 是否需要通信联网,电源突然停电及紧急情况的处理,需要显示哪些物理量及显示的方式,等等。

这一阶段,应确定哪些信号需要输入给 PLC,哪些负载由 PLC 驱动。最好分类统计出各输入量和输出量的性质,是开关量还是模拟量,是直流量还是交流量,以及电压的大小等级。

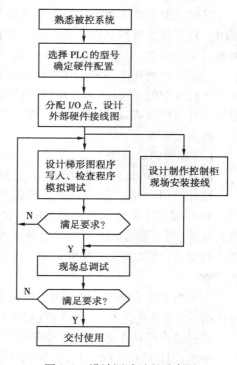

图 9.3　设计调试过程示意图

9.2.2　与硬件有关的设计

①确定系统输入元件(例如按钮、指令开关、限位开关、接近开关、传感器、变送器等)和输出元件(例如继电器、接触器、电磁阀、指示灯等)的型号,其选择方法可以参阅有关书籍。

②根据被控对象对控制系统的要求,以及 PLC 的输入量、输出量的类型和点数,确定出 PLC 的型号和硬件配置。对于整体式 PLC,应确定基本单元和扩展单元的型号;对于模块式 PLC,应确定机架或基板的型号,选择所需模块的型号和每种型号的块数。

③给 PLC 的输入量、输出量分配元件号。输入/输出继电器的元件号与它们对应的 I/O 信号所接的接线端子编号是一致的。这一步为绘制硬件接线图打好了基础。最好列一张 I/O

信号表,表中标明各信号的名称、代号和分配的元件号。如果使用有多个机架的模块式 PLC,还应标明各信号所在的机架、模块序号和所接的端子号。如果有必要,还应列出信号的有效状态,是上升沿有效还是下降沿有效,是高电平有效还是低电平有效,等等。对于开关量输入信号,还应列出是常开触点还是常闭触点,触点在什么条件下接通或断开等。

如果程序相当复杂,则只能在编写程序的过程中逐步确定需要使用多少个辅助继电器、定时器、计数器等内部编程元件,并确定它们的元件号。

④画出硬件接线图。给输入量、输出量分配好元件号后,设计出 PLC 的外部硬件接线图以及其他电气部分的原理图、接线图和安装所需的图纸。

9.2.3 程序设计与调试

(1)程序设计

首先应根据总体要求和控制系统的具体情况,确定用户程序的基本结构,画出程序结构方框图。对于开关量控制系统的自动程序,则应首先画出顺序功能图。方框图和顺序功能图是编程的主要依据,应尽可能准确和详细。

开关量控制程序一般用梯形图语言进行设计,较简单的系统的梯形图可以用经验法设计,对于比较复杂的系统,一般采用顺序控制设计法。画出系统的顺序功能图后,选择第 5 章介绍的某一种编程方式,设计出自动控制工作方式的梯形图,具有多种工作方式的系统的梯形图设计可以参考 5.5 节。

(2)模拟调试程序

输入程序后,首先逐条仔细检查,并改正输入时出现的错误。

设计好用户程序后,一般先做模拟调试。有的 PLC 厂家提供了在计算机上运行,并可以代替 PLC 硬件来调试用户程序的仿真软件,例如与西门子 STEP 7 编程软件配套的 S7-PLCSIM 仿真软件、与三菱 GX Developer 编程软件配套的 GX Simulator 仿真软件。在仿真时,按照系统功能的要求,将位输入元件置为 ON 或 OFF,或改写某些元件中的数据,监视是否能实现要求的功能。

如果有 PLC 的硬件,可以用小开关和按钮来模拟 PLC 实际的输入信号,例如用它们发出操作指令;或者在适当的时候用它们来模拟实际的反馈信号,例如限位开关触点的接通和断开。通过输出模块上各输出位对应的发光二极管,观察输出信号是否满足设计的要求。调试时一般不用接 PLC 实际的负载,例如接触器、电磁阀等。

可以根据顺序功能图,在适当的时候用开关或按钮来模拟实际的反馈信号,例如限位开关触点的接通和断开。模拟的反馈信号出现和消失的时间应与实际的反馈信号一样。

对于顺序控制程序,调试程序的主要任务是检查程序的运行是否符合顺序功能图的规定。在某一转换条件实现时,检查是否发生步的活动状态的正确变化,即该转换所有的前级步是否变为不活动步,所有的后续步是否变为活动步,以及各步被驱动的负载是否发生相应的变化。

在调试时,应充分考虑各种可能的情况,对系统各种不同的工作方式、有选择序列的顺序功能图中的每一条支路、各种可能的进展路线,都应逐一检查,不能遗漏。发现问题后,应及时修改梯形图和 PLC 中的程序,直到在各种可能的情况下输入量与输出量之间的关系完全符合要求。

如果程序中某些定时器或计数器的设定值过大,为了缩短调试时间,可以在调试时将它们减小,模拟调试结束后再写入它们的实际设定值。

在设计和模拟调试程序的同时,可以设计、制作控制台或控制柜,PLC 之外的其他硬件的安装、接线工作也可以同时进行。

(3) 现场调试

完成上述的工作后,将 PLC 安装在控制现场进行联机总调试。在调试过程中,将暴露出系统中可能存在的传感器、执行器和硬接线等方面的问题,以及 PLC 的外部接线图和梯形图程序设计中的问题,应对出现的问题及时加以解决。

(4) 编写技术文件

系统交付使用后,应根据调试的最终结果整理出完整的技术文件,供本单位存档,部分资料应提供给用户,以利于系统的维修和改进。技术文件应包括:

①PLC 的外部接线图和其他电气图纸。

②PLC 的编程元件表,包括程序中使用的输入/输出继电器、辅助继电器、定时器、计数器、状态等的元件号、名称、功能,以及定时器、计数器的设定值等。

③带注释的梯形图和必要的总体文字说明。

④如果梯形图是用顺序控制法编写的,应提供顺序功能图。

9.3　降低 PLC 控制系统硬件费用的方法

当前 PLC 的每一 I/O 点平均价格高达几十元甚至上百元,减少所需 I/O 点数是降低系统硬件费用的主要措施。

9.3.1　减少所需 PLC 输入点数的方法

(1) 分组输入

自动程序和手动程序不会同时执行,自动和手动这两种工作方式分别使用的输入量可以分成两组(见图 9.4)。X10 用来输入自动/手动指令,供自动程序和手动程序切换之用。

图中的二极管用来切断寄生电路。假设图中没有二极管,系统处于自动状态,K1,K2,K3 闭合,K4 断开,这时电流从 X1 端子流出,经 K2,K1,K3 形成的寄生回路流回 COM 端子,使输入继电器 X1 错误地变为 ON。各开关串联二极管后,切断了寄生回路,避免了错误输入的产生。

(2) 矩阵输入

矩阵输入可以显著地减少所需的 PLC 的输入点数,FX系列提供了三种可供选择的矩阵输入指令。

矩阵输入指令 MTR 的应用指令编号为 FNC52,利用该指令,可以用连续的 8 点输入与 n 点($n = 2 \sim 8$)输出组成 n 行 8 列的输入矩阵(见图 6.37),输入 16 ~ 64 个信号。

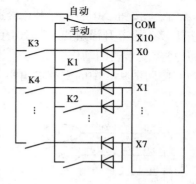

图 9.4　分组输入

16 键输入指令 HKY 的应用指令编号为 FNC71,10 个数字键和 6 个功能键只需要 4 个输入点和 4 个输出点(见图 6.53)。

数字开关指令 DSW 的应用指令编号为 FNC72，只需要 4 个输出点，4 个或 8 个输入点，就可以读入一个或两个 4 位 BCD 码数字开关提供的信息。

（3）输入触点的合并

如果某些外部输入信号总是以某种"与或非"组合的整体形式出现在梯形图中，可以将它们对应的触点在 PLC 外部串、并联后作为一个整体输入 PLC，只占 PLC 的一个输入点。

例如某负载可以在三处起动和停止，可以将三个起动信号并联，将三个停止信号串联，分别送给 PLC 的两个输入点（见图 9.5）。与每一个起动信号和停止信号占用一个输入点的方法相比，不仅节约了输入点，还简化了梯形图电路。

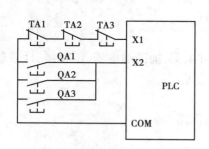

图 9.5　输入触点的合并

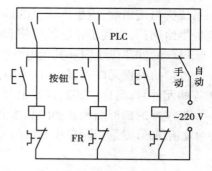

图 9.6　输入信号设在 PLC 之外

（4）将系统的输入信号设置在 PLC 之外

系统的某些功能简单、涉及面很窄的输入信号，例如某些手动操作按钮、手动复位的电动机热继电器 FR 的常闭触点等，没有必要作为 PLC 的输入信号，可以将它们设置在 PLC 外部的硬件电路中（见图 9.6）。即使 PLC 出现故障，也可以进行手动操作。某些手动按钮需要串接一些安全联锁触点，如果外部联锁电路过于复杂，则应考虑仍将有关信号送入 PLC，用梯形图实现联锁。

（5）只用一个按钮的控制电路

普通的起保停电路需要起动和停止两个按钮，而图 9.7 是用一个按钮通过 X0 控制 Y0 的通断。

按下按钮，X0 的常开触点接通，X0 的上升沿触点使 Y0 的线圈"通电"并自锁；再按一次按钮，X0 的上升沿触点使 M101 的线圈"通电"，其常闭触点使 Y0 变为 0 状态。以后再按按钮，将重复上述的动作。

使用图 9.8 中的交替输出指令（ALT 指令），用一个按钮 X0 也可以控制 Y0 的通断。

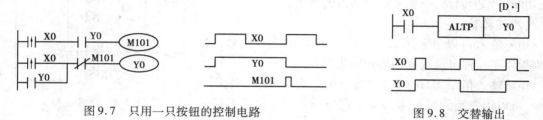

图 9.7　只用一只按钮的控制电路　　　　图 9.8　交替输出

9.3.2　减少所需 PLC 输出点数的方法

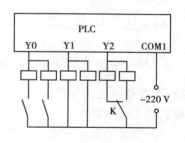

图 9.9　外部负载电路

通/断状态完全相同的两个负载并联后,可以共用一个输出点,通过外部的或 PLC 控制的转换开关 K 的切换(见图 9.9),PLC 的每个输出点可以控制两个不同时工作的负载。使用外部元件的触点,可以用一个输出点控制两个或多个有不同要求的负载。

用 PLC 的一个输出点控制指示灯常亮或闪烁,可以显示两种不同的信息。

在需要用指示灯显示 PLC 驱动的负载(例如接触器线圈)状态时,可以将指示灯与负载并联。并联时,指示灯与负载的额定电压应相同,总电流不应超过 PLC 允许的值。

接触器一般有两对辅助常开触点和两对辅助常闭触点,可以用它们来控制指示灯或实现 PLC 外部的硬件联锁。

系统中某些相对独立的或比较简单的部分,可以用继电器线路控制,这样同时减少了所需的 PLC 输入点和输出点。

9.4　提高 PLC 控制系统可靠性的措施

PLC 是专门为工业环境设计的控制装置,一般不需要采取什么特殊措施,就可以直接在工业环境使用。但是,如果环境过于恶劣,电磁干扰特别强烈,或者安装使用不当,都不能保证系统的正常安全运行。干扰可能使 PLC 接收到错误的信号,造成误动作,或使 PLC 内部的数据丢失,严重时甚至会使系统失控。在系统设计时,应采取相应的可靠性措施,以消除或减少干扰的影响,保证系统的正常运行。

外部干扰可能因为下列原因产生:

①控制系统供电电源的波动以及电源电压中高次谐波产生的干扰。

②其他设备或空中强电场通过分布电容的耦合窜入控制系统引起的干扰。

③邻近的大容量电气设备起动和停机时,因电磁感应引起的干扰。

④信号线绝缘降低,通过导线绝缘电阻引起的干扰。

消除干扰的主要方法是阻断干扰侵入的途径和降低系统对干扰的敏感性,提高系统自身的抗干扰能力。

实践表明,系统中 PLC 之外的部分(特别是机械限位开关)的故障率,往往比 PLC 本身的故障率高得多。因此,在设计时应采取相应的措施,例如用高可靠性的接近开关代替机械限位开关,才能保证整个系统的可靠性。

9.4.1　电源的抗干扰措施

电源是干扰进入 PLC 的主要途径之一,电源干扰主要是通过供电线路的阻抗耦合产生的,各种大功率用电设备(特别是大功率变频器)是主要的干扰源。

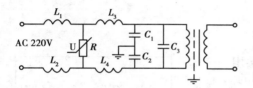

图 9.10 低通滤波电路与隔离变压器

在干扰较强或对可靠性要求很高的场合,可以在 PLC 的交流电源输入端加接带屏蔽层的隔离变压器和低通滤波器(见图 9.10),隔离变压器可以抑制从电源线窜入的外来干扰。

高频干扰信号不是通过变压器绕组的耦合,而是通过初级、次级绕组间的分布电容传递的。在初级、次级绕组之间加绕屏蔽层,并将它和铁芯一起接地,可以减少绕组间的分布电容,提高抗高频共模干扰的能力。

低通滤波器可以吸收掉电源中的大部分"毛刺",图中的 L_1 和 L_2 用来抑制高频差模电压,L_3 和 L_4 是用相同圈数的导线反向绕在同一磁环上的,50 Hz 的工频电流在磁环中产生的磁通互相抵消,磁环不会饱和。两根线中的共模干扰电流在磁环中产生的磁通是叠加的,共模干扰被 L_3 和 L_4 阻挡。图中的 C_1 和 C_2 用来滤除共模干扰电压,C_3 用来滤除差模干扰电压。R 是压敏电阻,其击穿电压应高于电源正常工作时的最高电压,平常相当于开路。遇尖峰干扰脉冲时被击穿,干扰电压被压敏电阻钳位,这时压敏电阻的端电压等于其击穿电压。尖峰干扰消失后,压敏电阻恢复正常状态。

可以在互联网上搜索"电源滤波器"、"抗干扰电源"和"净化电源"等关键词,选用相应的抗电源干扰的产品。

在电力系统中,使用 220 V 的直流电源(蓄电池)给 PLC 供电,可以显著地减少来自交流电源的干扰,在交流电源消失时,也能保证 PLC 的正常工作。某些 PLC(例如 FX 系列 PLC)的电源输入端内,有一个直接对 220 V 交流电源整流的二极管整流桥,交流电压经整流后送给 PLC 内的开关电源。开关电源的输入电压范围很宽,这种 PLC 也可以使用 220 V 直流电源。使用交流电源时,整流桥的每只二极管只承受一半的负载电流;使用直流电源时,有两只二极管承受全部负载电流。考虑到 PLC 的电源输入电流很小,在设计时整流二极管一般都留有较大的裕量,如果使用直流 220 V 电源电压也不会有什么问题。经过长期的工业运行,证明上述方案是可行的。

动力部分、控制部分、PLC 以及 I/O 电源应分别配线,隔离变压器与 PLC 和与 I/O 电源之间应采用双绞线连接。系统的动力线应足够粗,以降低大容量异步电动机起动时的线路压降。

外部输入电路用的外接直流电源最好采用稳压电源,那种仅将交流电压整流滤波的电源含有较强的纹波,可能使 PLC 接收到错误的信息。

9.4.2 感性负载的处理

感性负载具有储能作用,当控制它的触点断开时,电路中的感性负载会产生高于电源电压数倍甚至数十倍的反电势;触点闭合时,会因触点的抖动而产生电弧。它们都会对系统产生干扰,对此可以采取以下措施:

PLC 的输入端或输出端接有感性元件时,应在它们两端并联续流二极管(对于直流电路,如图 9.11(a)所示)或阻容电路(对于交流电路,如图 9.11(b)所示),以抑制电路断开时产生的电弧对 PLC 的影响。电阻可以取 $51 \sim 120\ \Omega$,电容可以取 $0.1 \sim 0.47\ \mu F$,电容的额定电压应大于电源峰值电压。续流二极管可以选 1 A 的管子,其额定电压应大于电源电压的 3 倍。为了减少电动机和电力变压器投切时产生的干扰,可在电源输入端设置浪涌电流吸收器。

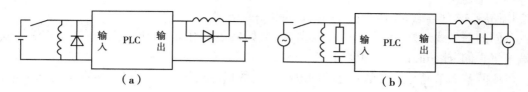

图 9.11　输入/输出电路的处理

如果输入信号由晶体管提供,其截止电阻应大于 10 kΩ,导通电阻应小于 800 Ω。当接近开关、光电开关这一类两线式传感器的漏电流较大时,可能出现错误的输入信号,可以在 PLC 的输入端并联旁路电阻,以减小输入电阻(见图 9.12)。旁路电阻的阻值 R 由下式确定:

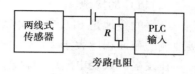

图 9.12　输入电路

$$I \frac{RU_e/I_e}{R + U_e/I_e} \leqslant U_L$$

式中 I 为传感器漏电流,U_e,I_e 分别是 PLC 的额定输入电压和额定输入电流,U_L 是 PLC 输入电压低电平的上限值。

9.4.3　安装与布线的抗干扰措施

(1)安装的抗干扰措施

开关量信号一般对信号电缆无严格的要求,可以选用一般电缆。信号传输距离较远时,可以选用屏蔽电缆。模拟信号和高速信号线(例如脉冲传感器和旋转编码器等提供的信号)应选择屏蔽电缆。通信电缆对可靠性的要求高,有的通信电缆的信号频率很高(可达数 MHz),一般应选用 PLC 生产厂家提供的专用电缆;在要求不高或信号频率较低时,也可以选用带屏蔽的多芯电缆或双绞线电缆。

PLC 应远离强干扰源,例如大功率晶闸管装置、高频焊机、变频器和大型动力设备等。PLC 不能与高压电器安装在同一个开关柜内,在柜内 PLC 应远离动力线,二者之间的距离应大于 200 mm。与 PLC 装在同一个开关柜内的电感性元件,例如继电器、接触器的线圈,应并联 RC 消弧电路。

信号线与功率线应分开走线,电力电缆应单独走线,不同类型的线应分别装入不同的电缆管或电缆槽中,并使其有尽可能大的空间距离,信号线应尽量靠近地线或接地的金属导体。

在开关量输入/输出线不能与动力线分开布线时,可以用继电器来隔离输入/输出线上的干扰。当信号线的长度超过 300 m 时,应采用中间继电器来转接信号,或使用 PLC 的远程 I/O 模块。

I/O 线与电源线应分开走线,并保持一定的距离。如果不得已要在同一线槽中布线,应使用屏蔽电缆。交流线与直流线应分别使用不同的电缆;如 I/O 线的长度超过 300 m 时,输入线与输出线应分别使用不同的电缆;开关量、模拟量 I/O 线应分开敷设,后者应采用屏蔽线。

如果模拟量输入/输出信号距离 PLC 较远,应采用 4～20 mA 的电流传输方式,而不是易受干扰的电压传输方式。

传送模拟信号的屏蔽线,其屏蔽层应一端接地,为了泄放高频干扰,数字信号线的屏蔽层应并联电位均衡线,其电阻应小于屏蔽层电阻的 1/10,并将屏蔽层两端接地。如果无法设置电位均衡线,或只考虑抑制低频干扰时,也可以一端接地。

不同的信号线最好不用同一个插接件转接,如果必须用同一个插接件,要用备用端子或地线端子将它们分隔开,以减少相互干扰。

PLC 的基本单元与扩展单元之间的电缆传送的信号电压低、频率高,很容易受到干扰,不能将它与别的线敷设在同一管道内。

(2) PLC 的接地

良好的接地是 PLC 安全可靠运行的重要条件,PLC 与强电设备最好分别使用接地装置,接地线的截面积应大于 2 mm²,接地点与 PLC 的距离应小于 50 m。

在发电厂或变电站中,有接地网络可供使用。各控制屏和自动化元件可能相距甚远,若分别将它们在就近的接地铜排上接地,强电设备的接地电流可能在两个接地点之间产生较大的电位差,干扰控制系统的正常工作。为了防止不同信号回路接地线上的电流产生的设备之间的干扰,必须分系统(例如以控制屏为单位)将弱电信号的内部地线接通,然后各自用规定面积的导线统一引到接地网络的同一点,从而实现控制系统一点接地。

(3) 强烈干扰环境中的隔离措施

PLC 内部用光电耦合器、输出模块中的小型继电器和光电晶闸管等器件来实现对外部电路的隔离,PLC 的模拟量 I/O 模块一般也采取了光电耦合的隔离措施。这些器件除了能减少或消除外部干扰对系统的影响外,还可以保护 CPU 模块,使之免受从外部窜入 PLC 的高电压的危害,因此一般没有必要在 PLC 外部再设置干扰隔离器件。

在大的发电厂等工业环境,空间中极强的电磁场和高电压、大电流的通断将会对 PLC 产生强烈的干扰。由于现场条件的限制,有时几百米长的强电电缆和 PLC 的低压控制电缆只能敷设在同一条电缆沟内,强电干扰在输入线上产生的感应电压和电流相当大,足以使 PLC 输入端的光电耦合器中的发光二极管发光,光电耦合器的隔离作用失效,使 PLC 产生误动作。例如某水电站中的 PLC,在站内无发电机运行时工作正常,发电机起动后经常出现误动作,可以观察到在没有输入信号时,PLC 的某些输入点对应的发光二极管有时也会闪动。在这种情况下,对于用长线引入 PLC 的开关量信号,可以用小型继电器来隔离。使输入点从 OFF 变为 ON 的最小输入电流仅 4 mA 左右,而小型继电器的线圈吸合电流为数十毫安,强电干扰信号通过电磁感应产生的能量一般不可能使隔离用的继电器吸合。有的系统需要使用外部信号的多对触点,例如一对触点用来给 PLC 提供输入信号,一对触点用来给上位计算机提供开关量信号,一对触点用于指示灯,使用继电器转接输入信号既能提供多对触点,又实现了对强电干扰信号的隔离。来自开关柜内和距离开关柜不远的输入信号,一般没有必要用继电器来隔离。

为了提高抗干扰能力,可以考虑使用光纤通信电缆,或者使用带光电耦合器的通信接口。在腐蚀性强或潮湿的环境,需要防火、防爆的场合,更适于采用这种方法。

(4) PLC 输出的可靠性措施

继电器型输出模块的触点工作电压范围宽,导通压降小,与晶体管型和双向晶闸管型模块相比,承受瞬时过电压和过电流的能力较强,但是动作速度较慢。系统输出量变化不是很频繁时,一般选用继电器型输出模块。如果用 PLC 驱动交流接触器,应将额定电压 380 V 的交流接触器的线圈换成 220 V 的。

如果负载要求的输出功率超过 PLC 的允许值,应设置外部的继电器。PLC 输出模块内的小型继电器的触点小,断弧能力差,不能直接用于 DC 220 V 电路中,必须用 PLC 驱动外部继电器,用外部继电器的触点驱动 DC 220 V 的负载。

9.4.4　抗干扰的软件措施

有时只采用硬件措施不能完全消除干扰的影响,必须用软件措施加以配合。可以采用以下的软件措施:

(1)对于含有较强干扰信号的开关量输入,可以采用软件延时 20 ms,两次或两次以上读入同一信号,结果一致才确认输入有效。

(2)某些干扰是可以预知的,例如 PLC 的输出命令使执行机构(大功率电动机、电磁铁等)动作,常常会伴随产生火花、电弧等干扰信号,它们产生的干扰信号可能使 PLC 接收到错误的信息。在容易产生这些干扰的时间内,可用软件封锁 PLC 的某些输入信号,在干扰易发期过去后,再取消封锁。

(3)故障的检测与诊断。PLC 的可靠性很高,本身有很完善的自诊断功能,PLC 如果出现故障,借助自诊断程序可以方便地找到故障的部位与部件,更换后就可以恢复正常工作。

大量的工程实践表明,PLC 外部的输入、输出元件,例如限位开关、电磁阀、接触器等的故障率远远高于 PLC 本身的故障率,而这些元件出现故障后,PLC 一般不能觉察出来,不会自动停机,可能使故障扩大,直至强电保护装置动作后停机,有时甚至会造成设备和人身事故。停机后,查找故障也要花费很多时间。为了及时发现故障,在没有酿成事故之前使 PLC 自动停机和报警,也为了方便查找故障,提高维修效率,可以用梯形图程序实现故障的自诊断和自处理。

现代的 PLC 拥有大量的软件资源,例如 FX$_{2N}$ 系列 PLC 有几千点辅助继电器、几百点定时器和计数器,有相当大的裕量。可以把这些资源利用起来,用于故障检测。

①超时检测。机械设备在各工步的动作所需的时间一般是不变的,即使变化也不会太大,因此可以以这些时间为参考,在 PLC 发出输出信号,相应的外部执行机构开始动作时,起动一个定时器定时,定时器的设定值比正常情况下该动作的持续时间长 10% ~ 20%。例如设某执行机构(例如电动机)在正常情况下运行 10 s 后,它驱动的部件使限位开关动作,发出动作结束信号。若该执行机构的动作时间超过 12 s(即对应定时器的设定时间),PLC 还没有接收到动作结束信号,定时器延时接通的常开触点就发出故障信号,停止执行正常的程序,起动报警和故障显示程序,使操作人员和维修人员能迅速判别故障的种类,及时排除故障。

②逻辑错误检测。在系统正常运行时,PLC 的输入、输出信号和内部的信号(例如辅助继电器的状态)相互之间存在着确定的关系;如果出现异常的逻辑信号,则说明出现了故障。因此,可以编制一些常见故障的异常逻辑关系,一旦异常逻辑关系为 ON 状态,就应按故障处理。例如某机械运动过程中先后有两个限位开关动作,这两个信号不会同时为 ON 状态,若它们同时为 ON,说明至少有一个限位开关被卡死,应停机进行处理。在梯形图中,用这两个限位开关对应的输入继电器的常开触点串联,来驱动一个表示限位开关故障的辅助继电器。

本节对 PLC 控制系统的主要干扰源进行了分析,介绍了可供选用的抗干扰措施,在实际应用中,应根据具体的情况,有针对性地采用其中的某些抗干扰措施。

习　题

9.1　简述 PLC 控制系统设计调试的步骤。

9.2　简述在实验室模拟调试 PLC 程序的方法。

9.3　交流输入模块与直流输入模块各有什么特点？它们分别适用于什么场合？

9.4　在什么情况下需要将 PLC 的用户程序写入 EEPROM？

9.5　为什么需要设置外部接触器来控制 PLC 的负载电源？

9.6　如果 PLC 的输入端或输出端接有感性元件,应采取什么措施来保证 PLC 的正常运行？

10.1　程序的生成与编辑

与手持式编程器相比,编程软件的功能强大,使用方便,编程电缆的价格比手持式编程器便宜得多,建议优先选用编程软件。

SWOPC-FXGP/WIN-C 是专门为 FX 系列 PLC 设计的编程软件,其界面和帮助文件均已汉化。它占用的存储空间少,安装后仅 2 M 多字节,具有下列功能:

①可以用梯形图和指令表创建程序,可以给编程元件和程序块加上注释,程序可以存盘或打印。

②可以实现各种监控和测试功能,例如梯形图监控、元件监控、强制 ON/OFF、改变 T,C,D 的当前值等。

③通过计算机的 RS-232C 通信接口和价格便宜的编程电缆,将用户程序下载到 PLC;可以将 PLC 中的用户程序上传到计算机,或者检查计算机和 PLC 中的用户程序是否相同。

现在的笔记本电脑一般没有 RS-232C 接口,可以使用带 USB 接口的通信电缆。如果要把带 RS-232C 接口的通信电缆用于笔记本电脑,可以使用 USB 与 RS-232C 的转接器。

10.1.1　程序的生成与编辑

(1)梯形图编辑的一般性操作

安装好编程软件后,在桌面上自动生成 FXGPWIN 图标,用鼠标左键双击该图标,打开编程软件。执行菜单命令"文件"→"新建",可以创建一个新的用户程序,在创建用户程序时,需要选择 PLC 的型号。

按住鼠标左键并拖动鼠标,可以在梯形图内选中同一块电路里的若干个元件,被选中的元件被蓝色的矩形覆盖。使用工具条中的图标或"编辑"菜单中的命令,可以实现被选中的元件的剪切、复制和粘贴操作。用删除(Delete)键可以将选中的元件删除。执行菜单命令"编辑"→"撤销键入"可以取消刚刚执行的命令或输入的数据,回到原来的状态。

使用"编辑"菜单中的"行删除"和"行插入"可以删除一行或插入一行。

（2）放置元件

执行"视图"菜单中的命令"功能键"或"功能图"，可以选择是否显示窗口底部的触点、线圈等按钮的功能条（见图 10.1），或者是否显示位置浮动的元件按钮框。

将深蓝色矩形光标放在欲放置元件的位置，用鼠标点击"功能键"和"功能图"中要放置的元件的按钮，将弹出"输入元件"对话框（见图 10.2），在文本框中输入元件号，定时器和计数器的元件号和设定值用空格键分隔开。输入完后，点击【确认】按钮，元件被放置在光标指定的位置。

用鼠标左键双击梯形图中某个已存在的触点、线圈或应用指令，在弹出的"输入元件"对话框中，可以修改其元件号或参数。

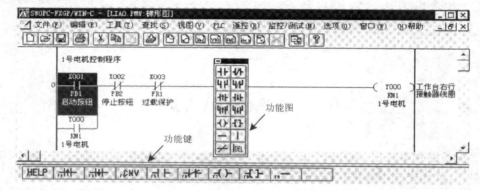

图 10.1　梯形图编辑画面

图 10.2　输入元件对话框

输入触点或线圈时，点击图 10.2 中的【参照】按钮，弹出"元件说明"对话框（见图 10.3）。"元件范围限制"文本框中显示出各类元件的元件号范围，选中其中某一类元件的范围后，"元件名称"文本框中将显示程序中已有的元件名称。点击某个元件的名称，该名称将出现在左边的"元件"文本框内。点击【确认】按钮，返回输入元件对话框。

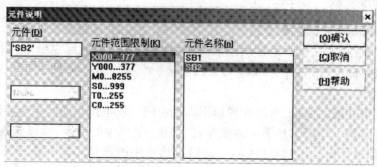

图 10.3　元件说明对话框

　　放置梯形图中的垂直线时,垂直线从矩形光标左侧中点开始往下画。用 Delete 按钮删除垂直线时,希望删除的垂直线的上端应在矩形光标左侧中点。

　　放置梯形图中用方括号表示的应用指令或 RST 等输出类指令时,点击图 10.1 中的 {} 按钮,出现图 10.2 中的输入元件对话框。可以直接输入指令的助记符和指令中的参数,助记符与参数之间、参数与参数之间用空格分隔开,在输入的应用指令"DMOVP D0 D2"中,"P"表示在输入信号的上升沿时执行该指令,"MOV"之前的"D"表示是双字操作,即将 D0 和 D1 中的 32 位数据传送到 D2 和 D3 中去。

　　除了直接输入指令外,也可以点击图 10.2 中的【参照】按钮,弹出图 10.4 所示的"指令表"对话框,帮助使用者输入指令。可以在"指令"栏直接输入指令助记符,在"元件"栏中输入该指令的参数。

　　点击"指令"文本框右侧的【参照】按钮,将弹出图 10.5 所示的"指令参照"对话框,帮助使用者选择指令。可以用"指令类型"列表框和右边的"指令"列表框选择指令,选中的指令将在左边的"指令"文本框中出现,按【确认】按钮后返回指令表对话框,该指令将出现在图 10.4 中的"指令"文本框中。

图 10.4　指令表对话框

　　点击图 10.5 中的"双字节指令"和"脉冲指令"前的多选框,可以选择相应的应用指令为双字指令或脉冲执行的指令。

　　点击图 10.4 中某元件框右边的【参照】按钮,将出现"元件说明"对话框(见图 10.3),显示元件的范围和所选元件类型中已存在的元件的名称,可以用该对话框来选择元件。

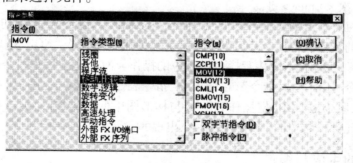

图 10.5　指令参照对话框

(3) 程序的转换和清除

　　编辑后的梯形图中的独立电路的背景将变为灰色。执行菜单命令"工具"→"转换",可以检查程序是否有语法错误。如果没有错误,梯形图被转换格式并存放在计算机内,同时图中的灰色背景变为白色。若有错误,将显示"梯形图错误"。

　　如果在未完成转换的情况下关闭梯形图窗口,新创建的梯形图不会被保存。

　　用菜单命令"工具→全部清除",可以清除编程软件中当前所有的用户程序。

(4) 生成标号

　　用深蓝色的矩形光标选中左侧母线的左边要设置标号的地方,按计算机键盘的 <P> 键,在弹出的对话框中送标号值 2,按【确认】按钮后,在光标所在处将出现标号 P2。

在左侧母线的左边设置好光标的位置后,按计算机键盘的 < I > 键,在弹出的对话框中送标号值 0,按【确认】按钮后,在光标所在处将出现标号 I0。

(5)输入 MC 和 STL 指令的方法

在梯形图中除了触点、线圈和取反指令外,别的指令都用图 10.6 中浮动的工具条中的 按钮来输入。例如在输入 MC 指令时,点击该按钮,在出现的对话框中输入"MC N0 M0",就会出现图 10.6 中第 1 行的 MC 指令,但是只有在成功地执行菜单命令"工具"→"转换"后,才会出现左侧母线上 M0 的主控触点。

点击图 10.6 中的 按钮后输入"STL S20",就能生成图 10.6 中的 STL 触点。

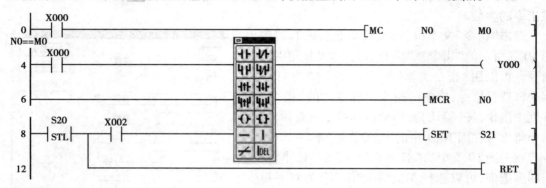

图 10.6　编程软件中的梯形图

(6)指令表的生成与编辑

执行菜单命令"视图"→"指令表",进入指令表编辑状态,可以逐行输入指令。每输入一条指令,都要按一次 < Enter > 键。

可以用计算机键盘上的 < Insert > 键在"插入"模式和"覆盖"模式之间切换。

指定了操作的步序号范围之后,在"视图"菜单中用菜单命令"NOP 覆盖写入"、"NOP 插入"和"NOP 删除",可以在指令表程序中做相应的操作。NOP 是空操作指令。

执行菜单命令"工具"→"指令",在弹出的"指令表"对话框中(见图 10.4),将显示光标所在行的指令,如果原来是 NOP(空操作)指令,与梯形图中的操作相同,可以直接输入指令,也可以点击指令和元件框右边的【参照】按钮,在出现的对话框中选择指令或元件。

10.1.2　注释的生成与编辑

(1)设置元件名

执行菜单命令"编辑"→"元件名",可以设置光标选中的元件的名称,例如"PB1",元件名只能使用数字和字符,一般由汉语拼音或英语的缩写和数字组成。输入的元件名将出现在该元件的下方。

(2)设置元件注释

执行菜单命令"编辑"→"元件注释",可以给光标选中的元件加上注释,例如"起动按钮"(见图 10.1 和图 10.7),注释可以使用多行汉字。用类似的方法可以给线圈加上注释,线圈的注释在线圈的右侧(见图 10.1),可以使用多行汉字。

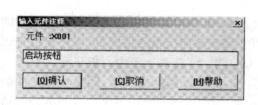

图 10.7　输入元件注释对话框

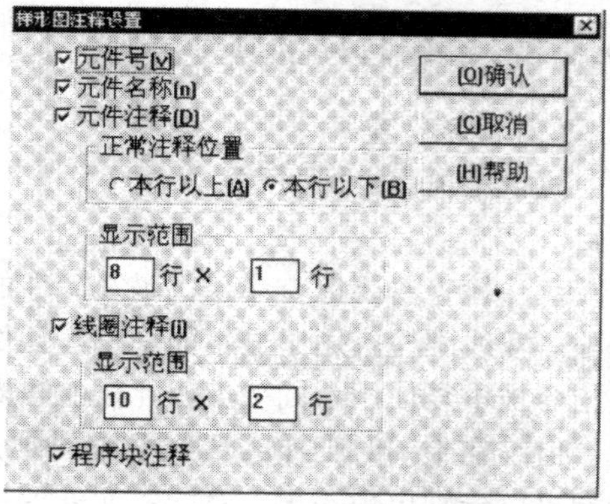

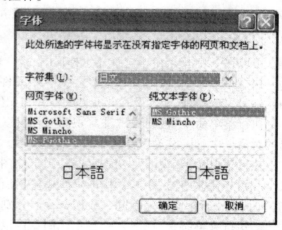

图 10.8　梯形图注释设置对话框

(3)添加程序块注释

执行菜单命令"工具"→"转换"后,执行菜单命令"编辑"→"程序块注释",可以在光标指定的程序块的上面加上程序块的注释,例如图 10.1 中的"1 号电机控制程序"。

(4)梯形图注释显示方式的设置

执行菜单命令"视图"→"显示注释",将弹出"梯形图注释设置"对话框(见图 10.8),可以用多选框选择是否显示元件名称、元件注释、线圈注释和程序块注释,以及元件注释和线圈注释每行的字符数和所占的行数,注释可以放在元件的上面或下面。

(5)中文注释显示日文的处理

在 FX-PCS/WIN-C 软件中输入中文注释时,显示的可能是日文字符。按下面的步骤将操作系统中的日文字体删除以后,才能显示中文注释。

具体操作如下:

①打开 IE(Internet Explorer),执行菜单命令"工具"→"Internet 选项"。

②点击"Internet 选项"对话框的"常规"选项卡中的"字体"按钮。

③在"字体"对话框(见图 10.9)中选择"字符集"为"日文"。此时在"网页字体"和"纯文本字体"框中将会显示系统中已经安装的日文字体。其中有两种纯文本字体,即"MS Gothic"和"MS Mincho"。

④在 Windows 的"控制面板"中打开"字体"对话框,删除图 10.9 中的"纯文本字体"列表框中显示的两种字体对应的文件。

图 10.9　字体对话框

⑤如果在"字体"对话框中无法删除上述的字体文件,可以在"我的电脑"中删除\Windows\Fonts文件夹中对应的文件。也可以在 DOS 操作系统下删除上述文件。

10.1.3 编辑程序的其他操作

(1) 程序检查

执行菜单命令"选项"→"程序检查",在弹出的对话框(见图 10.10)中,可以选择检查的项目。

语法检查主要检查命令代码及命令的格式是否正确,电路检查用来检查梯形图电路中的缺陷。双线圈检查用于显示同一编程元件被重复用于某些输出指令的情况,可以设置检查哪些指令被重复使用。同一编程元件的线圈(对应于 OUT 指令)在梯形图中一般只允许出现一次。但是在不同时工作的 STL 电路块中,或者在跳步条件相反的跳步区中,同一编程元件的线圈可以分别出现一次。对同一元件,一般允许多次使用图 10.10 中除 OUT 指令之外的其他输出类指令。

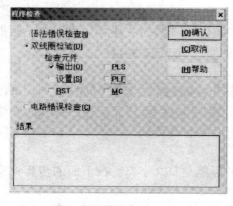

图 10.10 程序检查对话框

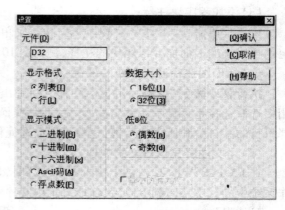

图 10.11 寄存器显示设置对话框

(2) 视图命令

可以在"视图"菜单中选择显示梯形图、指令表、SFC(顺序功能图)或注释视图。

执行菜单命令"视图"→"注释视图"→"元件注释/元件名称"后,在对话框中选择要显示的元件号,将显示该元件及相邻元件的注释和元件名称。

执行菜单命令"视图"→"注释视图",还可以显示程序块注释视图和线圈注释视图。在弹出的对话框中可以设置需要显示的起始步序号。

执行菜单命令"视图"→"寄存器",弹出如图 10.11 所示的对话框。选择显示格式为"列表"时,可以用多种数据格式中的一种来显示所有数据寄存器中的数据。选择显示格式为"行"时,在一行中同时显示同一数据寄存器分别用十进制、十六进制、ASCII 码和二进制表示的值。执行菜单命令"视图"→"显示比例",可以改变梯形图的显示比例。

执行"视图"菜单中的命令,还可以查看"触点/线圈列表"、已用元件列表和 TC 设置表。

(3) 查找功能

执行"查找"菜单中的命令"到顶"和"到底",可以将光标移至梯形图的开始处或结束处。执行"元件名查找"、"元件查找"、"指令查找"和"触点/线圈查找"命令,可以查找到指令所在的电路块。按"查找"对话框中的"向上"和"向下"按钮,可以找到光标的上面或下面其他相同的查找对象。

（4）标签

"查找"菜单中的命令"标签设置"和"跳向标签"是为跳到指定的电路块的起始步序号设置的。执行菜单命令"查找→标签设置"，光标所在处的电路块的起始步序号被记录下来，最多可以设置 5 个步序号。执行菜单命令"查找"→"跳向标签"时，出现"跳向标签"对话框（见图10.12）。点击▼按钮，在出现的下拉式步序号列表中选择要跳至的标签的步序号。点击"确认"按钮后，将跳转至选择的标签处。

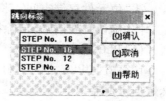

图 10.12　跳向标签对话框

10.2　PLC 的在线操作

对 PLC 进行在线操作之前，首先用编程通信转换接口电缆 SC-09，连接好计算机的 RS-232C 接口（或者笔记本电脑的 USB 接口）和 PLC 的编程器接口，并设置好计算机的通信端口参数。

（1）端口设置

执行菜单命令"PLC"→"端口设置"，在出现的"端口设置"对话框中，选择计算机与 PLC 通信的 RS-232C 串行口（或 USB 接口）和通信速率（9 600 或 19 200 bit/s）。

（2）程序传送

执行菜单命令"PLC"→"传送"→"写出"，可以将计算机中的程序下载到 PLC 中。执行写命令时，PLC 应处于"STOP"模式。工作模式开关在 RUN 位置时，可以使用菜单命令"PLC"→"遥控运行/停止"，将 PLC 切换到 STOP 模式。

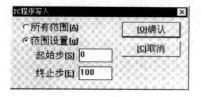

图 10.13　程序写出对话框

如果使用了 RAM 或 EEPROM 存储器卡，其写保护开关应处于关断状态。在弹出的对话框中选择"范围设置"（见图 10.13），可以减少写出所需的时间。PLC 的实际型号与编程软件中设置的型号必须一致。传送中的"读、写"是相对于计算机而言的。

执行菜单命令"PLC"→"传送"→"读入"，可以将 PLC 中的程序传送到计算机中，最好用一个新生成的程序来存放读入的程序。执行完读入功能后，打开的用户程序将被读入的程序替代。

菜单命令"PLC"→"传送"→"校验"用来比较计算机和 PLC 中的用户程序是否相同。如果二者不符合，将显示与 PLC 不相符的指令的步序号。选中某一步序号，可以显示计算机和 PLC 中该步序号的指令。

（3）寄存器数据传送

寄存器数据传送的操作与程序传送的操作类似，用来将 PLC 中的寄存器数据读入计算机、将已创建的寄存器数据成批传送到 PLC 中，或者比较计算机与 PLC 中的寄存器数据。

（4）存储器清除

执行菜单命令"PLC"→"存储器清除"，在弹出的对话框中可以选择：

①"PLC 存储空间"：清除后顺控程序全部变为空操作指令 NOP，参数被设置为默认值。

②"数据元件存储空间":将数据文件缓冲区中的数据清零。

③"位元件存储空间":将位元件 X,Y,M,S,T,C 复位为 OFF 状态。

按【确认】按钮执行清除操作,特殊数据寄存器的数据不会被清除。

(5)PLC 的串口设置

计算机与 PLC 之间使用 RS 通信指令和 RS-232C 通信适配器进行通信时,通信参数用特殊数据寄存器 D8120 来设置;执行菜单命令"PLC"→"串口设置(D8120)"时,在"串口设置(D8120)"对话框中设置与通信有关的参数。执行此命令后,设置的参数将传送到 PLC 的 D8120 中去。

(6)PLC 口令修改与删除

1)设置新口令:

执行菜单命令"PLC"→"口令修改与删除",在弹出的"PLC 设置"对话框的"新口令"文本框中输入新口令,点击【确认】按钮或按 < Enter > 键完成操作。设置口令后,在执行传送操作之前必须先输入正确的口令。

2)修改口令:

在"旧口令"文本框中输入原有口令,在"新口令"文本框中输入新的口令,点击【确认】按钮或按 < Enter > 键,旧口令被新口令代替。

3)清除口令:

在"旧口令"文本框中输入 PLC 原有的口令,在新口令文本框中输入 8 个空格,点击【确认】按钮或按 < Enter > 键后,口令被清除。执行菜单命令"PLC"→"PLC 存储器清除"后,口令也被清除。

(7)遥控运行/停止

执行菜单命令"PLC"→"遥控运行/停止",在弹出的对话框中选择"运行"或"停止",按【确认】按钮后可以改变 PLC 的运行模式。

(8)PLC 诊断

执行菜单命令"PLC"→"PLC 诊断",将显示与计算机相连的 PLC 的状况,给出出错信息、扫描周期的当前值、最大值和最小值,以及 PLC 处于 RUN 模式或 STOP 模式。

10.3　程序监控与参数设置

10.3.1　监控与测试功能

(1)梯形图程序监控

与 PLC 建立通信连接后,在梯形图显示方式执行菜单命令"监控/测试"→"开始监控"后,用绿色表示梯形图中的触点或线圈接通,定时器、计数器和数据寄存器的当前值在元件号的上面显示。

(2)元件监控

执行菜单命令"监控/测试"→"元件监控"后,出现元件监控画面(见图 10.14),图中绿色的小方块表示常开触点闭合、线圈通电。双击左侧的深蓝色矩形光标,出现"设置元件"对话框(见图 10.15),输入元件号和连续监视的点数(元件数),可以监控元件号相邻的若干个元件,显示的数据可以选择 16 位或 32 位格式。

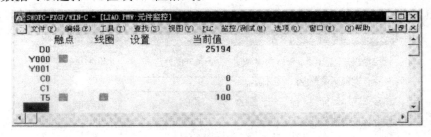

图 10.14　元件监控画面

在监控画面中用鼠标选中某一被监控元件后,按 < DEL > 键可以将它删除,停止对它的监控。执行菜单命令"视图"→"显示元件设置",可以改变元件监控时显示的数据位数和显示格式(例如 10 进制或 16 进制)。

图 10.15　设置元件对话框

图 10.16　强制 ON/OFF 对话框

(3)强制 ON/OFF

执行菜单命令"监控/测试"→"强制 ON/OFF",在弹出的"强制 ON/OFF"对话框(见图 10.16)的"元件"栏内输入元件号,选择单选框中的"设置"(应为置位,Set)后按【确认】按钮,将该元件置为 ON。选"重新设置"(应为复位,Reset)后按【确认】按钮,将该元件置为 OFF。按【取消】按钮后关闭强制对话框。

菜单命令"监控/测试→强制 Y 输出"与"监控/测试→强制 ON/OFF"的使用方法相同,在弹出的对话框中,ON 和 OFF 取代了图 10.16 中的"设置"和"重新设置"。

(4)改变当前值

执行菜单命令"监控/测试"→"改变当前值"后,在弹出的对话框中输入元件号和新的当前值,按【确认】按钮后新的值送入 PLC。

(5)改变计数器或定时器的设定值

该功能仅在监控梯形图时有效,如果光标所在位置为计数器或定时器的线圈,执行菜单命令"监控/测试→改变设置值"后,在弹出的对话框中将显示出计数器或定时器的元件号和原有的设定值。输入新的设定值后,按【确认】按钮,新的值被送入 PLC。用同样的方法可以改变 D,V 或 Z 的当前值。

10.3.2　编程软件与 PLC 的参数设置

"选项"菜单主要用于参数设置,包括口令设置、PLC 型号设置、串行口参数设置、元件范围设置和字体的设置等。使用"注释移动"命令可以将程序中的注释拷贝到注释文件中。菜单命令"打印文件题头"用来设置打印时标题中的信息。

执行菜单命令"选项"→"PLC 模式设置",在弹出的对话框(见图 10.17)中,可以设置将某个输入点(图中为 X0)作为外接的 RUN 开关来使用。

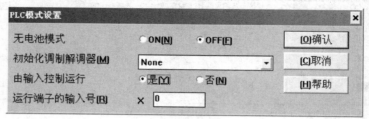

图 10.17　PLC 模式设置对话框

执行菜单命令"选项→参数设置",在弹出的参数设置对话框(见图 10.18)中,可以设置实际使用的存储器的容量,设置是否使用以 500 步(即 500 字)为单位的文件寄存器和注释区,以及有锁存(断电保持)功能的元件的范围。如果没有特殊的要求,按【缺省】(默认)按钮后,使用默认的设置值。

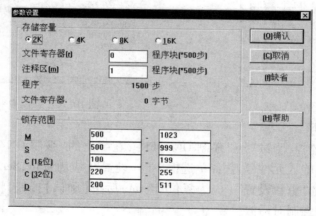

图 10.18　参数设置对话框

附 录

附录 I 实验指导书

实验 1 编程软件使用练习

（1）实验目的

通过实验了解和熟悉 FX 系列 PLC 的结构和外部接线方法，了解 SWOPC-FXGP/WIN-C 编程软件的使用方法。了解写入和编辑程序的方法，以及用编程软件对 PLC 的运行进行监视的方法。

（2）实验装置

①FX 系列 PLC 1 台。

②安装有 SWOPC-FXGP/WIN-C 编程软件的计算机一台，FX 系列的 SC-09 编程通信转换接口电缆一根。

③开关量输入电路板 1 块，它上面的小开关用来产生开关量输入信号。用来模拟按钮时，小开关接通后应马上断开它。附图 1 仅供参考，具体接线以 PLC 的使用手册为准。

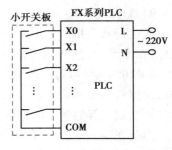

附图 1　PLC 外部接线图

各实验所用的实验装置都是相同的，编程软件的使用方法见第 10 章。

（3）实验内容

1）在断电的情况下将小开关输入板接到 PLC 的输入端，开关全部扳到 OFF 位置。用编程电缆连接 PLC 的编程通信口和计算机的串行通信接口或 USB 接口，接通计算机和 PLC 的电源。

2）打开 SWOPC-FXGP/WIN-C 编程软件，执行菜单命令"文件→新文件"，在弹出的对话框中设置 PLC 的型号。在"视图"菜单中选择梯形图编程方式。

3）执行菜单命令"PLC→端口设置"，选择计算机的通信端口与通信的速率。

用下面的方法检查 PLC 与计算机之间的通信是否成功：将 PLC 上的工作模式开关扳到

RUN 位置,通过 PLC 面板上的"RUN"指示灯观察 PLC 的运行模式。执行菜单命令"PLC→遥控运行/停止",在弹出的对话框中选择"运行"或"停止",将 PLC 切换到相反的工作模式。如果切换成功,说明计算机与 PLC 之间已经成功地建立了通信连接。

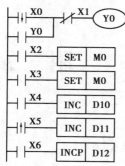

附图 2　梯形图

4)将附图 2 所示的梯形图输入到计算机,保存编辑好的程序。

5)执行菜单命令"选项→程序检查",选择检查的项目,对程序进行检查。检查是否有双线圈时,一般只选择"输出"(OUT)指令。

执行菜单命令"工具→转换",将创建的梯形图转换格式后存入计算机中。

6)在"视图"菜单中选择指令表编程方式。观察对应的指令表程序,然后切换回梯形图方式。

7)程序的下载:

打开要下载的程序,将 PLC 置于 STOP 模式,用菜单命令"PLC→传送→写出"将计算机中的程序发送到 PLC 中。在弹出的窗口中选中"范围设置"(见图 10.12),并输入起始步和终止步,可以减少写出的时间。终止步可以比实际的程序结束处的步序号大一些。应在程序结束处添加 END 指令,以减小 PLC 的扫描周期和下载的时间。

8)程序的运行:

PLC 的工作模式开关在 RUN 位置时,执行菜单命令"PLC→遥控运行/停止",可以控制程序运行或停止运行。

在运行状态(PLC 上的"RUN"LED 亮),用接在输入端的小开关为附图 2 的梯形图中的起保停电路提供起动信号和停止信号,观察 Y0 状态的变化。注意 X0 的下降沿检测触点的作用。

9)程序的监视:

在运行状态执行菜单命令"监控/测试→元件监控",在监视画面中双击左侧的蓝色矩形光标,在出现的对话框中输入元件号和要监视的元件的点数。用鼠标选中某一被监控的元件后,按 <DEL> 键可将它删除。用菜单命令"视图→显示元件设置",可以改变元件监控时显示的数据位数和显示格式。

用监控功能监视 M0 的 ON/OFF 状态,以及 D10 ~ D12 的当前值变化的情况。

用接在输入端的小开关控制对 M0 置位和复位,观察 M0 的状态变化。

10)应用指令的脉冲执行:

附图 2 中的 INT 是加 1 指令,接通 X4 对应的小开关,观察 D10 的变化情况,并解释原因。

分别接通和断开 X5 和 X6 对应的小开关,观察 D11 和 D12 的变化情况,并解释原因。

11)强制 ON/OFF:

执行菜单命令"监控/测试→强制 ON/OFF",在弹出的对话框中输入元件号 M10,选中"设置(置位)",将它置为 ON。选中"重新设置(复位)",将它置为 OFF。

分别在 STOP 和 RUN 状态下,对 M10 进行强制 ON/OFF 操作。

12)抢答指示灯控制电路:

参加智力竞赛的 A,B,C 三人的桌上各有一个抢答按钮,分别接到 PLC 的 X1 ~ X3 输入端,通过 Y0 ~ Y2 用三个灯 L1 ~ L3 显示他们的抢答信号。当主持人接通抢答允许开关 X4 后,抢答开始,最先按下按钮的抢答者对应的灯亮,与此同时,禁止另外两个抢答者的灯亮,指示灯在主持人断开抢答允许开关后熄灭。附图3是抢答显示程序的梯形图。

在 Y0 ~ Y2 的控制电路中,分别用它们的常开触点实现自锁,为了实现互锁,即某个灯亮后另外两个灯不能亮,分别将各输出继电器的常闭触点与另外两个输出继电器的线圈串联。

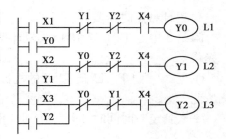

附图3　抢答指示灯控制电路

将程序输入 PLC 后运行该程序。调试程序时,应逐项检查以下要求是否满足:

①当抢答允许开关 X4 没有接通时,各抢答按钮是否能使对应的灯亮。它接通后,按某一个按钮是否能使对应的灯亮。

②某一抢答者的灯亮后,另外两个抢答者的灯是否还能被点亮。

③断开抢答允许开关 X4,是否能使已亮的灯熄灭。

13)程序的读入:

在编程软件中生成一个新的文件,在 STOP 模式用菜单命令"PLC→传送→读入",将 PLC 中的程序传送到计算机中,观察读入的程序是否是下载到 PLC 中的程序。

实验2　定时器计数器应用实验

(1)实验目的

通过实验了解定时器和计数器的编程与监控的方法。

(2)实验内容

1)接通延时定时器的实验:

输入附图4中的梯形图,将它下载到 PLC 后,将 PLC 切换到 RUN 模式。

执行菜单命令"监控/测试→元件监控",在监视画面中监视 T0 的触点的 ON/OFF 状态和 T0 的当前值变化的情况。

①接通 X0 对应的小开关,监视 T0 的当前值和 Y0 的状态变化。

②断开 X0 对应的小开关,观察 T0 的当前值和 Y0 的状态变化。

③改变 T0 的设定值,下载后重复上述的操作。

④将 T0 的设定值改为数据寄存器 D0,下载后执行菜单命令"监控/测试→改变当前值",将 D0 的当前值修改为 K80 后,在 RUN 模式令 T0 的线圈"通电",观察 T0 的定时过程。

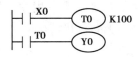

附图4　接通延时定时器

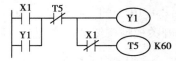

附图5　延时断开电路

⑤用梯形图监控方式监视附图4所示梯形图的工作情况,实验过程与上述的相同。

2)断开延时定时器的实验:

附图5中的 Y1 在输入信号 X1 的上升沿变为 ON,X1 变为 OFF 后再过 6 s,Y1 才变为 OFF。输入并运行程序,改变 X1 的状态,观察运行的结果,分析电路的工作原理。

3）累计型定时器实验：

附图6中的T250是100 ms累计型接通延时定时器。输入、下载和运行程序,按下面的顺序操作：

①令X2为OFF,断开T250的复位电路;令X1为ON,用监控功能观察T250当前值的变化情况。

②未到定时时间时,断开X1对应的小开关,观察T250的当前值是否保持不变。

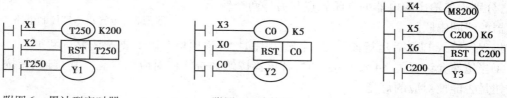

附图6　累计型定时器　　　　附图7　计数器　　　　附图8　32位加减计数器

③重新接通X1对应的小开关,观察T250当前值的变化,以及定时时间到时Y1的变化。

④在T250的定时时间到时,断开PLC的电源,待PLC上的LED熄灭后重新接通电源,观察T250的当前值和Y1的变化情况,T250的当前值和位是否有断电保持功能?

⑤接通X2对应的小开关后马上断开,观察T250的当前值和Y1状态的变化。

4）计数器的编程实验：

输入附图7所示的梯形图程序,下载到PLC后运行该程序。

按下面的顺序对加计数器C0进行操作：

①断开X0对应的小开关,用X3对应的小开关发出计数脉冲,观察C0的当前值和Y2的变化。

②接通X0对应的小开关,观察C0的当前值是否变为0,Y2是否变为OFF。此时用X3对应的开关发出计数脉冲,观察C0的当前值是否变化。

③用前述的用于T250的方法检查断电后C0是否能保持当前值和位的状态。

5）32位双向计数器实验：

①断开附图8中复位输入X6对应的小开关,用X5对应的小开关发出计数脉冲,观察C200的当前值和Y3的状态变化。

②接通X4对应的小开关,重复上述的操作,观察C200计数方向的变化。

③接通X6对应的小开关,观察复位输入的作用。

6）人行横道交通灯控制系统的编程实验：

将图4.10中的人行横道交通灯控制系统的程序写入PLC,检查无误后运行程序。用X0对应的开关模拟按钮的操作,监视各定时器的定时情况,观察Y3和Y4的变化情况。

实验3　使用STL指令的顺序控制程序编程实验

（1）实验目的

通过实验掌握使用STL指令的顺序控制程序的设计和调试方法。

（2）实验内容

1）简单的顺序控制程序的调试：

将图5.3中的小车控制系统的梯形图程序写入PLC,然后进行调试。通过观察Y0和Y1

对应的 LED(发光二极管)的状态,或监视代表步的 S0,S21 ～ S24 的状态,了解系统当时处在哪一步。

应根据顺序功能图而不是梯形图来调试程序,当某转换之前的步为活动步时,用输入开关使该转换条件满足,观察该转换的前级步是否变为不活动步,后续步是否变为活动步,以及各步被驱动的负载是否发生相应的变化。从初始步开始进行调试,直到完成一次工作循环,返回初始步为止。

2)有选择序列的顺序控制程序的调试:

将图 5.8 对应的图 5.9 所示的梯形图程序写入 PLC,然后进行调试。

调试复杂的顺序功能图时,应充分考虑各种可能的情况,对系统各种不同的工作方式、顺序功能图中的每一条支路、各种可能的进展路线,都应逐一检查,不能遗漏。发现问题后及时修改程序,直到每一条进展路线上步的活动状态的交替变化和输出 Y 的变化都符合顺序功能图的规定。

注意图 5.8 中有 3 条可能的路径(经过步 S22,或从步 S21 跳到步 S23,或经过步 S26 和 S27),每条路径中又包含了由 C0 控制的小闭环。在调试时应从初始步开始,分别经过 3 条路径,一步一步地检查转换过程是否正确,最后是否能返回初始步。在调试时可以适当减小计数器的设定值,调试结束后再恢复原值。

对于定时器的常开触点提供的转换条件,观察在设定的时间到时,是否能自动地转换到下一步。

3)有并行序列的顺序控制程序:

将图 5.11 中的三工位钻床的梯形图程序写入 PLC,从初始步开始调试程序,用元件监视功能监视 S0,S20 ～ S36 的状态变化。调试时注意并行序列中开始的 3 步 S21,S24 和 S29 是否同时变为活动步。各工位工作结束并分别进入等待步 S23,S28 和 S33 后,是否能转换到步 S36;X14 为 ON 时,是否能返回到初始步 S0。调试时,应分别检查选择序列的两条支路的工作情况。

实验 4　使用起保停电路的顺序控制程序编程实验

(1)实验目的

掌握使用起保停电路的顺序控制程序的设计和调试方法。

(2)实验内容

1)简单的顺序控制程序的调试:

将图 5.13 中动力头控制系统的梯形图程序写入 PLC,然后从初始步开始调试。注意观察各步中输出继电器 Y0 ～ Y2 的变化情况是否符合顺序功能图的要求。

2)有选择序列的顺序控制程序的调试:

将图 5.19 中的硫化机控制系统的梯形图写入 PLC,然后进行调试。注意顺序功能图中有 6 条可能的路径:步 M200 ～ M205 组成的闭环,从步 M200,M201 和 M202 分别进入 M205,从步 M201 进入步 M206,从步 M205 进入 M206。在调试时应从初始步开始,分别经过 6 条路径,一步一步地检查转换过程是否正确,最后是否能返回初始步。

3)有并行序列的顺序控制程序的调试:

将图 5.21 中的三工位钻床的梯形图程序写入 PLC,从初始步开始调试程序,用元件监视功能监视 M10～M26 的状态变化。调试时,注意并行序列中开始的 3 步 M11,M14 和 M19 是否同时变为活动步。各工位工作结束并分别进入等待步 M13,M18 和 M23 后,是否能转换到步 M26;M26 和 X14 为 ON 时,是否能返回到初始步 M10。调试时,应分别检查选择序列的两条支路的工作情况。

实验5　以转换为中心的顺序控制程序编程实验

(1)实验目的
熟悉以转换为中心的顺序控制程序的设计和调试方法。

(2)实验内容
1)简单的顺序控制程序的调试:

将图 5.23 所示的信号灯控制系统的梯形图程序写入 PLC,从初始步开始调试。观察各步的输出继电器的变化情况是否符合顺序功能图的要求。

将图 5.24 所示的传送带控制系统的梯形图程序写入 PLC,从初始步开始调试。观察各步的输出继电器的变化情况是否符合顺序功能图的要求。

2)复杂的顺序控制程序的调试:

将图 5.31 中的三工位钻床的梯形图程序写入 PLC,从初始步开始调试程序,用元件监视功能监视 M10～M26 的状态变化。调试时注意并行序列中开始的 3 步 M11,M14 和 M19 是否同时变为活动步。各工位工作结束并分别进入等待步 M13,M18 和 M23 后,是否能转换到步 M26;M26 和 X14 为 ON 时,是否能返回到初始步 M10。调试时,应分别检查选择序列的两条支路的工作情况。

实验6　具有多种工作方式的系统的顺序控制程序编程实验

(1)实验目的
通过调试程序,熟悉具有多种工作方式的系统的顺序控制程序的设计和调试方法。

(2)实验内容
1)调试用起保停电路设计的程序:

输入 5.5 节中用起保停电路设计的小车送料控制系统的梯形图程序,包括手动程序、公用程序和图 5.38 中的自动程序,三个程序之间的关系如图 5.32 所示。下载到 PLC 后运行和调试程序。

①检查在手动工作方式,各手动按钮是否能控制相应的输出量,手动时有关的限位开关是否起作用。

②在手动工作方式令初始步 M220 为 ON,然后切换到自动工作方式。在单周期工作方式,按顺序功能图的要求,用小开关提供相应的转换条件,观察步与步之间的转换是否符合顺序功能图的规定,工作完一个周期后能否返回并停留在初始步。

在调试时,给 PLC 提供适当的转换条件,有的转换条件是自动产生的,例如定时器提供的转换条件。

③在连续工作方式,按顺序功能图的要求,用小开关提供相应的转换条件,观察步与步之间的转换是否正常,是否能连续循环运行;按下停止按钮后,是否在完成最后一个周期剩余的任务后才停止工作,返回初始步。

④在单步工作方式,检查是否能从初始步开始,在转换条件满足且按了起动按钮 X0 时,才能转换到下一步,直至回到初始步。

⑤将自动方式改为手动方式,检查除初始步外,其余各步是否都被复位。在手动方式,检查当 X4 为 ON 时,初始步对应的 M220 是否为 ON;不满足时,它是否为 OFF。由连续工作方式切换到非连续工作方式时,检查连续标志 M200 是否会变为 OFF。

利用编程软件的元件监控功能,或者通过 PLC 的输出点的状态,在调试时观察系统处于哪一步,PLC 的输出是否与顺序功能图相符。

2)调试以转换为中心的编程方法设计的程序:

用图 5.39 中的程序取代图 5.38 中控制 M110,M200 和 M220~M224 的电路,将手动程序、公用程序和自动程序下载到 PLC 后,运行和调试程序。调试的要求与起保停电路的调试要求相同。

实验 7　应用指令的编程实验

(1)实验目的

通过实验了解部分应用指令的编程与调试的方法。

(2)实验内容

1)条件跳转指令:

将附图 9 中的梯形图程序写入 PLC,运行程序,在跳转条件 X6 为 ON 和为 OFF 的两种情况下分别对 Y0,T0 和 C1 进行操作,观察它们在被跳过和没有被跳过时的工作情况。

P63 是 END 所在的步序,在程序中不需要设置 P63。

①检查在 X6 为 ON 和为 OFF 的两种情况下,Y0 分别受什么输入的控制。图中出现了 Y0 的两个线圈,是否违反了"同一元件的线圈不允许出现两次"的规定? 为什么?

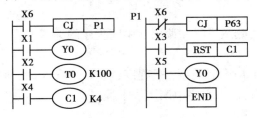

附图 9　跳转指令应用

②观察在 X6 为 ON 时,是否能起动 T0 和 C1 定时和计数。

③在 T0 正在定时时,使 X6 为 ON,经过一定时间后令 X6 为 OFF,观察 T0 当前值变化的情况。

④在 X6 分别为 OFF 和 ON 时,用 X4 对应的小开关发计数脉冲,监控 C1 计数的情况。在 X6 分别为 OFF 和 ON 时,观察是否能用 RST 指令将 C1 复位。

2)循环指令:

将例 6.6 中求累加和的循环程序下载到 PLC。在元件监控窗口中监视 D0~D9 和储存累加和的 D20,将数据写入 D0~D9,用 X1 对应的小开关起动循环指令的执行,观察求出的累加和是否正确。

3)整数运算指令:

将例 6.8 中的温度计算程序下载到 PLC,令 D10 中的输入值 N 分别等于 0,2 000 和 4 000,运行该程序,观察 D16 中的运算结果是否正确。

4)节日彩灯控制程序

将例 6.11 中的彩灯控制程序下载到 PLC,检查无误后开始运行程序。通过 Y0 ~ Y17 对应的 LED 的状态变化,检查彩灯的工作情况。

①观察彩灯的初值是否与设定的相符合,循环移位功能是否正常。

②改变 T0 的设定值,观察移位速率是否变化。

③改变 X2 的状态,观察能否改变移位的方向。

④修改彩灯的初值,观察修改后的移位效果。

5)浮点数运算指令:

将例 6.16 中求圆周长的程序下载到 PLC,运行该程序。修改 D0 中的直径值,用 X0 对应的小开关起动运算,监视 D8 中的运算结果是否正确。

圆的直径(整数值)在 D10 中,设计并调试用浮点数求圆的面积的程序,将运算结果转换为整数。将程序下载后运行程序,检查运行结果是否正确。

6)逻辑运算指令:

将图 6.18 中的程序下载到 PLC,在元件监控窗口中写入二进制数格式的源操作数的值,用输入继电器起动字逻辑运算,观察运算结果是否正确。

7)时钟指令:

用时钟指令控制路灯的定时接通和断开,20:00 时开灯,06:00 时关灯,设计出梯形图程序。在调试时,可以将开灯和关灯的时间设置得接近当前的时间。

实验 8   子程序与中断程序实验

(1)实验目的

通过编程和调试程序,熟悉子程序调用和中断程序的编程方法。

(2)实验内容

1)用 ALT(交替输出)指令设计一个子程序,当 X1 为 ON 时,每 1s 改变一次 Y0 的状态,每 2 s 改变一次 Y1 的状态,在主程序中调用该子程序。

2)输入中断的中断程序:

输入并下载例 6.3 中的程序,用 X2 的上升沿中断使 Y3 立即变为 ON,用 X3 的下降沿中断使 Y3 立即变为 OFF。

将程序中的指针 I300 改为 I301 后运行程序,观察这两个中断指针的区别。

输入并下载例 6.17 中的程序,观察 X0 的上升沿中断程序是否能读取当前的实时时钟值。

3)使用定时中断的彩灯控制程序:

输入、下载和运行例 6.4 中的程序,观察彩灯的工作情况。

修改彩灯的初值后下载和运行程序,观察彩灯的工作情况。

修改中断指针后两位的值,或者改变 LD =(比较触点)指令中的常数值 K10,观察彩灯移位的速度变化。

将循环右移改为循环左移,观察移位方向是否改变。

删除主程序中的 EI 指令后下载程序,彩灯为什么不能移位了?

4)当 X2 为 ON 时,用定时器中断,每 1 s 将 Y0 ~ Y7 组成的位元件组 K2Y0 加 1,设计主程序和中断子程序。输入、下载和运行程序。

实验 9　外部修改定时器设定值的实验

(1)实验目的

通过编程和调试程序,熟悉 FX 系列 PLC 应用指令的使用方法和在外部修改定时器设定值的方法。

(2)实验内容

在运行过程中,常常需要修改一些系统的参数,最常见的是修改定时器的设定值。本实验介绍了修改定时器设定值的简便方法。有的方法也可以用来修改计数器的设定值和控制系统的其他参数。

1)用 PLC 内置的模拟电位器修改定时器的设定值:

FX_{1N} 和 FX_{1S} 系列有两个内置的设置参数用的小电位器,"外部调节寄存器" D8030 和 D8031 的值(0 ~ 255)与小电位器的位置相对应。

将例 6.14 中的程序送入 PLC 后运行该程序,分别将电位器的输出值调整至最大和最小,用 X0 起动读入 D8030 中的数据和运算,监视 D20 中的运算结果是否符合要求(分别应为 50 和 200)。令 X1 为 ON,起动 T0 定时,观察 T0 的定时时间是否是 5 s 和 20 s。再将电位器调至中间位置,观察对 T0 定时时间的影响。

2)将定时的时间范围改为 35 ~ 100s,推导出计算公式,编写、下载和调试程序。

3)用示教定时器修改定时器的设定值:

使用示教定时器指令 TTMR 可以用一只按钮调整定时器的设定时间。

将图 6.46 中的程序送入 PLC 后运行该程序,按下示教按钮 X10,用手表或计算机的时钟测量按下的时间。在按下示教按钮时,用监视功能观察 D300 和 D301 的变化情况。

放开示教按钮后,使 X12 为 ON,起动 T0 定时,观察 T0 的定时时间是否是按下示教按钮的时间(单位为 s)的 1/10。

改变 TTMR 指令中的变量 n(0 ~ 2),重做上述实验,观察 n 对时间设定值的影响。

附录 II　部分习题参考答案

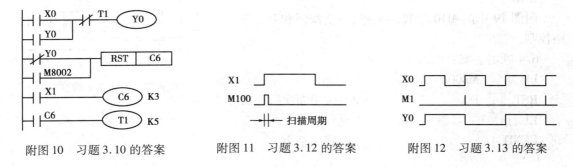

附图 10　习题 3.10 的答案　　　附图 11　习题 3.12 的答案　　　附图 12　习题 3.13 的答案

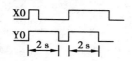

附图 13　习题 3.14 的答案

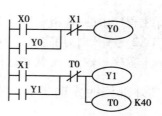

附图 14　习题 4.2 的答案

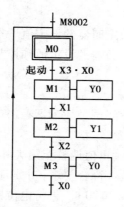

附图 15　习题 4.3 的答案

6.3 题的答案：

```
LD        X1
CALL      P0          //调用子程序
FEND                  //主程序结束

P0                    //子程序开始
LDP       M8013       //秒脉冲
ALT       Y0
LDP       Y0
ALT       Y1
RET                   //子程序返回
END
```

附图 19 中的 M10 用起动按钮、停止按钮和起保停电路控制。

6.4 题的答案：

```
LD        M8002
RST       D0          //复位中断次数计数器
EI                    //允许中断
FEND                  //主程序结束
```

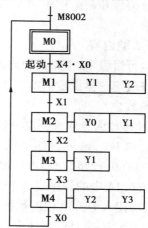

附图 16　习题 4.6 的答案

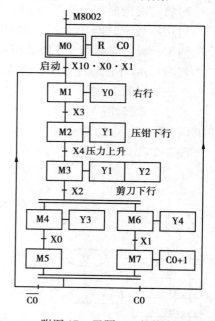

附图 17　习题 4.7 的答案

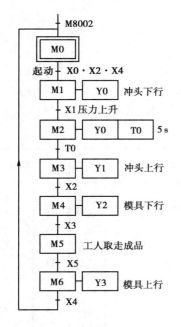

附图 18　习题 5.6 的顺序功能图

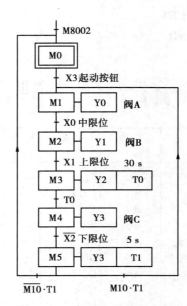

附图 19　习题 5.9 的顺序功能图

I650				//50 ms 定时中断程序
LD	X2			
INC	D0			//中断次数计数器加 1
LD =	K20	D0		//如果中断了 20 次
INC	K2Y0			//K2Y0 加 1
RST	D0			//复位 D0
IRET				//中断返回
END				

6.9 题的答案：

LDP	X1			
MUL	D8030	K1650	D0	
DDIV	D0	K255	D0	
ADD	D0	K350	D10	
LD	X2			
OUT	T0	D10		
END				

6.10 题的答案：

LDP	X0			//在 X0 的上升沿
RST	Z0			//将变址寄存器 Z0 的当前值清零
RST	D0			//将存放运算结果的单元清零
FOR	K40			//循环 40 次
WXOR	D10Z0	D0	D0	//字异或运算

```
INC        Z0                        //地址指针加 1
NEXT
END
```

附录Ⅲ FX 系列应用指令简表

分 类	指令编号	指令符号	32 位指令	脉冲指令	功 能	FX₁ₛ	FX₁ₙ	FX₂ₙ, FX₂ₙ
程序流控制	00	CJ	—	○	条件跳转	○	○	○
	01	CALL	—	○	子程序调用	○	○	○
	02	SRET	—	—	子程序返回	○	○	○
	03	IRET	—	—	中断返回	○	○	○
	04	EI	—	—	允许中断	○	○	○
	05	DI	—	—	禁止中断	○	○	○
	06	FEND	—	—	主程序结束	○	○	○
	07	WDT	—	○	监控定时器刷新	○	○	○
	08	FOR	—	—	循环开始	○	○	○
	09	NEXT	—	—	循环结束	○	○	○
数据传送和比较	10	CMP	○	○	比较	○	○	○
	11	ZCP	○	○	区间比较	○	○	○
	12	MOV	○	○	传送	○	○	○
	13	SMOV	—	○	BCD 码移位传送	—	—	○
	14	CML	○	○	取反传送	—	—	○
	15	BMOV	—	○	数据块传送(n 点→n 点)	○	○	○
	16	FMOV	○	○	多点传送(1 点→n 点)	—	—	○
	17	XCH	○	○	数据交换,(D1)←→(D2)	—	—	○
	18	BCD	○	○	BCD 变换,BIN→BCD	○	○	○
	19	BIN	○	○	BIN 变换,BCD→BIN	○	○	○
四则运算与逻辑运算	20	ADD	○	○	BIN 加法,(S1)+(S2)→(D)	○	○	○
	21	SUB	○	○	BIN 减法,(S1)-(S2)→(D)	○	○	○
	22	MUL	○	○	BIN 乘法,(S1)×(S2)→(D)	○	○	○
	23	DIV	○	○	BIN 除法,(S1)／(S2)→(D)	○	○	○
	24	INC	○	○	BIN 加 1,(D)+1→(D)	○	○	○
	25	DEC	○	○	BIN 减 1,(D)-1→(D)	○	○	○
	26	WAND	○	○	字逻辑与,(S1)∧(S2)→(D)	○	○	○
	27	WOR	○	○	字逻辑或,(S1)∨(S2)→(D)	○	○	○
	28	WXOR	○	○	字逻辑异或	○	○	○
	29	NEG	○	○	求二进制补码	—	—	○

分 类	指令编号	指令符号	32 位指令	脉冲指令	功 能	FX$_{1S}$	FX$_{1N}$	FX$_{2N}$, FX$_{2N}$
循环与移位	30	ROR	○	○	右循环(n 位)	—	—	○
	31	ROL	○	○	左循环(n 位)	—	—	○
	32	RCR	○	○	带进位右循环(n 位)	—	—	○
	33	RCL	○	○	带进位左循环(n 位)	—	—	○
	34	SFTR	—	○	位右移	○	○	○
	35	SFTL	—	○	位左移	○	○	○
	36	WSFR	—	○	字右移	—	—	○
	37	WSFL	—	○	字左移	—	—	○
	38	SFWR	—	○	FIFO 写入	○	○	○
	39	SFRD	—	○	FIFO 读出	○	○	○
数据处理	40	ZRST	—	○	区间复位	○	○	○
	41	DECO	—	○	解码	○	○	○
	42	ENCO	—	○	编码	○	○	○
	43	SUM	○	○	求置 ON 位总数	—	—	○
	44	BON	○	○	ON 位判别	—	—	○
	45	MEAN	○	○	平均值计算	—	—	○
	46	ANS	—	—	信号报警器置位	—	—	○
	47	ANR	—	○	信号报警器复位	—	—	○
	48	SQR	○	○	BIN 开方运算	—	—	○
	49	FLT	○	○	BIN 整数→BIN 浮点数转换	—	—	○
高速处理	50	REF	—	○	输入输出刷新	○	○	○
	51	REFF	—	○	输入滤波时间常数调整	—	—	○
	52	MTR	—	—	矩阵输入	○	○	○
	53	HSCS	○	—	高速计数器比较置位	○	○	○
	54	HSCR	○	—	高速计数器比较复位	○	○	○
	55	HSZ	○	—	高速计数器区间比较	—	—	○
	56	SPD	—	—	速度检测	○	○	○
	57	PLSY	○	—	脉冲输出	○	○	○
	58	PWM	—	—	脉冲宽度调制	○	○	○
	59	PLSR	—	—	带加减速功能的脉冲输出	○	○	○
方便指令	60	IST	—	—	状态初始化	○	○	○
	61	SER	○	○	数据搜索	—	—	○
	62	ABSD	○	—	绝对值式凸轮顺控	—	—	○
	63	INCD	—	—	增量式凸轮顺控	○	○	○
	64	TTMR	—	—	示教定时器	—	—	○
	65	STMR	—	—	特殊定时器	—	—	○
	66	ALT	—	○	交替输出	○	○	○
	67	RAMP	—	—	斜坡信号输出	○	○	○
	68	ROTC	—	—	旋转工作台控制	—	—	○
	69	SORT	—	—	数据排序	—	—	○

续表

分类	指令编号	指令符号	32 位指令	脉冲指令	功　能	FX₁S	FX₁N	FX₂N, FX₂N
外部 I/O 设备	70	TKY	○	—	10 键输入	—	—	○
	71	HKY	○	—	16 键输入	—	—	○
	72	DSW	—	—	数字开关输入	○	○	○
	73	SEGD	—	○	7 段译码	—	—	○
	74	SEGL	—	—	带锁存的 7 段显示	○	○	○
	75	ARWS	—	—	方向开关	—	—	○
	76	ASC	—	—	ASCII 码转换	—	—	○
	77	PR	—	—	打印输出	—	—	○
	78	FROM	○	○	从特殊功能模块读出	—	○	○
	79	TO	○	○	向特殊功能模块写入	—	○	○
FX 系列外部设备	80	RS	—	—	RS-232C 串行通信	○	○	○
	81	PRUN	○	○	八进制数据传送	○	○	○
	82	ASCI	—	○	HEX→ASCII 码转换	○	○	○
	83	HEX	—	○	ASCII 码→HEX 转换	○	○	○
	84	CCD	—	○	校验码	○	○	○
	85	VRRD	—	○	模拟量功能扩充板读出	○	○	○
	86	VRSC	—	○	模拟量功能扩充板开关设定	○	○	○
	88	PID	—	—	PID 回路运算	○	○	○
浮点数运算	110	ECMP	○	○	二进制浮点数比较	—	—	○
	111	EZCP	○	○	二进制浮点数区间比较	—	—	○
	118	EBCD	○	○	二进制浮点数→十进制浮点数	—	—	○
	119	EBIN	○	○	十进制浮点数→二进制浮点数	—	—	○
	120	EADD	○	○	二进制浮点数加法	—	—	○
	121	ESUB	○	○	二进制浮点数减法	—	—	○
	122	EMUL	○	○	二进制浮点数乘法	—	—	○
	123	EDIV	○	○	二进制浮点数除法	—	—	○
	127	ESQR	○	○	二进制浮点数开平方	—	—	○
	129	INT	○	○	二进制浮点数→二进制整数	—	—	○
	130	SIN	○	○	二进制浮点数正弦函数 (SIN)	—	—	○
	131	COS	○	○	二进制浮点数余弦函数 (COS)	—	—	○
	132	TAN	○	○	二进制浮点数正切函数 (TAN)	—	—	○
	147	SWAP	○	○	高低字节交换	—	—	○
位置控制	155	ABS	○	—	读当前绝对位置	○	○	—
	156	ZRN	○	—	返回原点	○	○	—
	157	PLSV	○	—	变速脉冲输出	○	○	—
	158	DRVI	○	—	增量式单速位置控制	○	○	—
	159	DRVA	○	—	绝对式单速位置控制	○	○	—
时间运算	160	TCMP	—	○	时钟数据比较	○	○	○
	161	TZCP	—	○	时钟数据区间比较	○	○	○
	162	TADD	—	○	时钟数据加法	○	○	○
	163	TSUB	—	○	时钟数据减法	○	○	○
	166	TRD	—	○	时钟数据读出	○	○	○
	167	TWR	—	○	时钟数据写入	○	○	○
	169	HOUR	○	—	小时定时器	○	○	—

续表

分 类	指令编号	指令符号	32位指令	脉冲指令	功 能	FX$_{1S}$	FX$_{1N}$	FX$_{2N}$,FX$_{2N}$
变换	170	GRY	○	○	二进制数→格雷码	—	—	○
	171	GBIN	○	○	格雷码→二进制数	—	—	○
	176	RD3A	○	—	读 FX$_{0N}$-3A 模拟量模块	—	○	—
	177	WR3A	○	—	写 FX$_{0N}$-3A 模拟量模块	—	○	—
比较触点	224	LD =	○	—	(S1) = (S2)时运算开始的触点接通	○	○	○
	225	LD >	○	—	(S1) > (S2)时运算开始的触点接通	○	○	○
	226	LD <	○	—	(S1) < (S2)时运算开始的触点接通	○	○	○
	228	LD <>	○	—	(S1) ≠ (S2)时运算开始的触点接通	○	○	○
	229	LD ≤	○	—	(S1) ≤ (S2)时运算开始的触点接通	○	○	○
	230	LD ≥	○	—	(S1) ≥ (S2)时运算开始的触点接通	○	○	○
	232	AND =	○	—	(S1) = (S2)时串联触点接通	○	○	○
	233	AND >	○	—	(S1) > (S2)时串联触点接通	○	○	○
	234	AND <	○	—	(S1) < (S2)时串联触点接通	○	○	○
	236	AND <>	○	—	(S1) ≠ (S2)时串联触点接通	○	○	○
	237	AND ≤	○	—	(S1) ≤ (S2)时串联触点接通	○	○	○
	238	AND ≥	○	—	(S1) ≥ (S2)时串联触点接通	○	○	○
	240	OR =	○	—	(S1) = (S2)时并联触点接通	○	○	○
	241	OR >	○	—	(S1) > (S2)时并联触点接通	○	○	○
	242	OR <	○	—	(S1) < (S2)时并联触点接通	○	○	○
	244	OR <>	○	—	(S1) ≠ (S2)时并联触点接通	○	○	○
	245	OR ≤	○	—	(S1) ≤ (S2)时并联触点接通	○	○	○
	246	OR ≥	○	—	(S1) ≥ (S2)时并联触点接通	○	○	○

注:"○"表示有相应的功能或可以使用该应用指令。

参考文献

1 中华人民共和国国家标准 电气制图[M]. 北京:中国标准出版社,1987.

2 阳宪惠. 工业数据通信与控制网络[M]. 北京:清华大学出版社,2003.

3 廖常初主编. PLC 编程及应用(第二版)[M]. 北京:机械工业出版社,2005.

4 廖常初主编. PLC 基础及应用[M]. 北京:机械工业出版社,2003.

5 廖常初主编. S7-300/400 PLC 应用技术[M]. 北京:机械工业出版社,2005.

6 廖常初主编. FX 系列 PLC 编程及应用[M]. 北京:机械工业出版社,2005.

7 廖常初,陈晓东主编. 西门子人机界面(触摸屏)组态与应用技术[M].北京:机械工业出版社,2006.

8 三菱电机. FX1S, FX1N, FX2N, FX2NC 编程手册. 2002.

9 三菱电机. FX 系列特殊功能模块用户手册. 2000.

10 三菱电机. FX 通讯用户手册(RS-232C, RS-485). 2001.

11 三菱电机. FX3U, FX3UC 微型可编程控制器编程手册. 2005.

12 三菱电机. FX3UC 系列 PLC 使用手册(硬件篇). 2005.

13 三菱电机. FX3U 系列微型可编程控制器硬件手册. 2005.

14 MITSUBISHI ELECTRIC CORPORATION. FX Series Programmable Controllers Programming Manual, 2000.

15 MITSUBISHI ELECTRIC CORPORATION. FX communication (RS-232C, RS-4485) user's Manual. 2000.

16 MITSUBISHI ELECTRIC CORPORATION. FX2N-2DA Special Function Block User's Guide. 2001.

17 MITSUBISHI ELECTRIC CORPORATION. FX2N-4AD Special Function Block User's Guide. 1997.